Shin Teisyuuha Kousyuuha Kairo Sekkei Manual
By Masaomi Suzuki
Copyright © 1988 Masaomi Suzuki
All rights reserved.
Originally published in Japan by CQ Publishing Co., Ltd., Tokyo.
Chinese(in simplified character only)translation rights arranged with
CQ Publishing Co., Ltd., Japan.

新・低周波／高周波回路設計マニュアル
鈴木雅臣　CQ出版株式会社　2003

著　者　简　介

铃木雅臣
　　1956年　生于东京都丰岛区
　　1979年　毕业于职业培训大学电气系电气专业
　　现　在　就职于Accuphase公司,从事数字音频设备的设计工作

图解实用电子技术丛书

高低频电路设计与制作

从放大电路的设计到安装技巧

〔日〕铃木雅臣 著
邓 学 译

科学出版社
北京

图字：01-2006-0589 号

内 容 简 介

本书是"图解实用电子技术丛书"之一。本书主要介绍高低频电路的工作原理及设计方法，针对实际设计时的元器件的选择方法和求解电路参数等方面进行了详细的说明，并且提供了替换元件、电路参数以及其他方面的应用。

本书共分九章，首先在绪论中简要地介绍 AM 收音机；其次一一介绍晶体管的工作原理，FET 的工作原理，OP 放大器的放大电路，低频放大电路的制作，高频放大电路设计基础，以及高频放大电路的基本设计，接收机滤波器的制作；最后介绍调制、解调电路的制作和低频、高频电路设计技巧。

本书通俗易懂，实用性强，可供电子技术领域的工程技术人员、大学生以及广大的电子爱好者阅读参考。

图书在版编目(CIP)数据

高低频电路设计与制作/(日)铃木雅臣著；邓学译．—北京：科学出版社，2006（2024.1重印）

（图解实用电子技术丛书）

ISBN 978-7-03-011783-0

Ⅰ.①高… Ⅱ.①铃… ②邓… Ⅲ.①高频-电子电路-电路设计-图解 ②低频-电子电路-电路设计-图解 Ⅳ.①TN710.2-64

中国版本图书馆 CIP 数据核字(2006)第 076808 号

责任编辑：赵方青　崔炳哲 ∕ 责任制作：魏　谨
责任印制：霍　兵 ∕ 封面设计：李　力

北京东方科龙图文有限公司　制作

http://www.okbook.com.cn

科学出版社 出版
北京东黄城根北街 16 号
邮政编码：100717
http://www.sciencep.com

北京虎彩文化传播有限公司 印刷
科学出版社发行　各地新华书店经销

*

2006 年 8 月第 一 版　开本：B5(720×1000)
2024 年 1 月第十七次印刷　印张：16
字数：239 000

定 价：39.00 元
(如有印装质量问题，我社负责调换)

前 言

  如今,在各领域都在应用数字技术,可以说,我们已经进入了数字技术的全盛时期。在积极地探讨数字技术优劣的同时,让我们先对模拟技术重新做一下评价。

  目前还没有能够实现数字化的领域有传感器电路、放大电路、高频电路、微小信号电路、动力电路和电源电路,等等,而它们也都是非常重要的。最近有一种说法,即模拟电路技术人才匮乏。考虑其原因,无非是在设计时,模拟电路比数字电路考虑的因素要多,经验和技巧所占的比重大。本书基于这一点,以低频放大电路和高频放大电路为中心,对其在实用设计和实装方法等技巧方面加以介绍,力求让想从现在开始了解模拟电路的人也能充分地理解。

  本书对实际设计时元器件的选择方法和求解电路参数等方面进行了详细介绍,而且还考虑到替换元器件、电路参数以及其他的应用方面。

  作者认为电路基础理论在电路设计中是非常重要的。在电路设计中的故障(如不按照设计执行以及误动作等等)是经常发生的。对于故障的排除,首先从基础理论上考虑是最快捷的解决方法。经常用技术理论来分析故障的起因,也就提高了自己的技术水平。由此,将必要的理论知识写入了本书。

  最后,本书得以出版,要感谢 Accuphase 株式会社技术部次长高松重治先生在技术方面所给予的诸多指导。感谢 CQ 出版株式会社蒲生良治先生、山形孝雄先生在策划、构成以及编辑等方面的大力支持。

目 录

绪论 低频、高频信号波形的发现 …… 1
  0.1 AM 收音机概述 …… 1
  0.2 AM 收音机的信号波形 …… 2

第 1 章 晶体管的工作原理 …… 7
  1.1 晶体管放大器 …… 7
    1.1.1 晶体管的构造 …… 7
    1.1.2 放大基极电流 …… 8
    1.1.3 晶体管放大的基本连接方法 …… 11
  【专栏】关于晶体管的 V_{BE} …… 12
  【专栏】放大电路中的接地方式 …… 13
  1.2 用于开关的晶体管 …… 14
    1.2.1 驱动 LED …… 14
    1.2.2 驱动继电器线圈 …… 15
    1.2.3 增大 h_{FE} 的达林顿连接法 …… 16
  1.3 线性放大信号 …… 17
    1.3.1 偏置电路的设计方法 …… 17
    1.3.2 交流电压增益的求解方法 …… 18
    1.3.3 获取交流增益 …… 19
    1.3.4 高频放大特性的界限 …… 20
  【专栏】作为缓冲器使用的射极跟随器 …… 21
  附录 正确求解电路特性 …… 23

第 2 章 FET 的工作原理 …… 29
  2.1 FET 的结构和工作原理 …… 29
    2.1.1 JFET 和 MOS FET …… 29
    2.1.2 JFET 工作结构 …… 30
    2.1.3 MOS FET 工作结构 …… 32
    2.1.4 FET 特性 …… 33

2.2 作为开关电路的使用方法 ……………………… 33
2.3 在信号放大电路中的应用 ……………………… 35
　2.3.1 源极接地的放大电路 ……………………… 35
　2.3.2 评价实际电路 ……………………… 36
2.4 作为缓冲器应用 ……………………… 38
【专栏】关于 JFET 的传输特性 ……………………… 39

第 3 章　OP 放大器的放大电路　　41

3.1 OP 放大器的结构 ……………………… 42
　3.1.1 两个输入端 ……………………… 42
　3.1.2 加入输入信号 ……………………… 43
　3.1.3 理想 OP 放大器的工作原理 ……………………… 45
3.2 放大电路的两种形式 ……………………… 46
　3.2.1 极性相反的放大——反相放大器 ……………………… 46
　3.2.2 实际产生误差的原因 ……………………… 46
　3.2.3 对实际反相放大器的评价 ……………………… 47
　3.2.4 保持同极性放大——同相放大器 ……………………… 49
　3.2.5 实际的同相放大器 ……………………… 50

第 4 章　低频放大电路的制作　　51

4.1 小噪声放大电路 ……………………… 51
　4.1.1 降低噪声的基本技巧 ……………………… 52
　4.1.2 OP 放大器的噪声特性 ……………………… 52
　4.1.3 阻抗与热噪声的影响 ……………………… 57
　4.1.4 带宽与噪声的关系 ……………………… 58
　4.1.5 实际电路的设计 ……………………… 60
　4.1.6 设计电路的特性 ……………………… 61
4.2 大电流输出的放大电路 ……………………… 62
　4.2.1 获得大电流的方法 ……………………… 63
　4.2.2 OP 放大器及周围电路的设计 ……………………… 65
　4.2.3 用于大输出的晶体管选择 ……………………… 65
　4.2.4 短路保护电路的设计 ……………………… 70
　4.2.5 设计电路的特性 ……………………… 71
4.3 高输出电压的放大电路 ……………………… 72
　4.3.1 获得高输出电压的方法 ……………………… 73

4.3.2 电路设计的思考方法 …………………… 75
4.3.3 OP 放大器及周围电路的设计 …………… 76
4.3.4 电压放大(升压器)部分的设计 …………… 77
4.3.5 阻抗匹配部分的设计 …………………… 79
4.3.6 设计电路的特性 …………………………… 80

第 5 章 高频放大电路设计基础 …………… 83

5.1 高频放大电路的主要特性 …………………… 83
  5.1.1 调谐放大器与图像放大器的差异 ………… 83
  5.1.2 增益用功率表示 …………………………… 85
  5.1.3 噪声指数 NF …………………………… 85
  5.1.4 缩小初级的 NF …………………………… 86
  5.1.5 调制特性的影响 …………………………… 87
  5.1.6 调制失真的表示方法 ……………………… 88
  5.1.7 交叉点的求解方法 ………………………… 89
  5.1.8 电压驻波比 VSWR ……………………… 90
  5.1.9 处理图像信号的电路特性 ………………… 91
  5.1.10 图像信号的前后沿特性 ………………… 92
  【专栏】 匹配(matching) …………………………… 93
5.2 用 IC 制作高频放大电路 …………………… 94
  5.2.1 宽带高速 OP 放大器 ……………………… 94
  5.2.2 在高频放大中使用 IC 的效果 …………… 97
  5.2.3 通用高频放大器 μPC1658C ……………… 97
  5.2.4 FM 中频放大器 TA7302P ……………… 99
  【专栏】 输入输出电平的功率表示 ………………… 101
  【专栏】 关于元件的调制失真 ……………………… 101

第 6 章 高频放大电路的基本设计 ………… 103

6.1 对高频晶体管工作原理的理解 ……………… 103
  6.1.1 电路参数与器件参数 ……………………… 103
  6.1.2 双极性晶体管的等效电路 ………………… 104
  6.1.3 上限频率功率增益的获得方法 …………… 105
  6.1.4 FET 的等效电路 ………………………… 106
  6.1.5 减小反馈电容的方法——串联连接 ……… 107
6.2 电路设计方法(1)——使用 y 参数 ………… 109

目录

- 6.2.1 根据 y 参数的电路表示方法 ………… 109
- 6.2.2 y 参数的含义 ………… 110
- 6.2.3 根据 y 参数获得最大可用增益的计算方法 … 110
- 6.2.4 实际稳定的增益 G_{PS} ………… 111

6.3 电路设计的考虑方法（2）——使用 S 参数 … 112
- 6.3.1 S 参数的电路表示方法 ………… 112
- 6.3.2 S 参数的含义 ………… 113
- 6.3.3 S 参数的功率表示 ………… 113
- 6.3.4 史密斯图与 S 参数 ………… 115
- 6.3.5 S 参数与极坐标表示 ………… 117
- 6.3.6 使用 S 参数宽带放大器的设计例子 … 117

【专栏】 消除内部反馈因数——中和 ………… 118

6.4 高频晶体管的噪声特性 ………… 119
- 6.4.1 双极性晶体管的噪声指数 ………… 119
- 6.4.2 FET 的噪声指数 ………… 121
- 6.4.3 实际的噪声指数 ………… 122

【专栏】 话说 dB（杜比） ………… 123

6.5 使用 AGC 电路 ………… 124
- 6.5.1 所谓 AGC 电路 ………… 124
- 6.5.2 正相 AGC 电路 ………… 124
- 6.5.3 反相 AGC 电路 ………… 125
- 6.5.4 适合于 AGC 放大器件的选定 ………… 126

6.6 高频放大电路的设计 ………… 126
- 6.6.1 150MHz 频带的调谐放大电路的设计 … 126
- 6.6.2 400MHz 宽带放大电路的设计 ………… 133
- 6.6.3 用 IC 设计的宽频带放大电路 ………… 141
- 6.6.4 电路设计二例 ………… 146

第 7 章 接收机滤波器的制作ㅤㅤ149

7.1 在高频电路中使用的各种滤波器 ………… 149
- 7.1.1 LC 滤波器 ………… 150
- 7.1.2 陶瓷滤波器 ………… 152
- 7.1.3 SAW 滤波器 ………… 154

【专栏】 电感的制作方法 ………… 157

7.2 实际滤波器的设计 ………… 158

7.2.1 制作 FM 中频的混频电路——LC 滤波器 … 158
7.2.2 在 AM 收音机中的陶瓷滤波器电路 …… 160
7.2.3 FM 高级调谐器的 IF 电路——陶瓷滤波器 … 164

第 8 章 调制、解调电路的制作 …… **169**
8.1 AM 方式的调制、解调 …… 169
8.1.1 何谓 AM 调制 …… 170
8.1.2 使用 DBM 的 AM 调制电路 …… 172
8.1.3 使用模拟乘法器的 AM 调制电路 …… 175
8.1.4 使用二极管的 AM 解调电路 …… 175
8.1.5 使用 DBM 的 AM 解调电路 …… 176
8.2 FM 方式的调制、解调 …… 178
8.2.1 何谓 FM 调制 …… 178
8.2.2 使用 LC 的 FM 调制电路 …… 181
8.2.3 使用晶体振荡器的 FM 调制电路 …… 183
8.2.4 积分解调电路 …… 184
8.2.5 使用数字延时的解调电路 …… 186
8.2.6 PLL 解调电路 …… 189
【专栏】 各种调制方式 …… 190
【专栏】 关于 PM 方式的调制、解调 …… 191

第 9 章 低频、高频电路设计技巧 …… **193**
9.1 电阻的使用方法 …… 193
9.1.1 碳膜电阻和金属膜电阻 …… 194
9.1.2 阻抗网络 …… 196
9.1.3 在高频电路中使用的固定电阻 …… 196
9.1.4 可调电位器的使用方法 …… 197
9.2 在低频电路中使用的电容 …… 201
9.2.1 铝电解电容的使用 …… 202
9.2.2 有机薄膜电容器 …… 204
9.3 在高频电路中使用的电容 …… 206
9.3.1 圆盘型、轴向引线型陶瓷电容 …… 207
9.3.2 直接焊接的电容 …… 209
9.3.3 穿心电容 …… 211
9.4 开关的使用方法 …… 213

9.4.1 使用机械开关 …………………………………………… 213
9.4.2 使用继电器 ……………………………………………… 214
9.4.3 半导体开关——模拟开关 ……………………………… 216
9.5 高频电路的开关 ………………………………………………… 219
9.5.1 切换视频信号的模拟开关 ……………………………… 219
9.5.2 使用视频开关 IH5341 来切换视频信号的电路 …… 220
9.5.3 通过差动型模拟开关来切换视频信号 ………………… 221
9.5.4 切换高频信号的开关二极管 …………………………… 222
9.5.5 使用开关二极管的 FM 调谐频带的切换电路 ……… 223
9.5.6 使用 PIN 二极管的频带开关电路 …………………… 225
9.5.7 大功率高频信号使用的同轴继电器 …………………… 225
9.5.8 同轴继电器的内部结构 ………………………………… 226
9.6 低频电路的安装技巧 …………………………………………… 227
9.6.1 关于接地线的引出 ……………………………………… 227
9.6.2 静电感应的处理方法 …………………………………… 229
9.6.3 静电感应的处理方法 …………………………………… 231
9.7 高频电路的安装技巧 …………………………………………… 233
9.7.1 接地的阻抗 ……………………………………………… 233
9.7.2 减小布线电感 …………………………………………… 235
9.7.3 防止高频耦合 …………………………………………… 235
9.7.4 同轴电缆和同轴接头的正确使用 ……………………… 238

参考文献 …………………………………………………………………… 243

绪论
低频、高频信号波形的发现

在学习低频、高频信号的处理以及各种实用电路的设计方法之前,通过实际的波形来介绍一下低频、高频信号到底是怎样的波形,或许与本书的旨意稍稍有些偏离,但却是很有意义的。

下面以收音机为例。

0.1　AM 收音机概述

关于收音机的工作原理,我们在中学时已经学习过了,现在再复习一下。

AM 收音机是接收 AM 调制波的装置。AM 调制(振幅调制)是指高频信号的振幅随着需要传送的声音(低频)信号的大小而改变的调制方式。承载声音信号的高频波称为载波,需要传送的声音信号称为调制波。载波与调制波的大小之比称为调制度。在频率轴上 AM 调制的载波和调制波的关系,如图 0.1 所示。

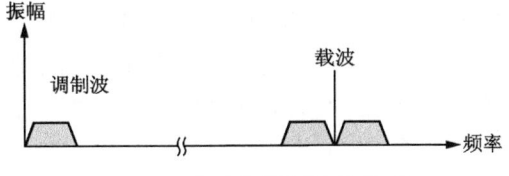

图 0.1　载波与调制波的关系

为了理解低频、高频信号的波形,观察设 AM 收音机接收信号的载波频率为 1008kHz(称为高频),调制波频率为 1kHz(称为低频),调制度为 30% 时的 AM 收音机各个点的波形。因为它是电波,AM 收音机的输入信号电平用电场强度来表示。本次试验将接收天线放置于电场强度为 60dB/m（接收天线周围的电场强度）信号中,这与一般的收音机相同。

该实验使用的被称为合成器方式的调幅收音机的方框图,如图 0.2 所示。作为合成器方式,有点类似于流行的数字选台,它主要采用了 PLL(Phase Locked Loop,锁相环电路)技术。

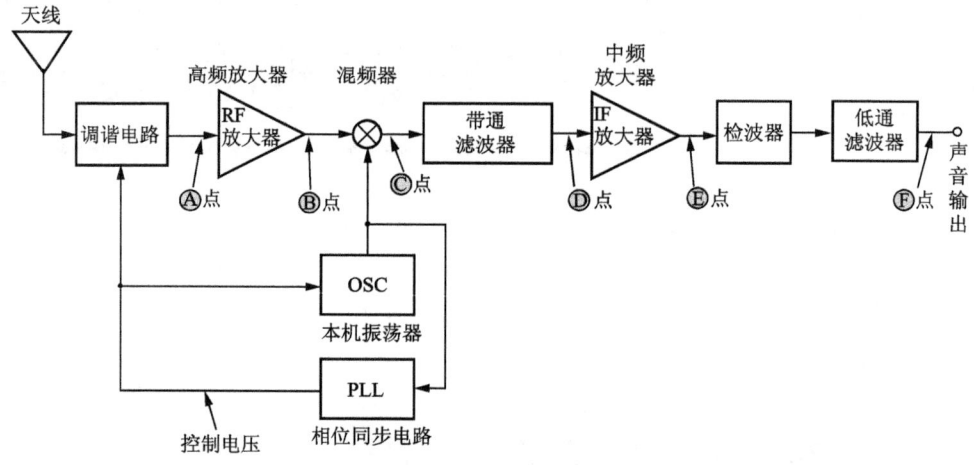

图 0.2 AM 收音机的框图

0.2 AM 收音机的信号波形

图 0.3 是在实验中使用的调幅收音机电路,使用的是单片频率合成方式调幅接收用的集成电路。最近的调幅收音机,除了滤波器和线圈等外围电路,都是由单片集成电路构成的。

首先,照片 0.1 为调谐(即选择电台)电路的输出(Ⓐ点)波形。因为从这里的天线信号中选出的预选台(即频率的选择)低于 10mV,是十分微弱的电平信号,所以必须经过高频放大器(RF 放大器,Radio Frequency AMP)进行放大。由于调幅收音机的载波约 1MHz,故高频放大器的带宽必须在 2MHz 左右。而调频接收机载波频率非常高,需要 200MHz 左右的带宽。

高频放大器的输出(Ⓑ点)波形,如照片 0.2 所示。将照片 0.1 所示的信号波形放大,就可以观察到调制波的信号。

调幅波因载波的振幅被调制波调制,可以看到照片 0.2 中上下包络的调幅波(在照片上是 1kHz)。把照片 0.3 的时间轴放大,可以看到 1008kHz(≈1MHz)的载波。

0.2 AM 收音机的信号波形

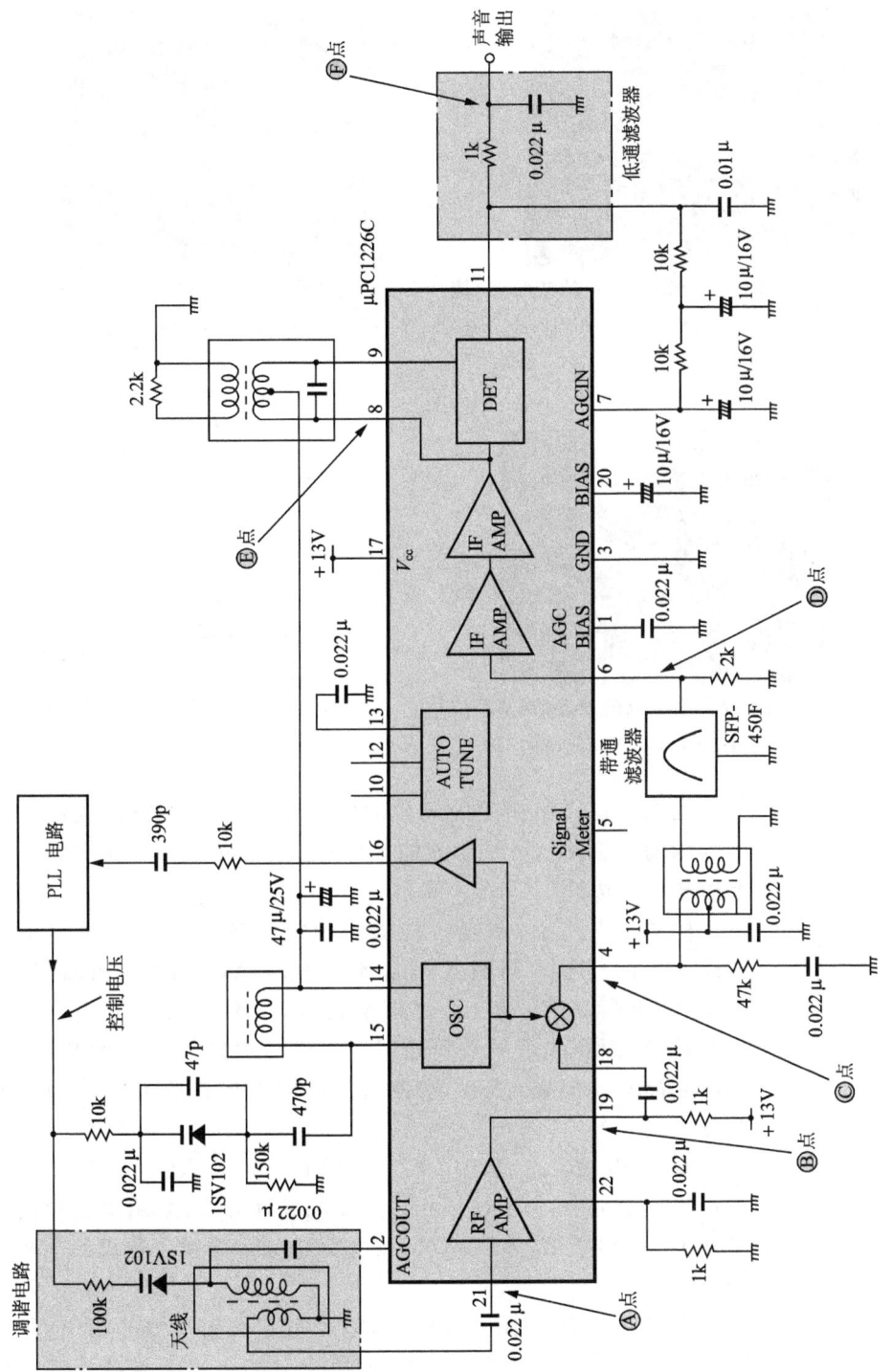

图0.3 使用μPC1226C的AM收音机

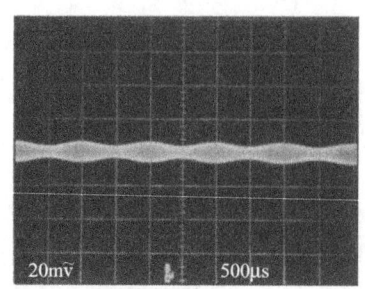

照片 0.1　调谐电路输出Ⓐ点的波形
(X:500μs/div,Y:20mV/div)

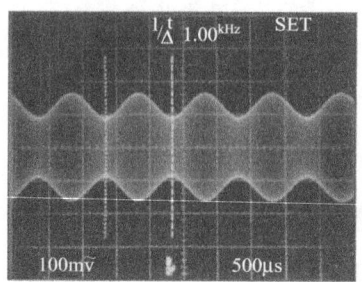

照片 0.2　高频放大后Ⓑ点的波形(观察调制波)
(X:500μs/div,Y:100mV/div)

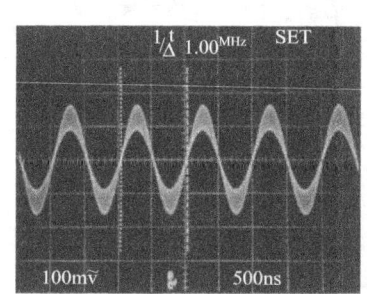

照片 0.3　高频放大后Ⓑ点的波形(观察载波)
(X:500μs/div,Y:100mV/div)

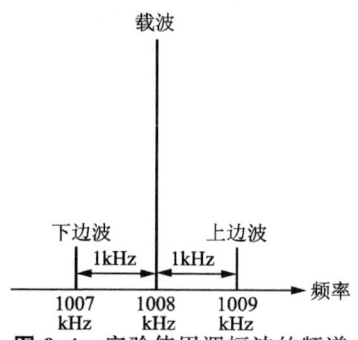

图 0.4　实验使用调幅波的频谱

图 0.4 是实验使用的调幅波的频谱。在 1008kHz 载波的上下两侧偏离 1kHz(已调制波的频率)处,存在的频率波形分别称为上边波与下边波。

如图 0.3 所示,调幅收音机高频放大器的输出信号与本机振荡产生的信号一同输入到混频器中,频率相减(或相加)变换为中频(与高频信号相比,其频率较低)信号。由于中频信号不需要转换,而高频信号必须处理,所以,从电路设计角度来看,中频比起高频要简单得多。这种变换成中波的接收方式称为超外差方式。

通常,调幅收音机的中频为 455kHz 或 450kHz(在频率合成方式的收音机中,为了使锁相分频器的设计方便,采用电台台间频率 9kHz 的整数倍,多以 450kHz 作为中频),调频收音机的中频为 10.7MHz。

锁相环电路,如图 0.5 所示,它控制本机振荡器的输出频率,同时控制调谐电路对载波调谐,使所接受的电台的载波和本机振荡器输出波的差频为 450kHz 的中频。

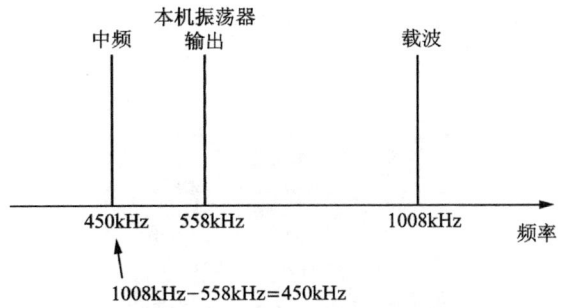

图 0.5 调制波、本机振荡器输出及载波的关系

照片 0.4 是混频器输出点ⓒ的波形。照片 0.5 是把时间轴放大的波形。AM 调制波的包络是完全一样的,只是载波的频率变成了 450kHz。因此,混频器输出只有被选中的信号,而滤掉了邻近电台的信号。如图 0.6 所示,使用 450kHz 为中心频率的带通滤波器。

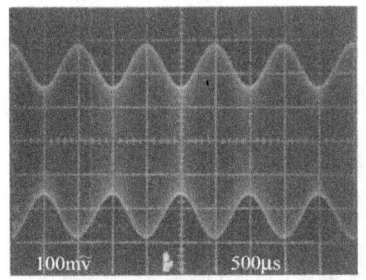

照片 0.4 混频后ⓒ点的波形(观察调制波)
(X:500μs/div,Y:100mV/div)

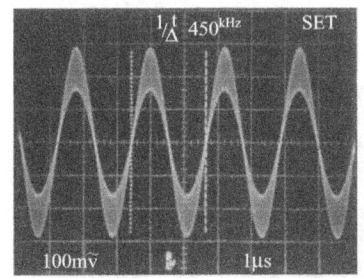

照片 0.5 混频后ⓒ点的波形(观察载波)
(X:1μs/div,Y:100mV/div)

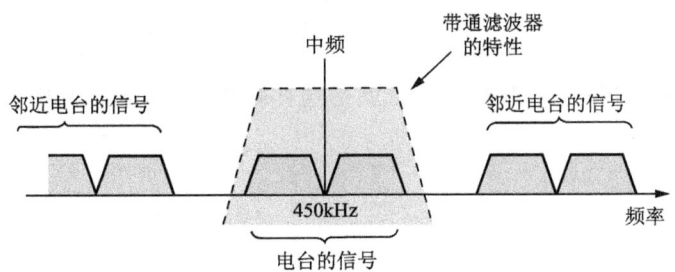

图 0.6 带通滤波器的特性

照片 0.6 为带通滤波器输出ⓓ点的输出波形。由于加入了带通滤波器,所以,信号电平有所衰减。通过带通滤波器信号,经过中频放大器(IF AMP:Intermediate Frequency AMP)的放大后,

其输出端Ⓔ点的波形如照片 0.7 所示。由此可知，调幅波的振幅被放大。

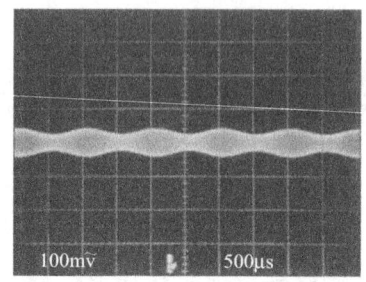

照片 0.6　带通滤波器输出Ⓓ点的波形
($X:500\mu s/div, Y:100mV/div$)

检波器（detector）从中频放大器输出的 AM 中取出调制波，用低通滤波器除去不需要的高频成分，使其成为声音信号。声音信号输出Ⓕ点的波形，如照片 0.8 所示。这就是将 1kHz 正弦波检出的全过程。

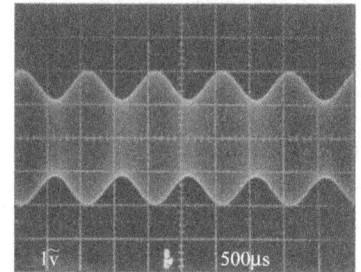 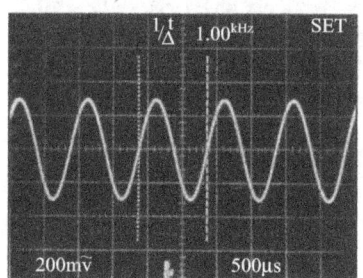

照片 0.7　中频放大后Ⓔ点的波形　　　照片 0.8　检波、滤波后Ⓓ点的波形（声音的输出）
　　($X:500\mu s/div, Y:1V/div$)　　　　　　　($X:500\mu s/div, Y:200mV/div$)

由上述可知，调幅收音机就是这样接收电波，并从其中获取声音信号的。

第1章
晶体管的工作原理

现在,各种各样的放大器件被用于电子线路中,例如晶体管和FET及光电倍增管。从广义上讲,单向可控硅和双向可控硅等也是放大器件。另外,近来随着IC和LSI设计和制造技术的发展,晶体管和FET的集成OP放大器,也被作为一个器件考虑,使用更为方便。

在IC和LSI时代,根据晶体管考虑放大电路是没有多大意义的,但是,如不使用晶体管和FET,电路的性能就有很大的差异,由此体现了晶体管和FET的价值。

本章将用最基本的放大器件晶体管来说明放大电路的工作原理。

1.1 晶体管放大器

1.1.1 晶体管的构造

通常的晶体管是指双极性晶体管。晶体管通过控制控制端(基极)的电流,从而控制半导体中的电子和空穴的流动(电流)。因此,称为电流控制器件(后述FET称为电压控制器件)。

X晶体管根据结构可分为NPN型和PNP型,如图1.1所示。图1.2为晶体管的代表性外形,是由3个管脚构成的器件。外形

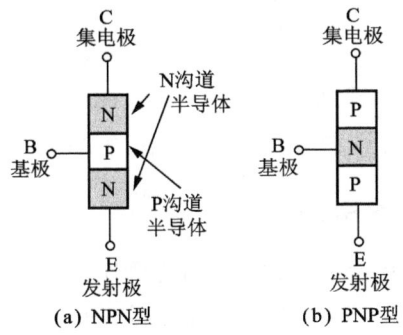

图 1.1 晶体管的结构

大的器件,能处理大的电气信号。在下面的图表中,无论对小信号还是大功率信号,都进行了分类说明。

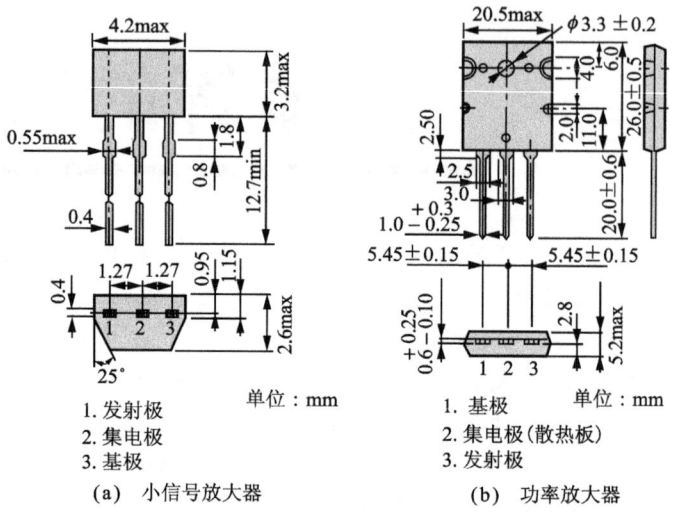

1. 发射极
2. 集电极
3. 基极

(a) 小信号放大器

1. 基极
2. 集电极(散热板)
3. 发射极

(b) 功率放大器

图 1.2　晶体管的外形(除外还有其他很多外形)

NPN 型晶体管由半导体 P 嵌入半导体 N 构成,PNP 型晶体管由半导体 N 嵌入半导体 P 构成。无论哪种结构的晶体管,基极-集电极和基极-发射极都是 PN 结。因此,只考虑 PN 结,晶体管的等效电路可如图 1.3 所示用两个二极管来表示。当然,根据图中示意连接的二极管是不能成为晶体管的,但我们可通过等效电路来判断晶体管的好坏。

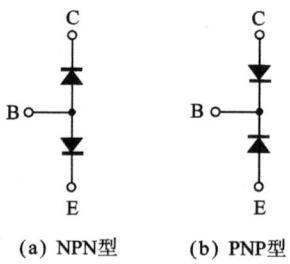

(a) NPN型　　(b) PNP型

图 1.3　只考虑 PN 结的晶体管的等效电路

1.1.2　放大基极电流

根据图 1.4 所示的晶体管各个管脚电流的流向,即基极电流 I_B、集电极电流 I_C 和发射极电流 I_E 之间的关系如下:

$$I_E = I_B + I_C \tag{1.1}$$

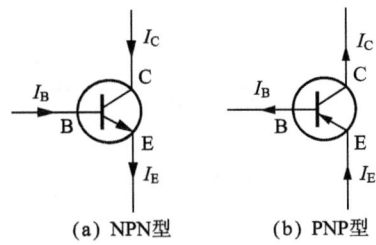

图 1.4　晶体管的输入输出电流

NPN 型晶体管和 PNP 型晶体管的流向是相反的（晶体管发射极显示的箭头为发射极电流的方向）。另外，I_C 与 I_B 之比称为直流电流放大系数 h_{FE}，关系表达式为

$$h_{FE} = \frac{I_C}{I_B} \tag{1.2}$$

I_C 的微小变化 ΔI_C 和 I_B 的微小变化 ΔI_B 之比称为交流电流放大系数，由下式表示：

$$h_{fe} = \frac{\Delta I_C}{\Delta I_B} = \left(= \frac{\partial I_C}{\partial I_B} \right) \tag{1.3}$$

通常 h_{FE} 和 h_{fe} 大约相等，在数据记录中用 h_{FE} 来记录。用于小信号晶体管的 h_{FE} 值为 100～500 左右，用于功率放大晶体管的 h_{FE} 值为 50～100 左右。即使同一品种的晶体管的 h_{FE} 也是波动的，根据 h_{FE} 值可分成多种类别。

作为晶体管的代表，表 1.1 给出小信号放大用晶体管 2SC2458 的特性，表 1.2 给出功率放大用晶体管 2SC3281 的特性。2SC2458 根据 h_{FE} 值可分为 4 个分类等级，2SC3281 可分为 2 个分类等级。一般用于功率放大的晶体管比小信号晶体管各管脚流经的电流要大些，因此，在制造上 h_{FE} 值不可能很大。

表 1.1　用于小信号晶体管 2SC2458 的特性[1]

(a)最大额定值（$T_a = 25℃$）

项　目	符　号	额定值	单　位
集电极与基极间的电压	V_{CBO}	50	V
集电极与发射极间的电压	V_{CEO}	50	V
发射极与基极间的电压	V_{EBO}	5	V
集电极电流	I_C	150	mA
基极电流	I_B	50	mA
集电极的损耗	P_C	200	mW
结温度	T_j	125	℃
保存温度	T_{stg}	－55～125	℃

(b) 电气特性($T_a = 25°C$)

项目	符号	测试条件	最小	标准	最大	单位
集电极的截止电流	I_{CBO}	$V_{CB}=50V, I_E=0$	—	—	0.1	μA
发射极的截止电流	I_{EBO}	$V_{EB}=5V, I_C=0$	—	—	0.1	μA
直流电流放大系数	h_{FE}注	$V_{CE}=6V, I_C=2mA$	70	—	700	
集电极与发射极间的饱和电压	$V_{CE(sat)}$	$I_C=100mA, I_B=10mA$	—	0.1	0.25	V
转换频率	f_T	$V_{CE}=10V, I_C=1mA$	80	—	—	MHz
集电极输出电容	C_{ob}	$V_{CE}=6V, I_E=0, f=1MHz$	—	2.0	3.5	pF
噪声指数	NF	$V_{CE}=6V, I_C=0.1mA$ $f=1kHz, R_g=10k\Omega$	—	1.0	10	dB

注:h_{FE}的分类 $O:70\sim140; Y:120\sim240; GR:200\sim400; BL:350\sim700$。

表1.2 用于功率放大晶体管 2SC2458 的特性[1]

(a) 最大额定值($T_a=25°C$)

项目	符号	额定值	单位
集电极与基极间的电压	V_{CBO}	200	V
集电极与发射极间的电压	V_{CEO}	200	V
发射极与基极间的电压	V_{EBO}	5	V
集电极电流	I_C	15	A
基极电流	I_B	15	A
集电极的损耗	P_C	150	W
结温度	T_j	150	°C
保存温度	T_{stg}	$-55\sim150$	°C

(b) 电气特性($T_a=25°C$)

项目	符号	测试条件	最小	标准	最大	单位
集电极的截止电流	I_{CBO}	$V_{CB}=200V, I_E=0$	—	—	5.0	μA
发射极的截止电流	I_{EBO}	$V_{EB}=5V, I_C=0$	—	—	5.0	μA
集电极与发射极的压降	$V_{(BR)CEO}$	$I_C=50mA, I_B=0$	200	—	—	V
直流电流放大系数	$h_{FE(1)}$注	$V_{CE}=5V, I_C=1A$	55	—	160	
	h_{FE}	$V_{CE}=5V, I_C=8A$	35	60	—	
集电极与发射极间的饱和电压	$V_{CE(sat)}$	$I_C=10A, I_B=1A$	—	0.4	3.0	V
基极与发射极的电压	V_{BE}	$V_{CE}=5V, I_C=8A$	1.0	1.5	—	V
转换频率	f_T	$V_{CE}=5V, I_C=1A$	—	30	—	MHz
集电极输出电容	C_{ob}	$V_{CE}=10V, I_E=0,$ $f=1MHz$	—	270	—	pF

注:$h_{FE(1)}$的分类 $R:55\sim110; O:80\sim160$。

由于晶体管具有这么大的 h_{FE}，所以用小的基极电流就能获得大的集电极电流，这充分体现出电流的放大作用。

1.1.3 晶体管放大的基本连接方法

在实际电路中使用的晶体管，必须按照图 1.4 所示晶体管电流输入输出的方向来设定。当连接直流电源时，基极与发射极之间为正向 PN 结，基极与集电极之间为反向 PN 结。这一点很重要。当晶体管起放大作用时，基极与发射极之间的 PN 结为正向偏置，就是说，基极与发射极之间的电压 V_{BE} 等同于二极管正向电压降 0.6~0.7V。

图 1.5 给出晶体管连接到直流电源的基本形式。按照图 1.6 所示，根据电路中哪个管脚接地（交流接地），哪个管脚接负载电阻，电路可分为基极接地、发射极接地及集电极接地的三种形式。

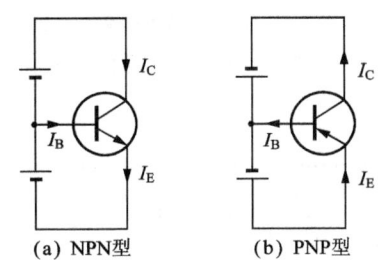

(a) NPN型　　　(b) PNP型

图 1.5　晶体管连接到直流电源

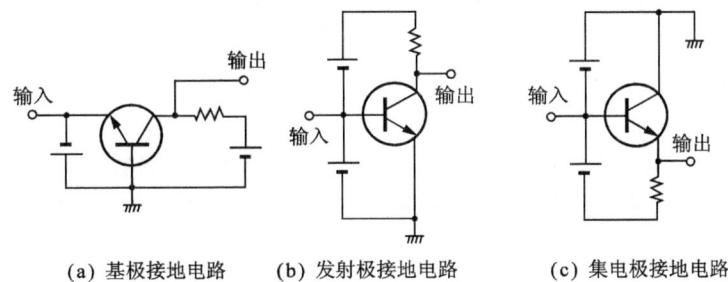

(a) 基极接地电路　　(b) 发射极接地电路　　(c) 集电极接地电路

图 1.6　晶体管接地电路（以 NPN 型为例）

表 1.3 给出了各种接地电路的特征。

当基极接地时，信号从发射极输入，集电极输出。所以，电流增益 A_i（输出电流 I_o 与输入电流 I_i 之比，$A_i = I_o/I_i$），约为 1（正确地说比 1 小），输入阻抗低，输出阻抗高，该电路是很难应用的。但到了高频领域，由于该电路输入和输出的容抗小，它却是获得增益的重要高频电路放大器。

表 1.3 各接地电路的比较

	基极接地	发射极接地	集电极接地
电压增益 A_v	大	大	1
电压增益 A_i	1	大	大
电压增益 A_p	中	大	大
输入阻抗 Z_i	小	中	大
输出阻抗 Z_o	大	中	小

当发射极接地时,由于电压增益 A_v(输出电压 V_o 与输入电压 V_i 之比,$A_v=V_o/V_i$)和电流增益 A_i 都大,故多使用此方法作为放大电路。

当集电极接地时,也被称为射极跟随器。电压增益约为 1(正确地说比 1 小)。但是,由于电路增益大,输入阻抗高,输出阻抗低,故被应用于缓冲放大器、电流放大器以及阻抗变换电路等。

专 栏

关于晶体管的

晶体管的基极与发射极为一个 PN 结。可认为基极与发射极之间存在一个二极管。当晶体管进行放大时,基极与发射极之间的 PN 结为正向偏置,V_{BE} 完全等同于二极管的正向电压降,可由下式求解:

$$V_{BE}=\frac{kT}{q}\ln\frac{I_C}{I_S} \text{(V)} \tag{1.A}$$

式中,q 为电子的电荷电量 1.6×10^{-19}(C);K 为玻耳兹曼常数 1.38×10^{-23}(J/K);T 为绝对温度(K);I_C 为集电极电流(A);I_S 为 PN 结的反向电流(A)(通常为 $0.01\sim1$pA 左右)。

从式(1.A)可知,晶体管 V_{BE} 和 I_C 的关系为指数函数关系。

图 1.A 给出 2SC2458 的 V_{BE} 的实测值和当 $I_S=0$ 时计算值的图表。可以看出,计算值与实测值一致。给上式中的 T 微分求得 V_{BE} 的温度系数 T.C,如下式所示:

$$T.C=\frac{\partial V_{BE}}{\partial T}=\frac{k}{q}\ln\frac{I_C}{I_S} \tag{1.B}$$

在这里,不必去考虑 T.C 的符号。由于温度上升而 V_{BE} 的变化小,T.C 加上负号(V_{BE} 为负温度系数),通常晶体管的 T.C 为 -2.5mV/℃ 左右。

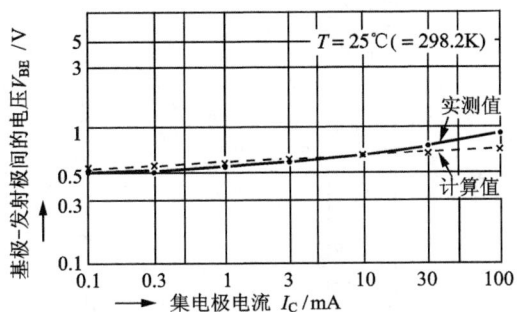

图 1.A 2SC2458 的集电极电流 I_C 与基极-发射极间 V_{BE} 的特性

专栏

放大电路中的接地方式

当信号输入放大器时,无论什么场合,输入端与地之间都要加电压。而所获得的输出信号,是将输出端与地之间的电压差作为输出电压取出的。总之,输入和输出的电位都以地为基准来决定,而且,放大器也必须与地为基准来进行放大,如图 1.B 所示。

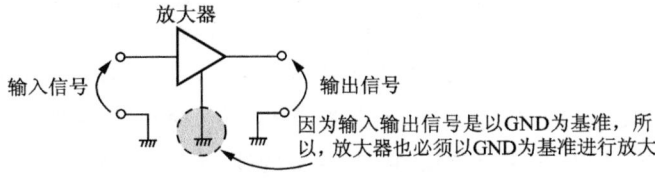

图 1.B 放大电路的接地

在放大电路中使用晶体管和 FET 的接地方式,就已经表明将哪个管脚的电位作为基准。例如,晶体管的基极接地,放大就是以基极电位为基准的(有关发射极、集电极接地也是同样的)。根据前面所述的以地为基准进行放大的原理,则要将作为放大的端子接地。但在实际的电路中,为了使电路正常工作,放大基准的端子上必须具有直流电位,因此,通过电容接地,交流对地的阻抗为零(作为交流的接地)。

图 1.C 是使用晶体管各种接地电路的实例。无论哪种接地方式,作为基准的端子都要附加电容连接。

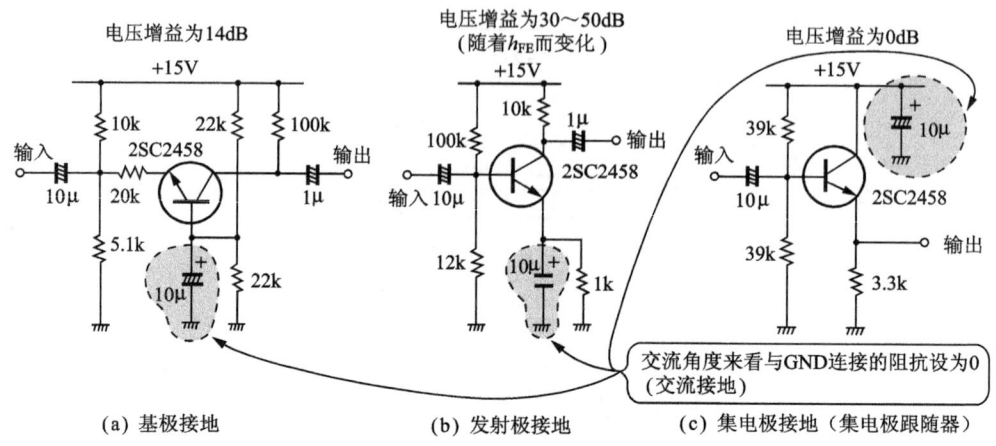

(a) 基极接地　　(b) 发射极接地　　(c) 集电极接地（集电极跟随器）

图 1.C　各种实际接地电路

1.2　用于开关的晶体管

使用晶体管的电路很多，最具有代表性的是作为小电流信号的开/关。我们将大电流信号的导通/截止称为开关转换，该用途多见于数字电路中。电路的结构为发射极接地，使晶体管完全导通/截止（即饱和工作），这一点是十分重要的特征。

使用这个晶体管作为开关电路，由于没有机械触点和触点损耗，重量又轻，因此具有高速开关等特性。它被广泛地应用于 LED 的驱动电路、继电器和电机线圈的驱动，以及转换开关的调整等方面。

1.2.1　驱动 LED

图 1.7 为使用 NPN 晶体管简单 LED 的驱动电路。当切断开关时，晶体管的基极没有电流流动，晶体管截止，LED 熄灭；当闭合开关时，晶体管的基极电流约有 0.4mA 的电流流动（$I_B=(0.5\sim 0.6V)/39k\Omega\approx 0.1mA$），晶体管导通，LED 发亮。

当 LED 的电压降 V_F 为 2V（LED 的正向压降通常为 2V 左右）；晶体管导通时，集电极与发射极之间的饱和电压为 0V（I_C 越大，$V_{CE(sat)}$ 就越高，通常的晶体管的 I_C 为 100mA 以下，故 $V_{CE(sat)}=$ 0.1V 以下），所以晶体管的集电极电流 $I_C\approx 9mA$。

必须注意的是，集电极的电流不是基极电流 h_{FE} 的倍数。2CS 2458-GR 的 h_{FE} 为 200（表 1.1），该电路的驱动能力为集电极电流

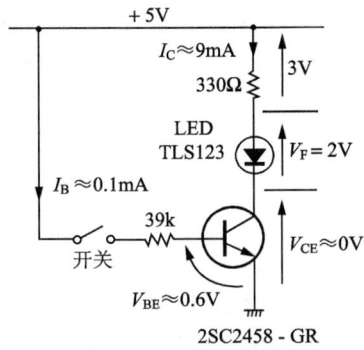

图 1.7　LED 驱动电路(1)

不大于 20mA(＝0.1mA×200)，实际上集电极电流被负载限制，只有 9mA 流过。

对于该开关电路，还应考虑晶体管 h_{FE} 的波动，当基极电流的温度变化(由于 V_{BE} 保持有温度特性，基极电流随温度变化而变化)时，或多或少地基极电流要流过。通常，把使用晶体管 h_{FE} 的最低基极电流的 1.5～2 倍左右称为过载。

图 1.8 为 PNP 晶体管驱动 LED 的电路。PNP 晶体管与 NPN 晶体管只是电流方向相反，工作原理完全一致。

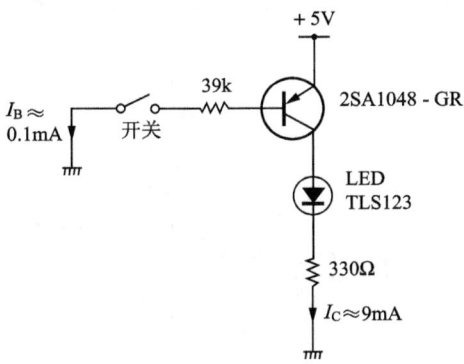

图 1.8　LED 驱动电路(2)

1.2.2　驱动继电器线圈

图 1.9 给出从＋5V 数字电路驱动继电器线圈的电路。同理，用数字电路可很好地驱动如电机或继电器等线圈。晶体管通过基极电流的通断可使负载电流通断，即使电源电压变化，晶体管只要有足够的基极电流流动，就可以通断负载电流。

另外，当晶体管关断线圈时，在关断线圈内有电流流动，会引起反向电压,有可能损坏晶体管。所以,必须在线圈上并联一个二极管,使电流被回流,此二极管称为续流二极管。

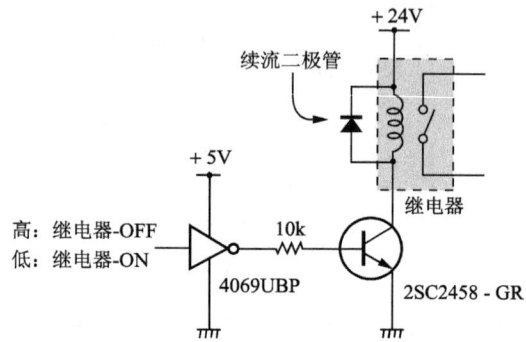

图 1.9 继电器的驱动电路

1.2.3 增大 h_{FE} 的达林顿连接法

当较小的基极电流通断大负载电流时,采用达林顿连接晶体管的方式。图 1.10 给出达林顿连接图。Tr_1 和 Tr_2 的 h_{FE} 分别为 h_{FE1} 和 h_{FE2},Tr_1 的集电极电流为 $I_B \cdot h_{FE1}$。还有,集电极电流约等于发射极电流,Tr_2 的发射极电流也为 $I_B \cdot h_{FE1}$。所以,Tr_1 的发射极电流成为 Tr_2 的基极电流,Tr_2 的集电极电流 I_C 为 $I_B \cdot h_{FE1} \cdot h_{FE2}$。

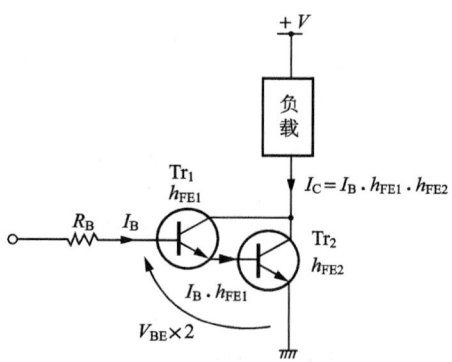

图 1.10 达林顿连接法

例如,h_{FE1} 和 h_{FE2} 都为 100,1mA 的基极电流就可通断 10A 的集电极电流。但是,这个电路 Tr1 的基极电位变为 1.2～1.4V(两个晶体管),计算时要特别注意基极电阻决定基极电流。

1.3 线性放大信号

保证输入信号波形形状不变的放大电路称为线性放大。在这种情况下，使用发射极接地电路。但与前面所述的开关电路有所不同，晶体管是工作在不完全导通截止的区域（即非饱和区），所以，偏置电路的工作是非常重要的。

1.3.1 偏置电路的设计方法

图 1.11 为发射极接地的放大电路。要使晶体管放大工作，首先流经集电极要有一定的直流电流，这个电流称为偏置电流。而且，R_1 和 R_2 使晶体管的基极保持一定的直流电压，给电路提供必要的基极电流，这个电路称为偏置电路。

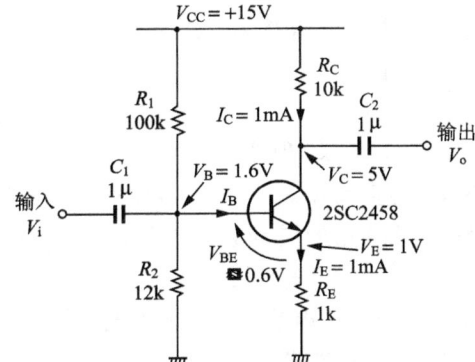

图 1.11 发射极接地的放大电路

根据图 1.11 求解各点的直流电位。
基极电位 V_B 为：

$$V_B = \frac{R_2}{R_1 + R_2} \cdot V_{CC} \text{(V)} \tag{1.4}$$

发射极电流 I_E 为：

$$I_E = \frac{V_B - V_{BE}}{R_E} \text{ (A)} \tag{1.5}$$

集电极电位 V_C 为：

$$V_C = V_{CC} - I_C \cdot R_C$$
$$= V_{CC} - (I_E - I_B) R_C \text{(V)} \tag{1.6}$$

又

$$I_E \gg I_B$$

则
$$V_C \approx V_{CC} - I_E \cdot R_C \quad (1.7)$$

1.3.2 交流电压增益的求解方法

另一方面,通常V_{BE}是定值,根据交流输入电压v_i,I_E的交流变化量ΔI_E为:
$$\Delta I = \frac{v_i}{R_E} \quad (1.8)$$

V_C的交流变化量ΔV_C为:
$$\Delta V_C = \Delta I_E \cdot R_C = \frac{v_i}{R_E} \cdot R_C \quad (1.9)$$

通过C_2滤掉直流成分,交流输出电压v_o变为:
$$v_o = \Delta V_C = \frac{v_i}{R_E} R_C \quad (1.10)$$

因此,这个电路的交流电压增益A_v为:
$$A_v = \frac{v_o}{v_i} = \frac{R_C}{R_E} \quad (1.11)$$

A_v与晶体管的h_{FE}无关,取决于R_C与R_E之比。另外,R_E变大,A_v减小,可认为R_E为负反馈。所以,称R_E为发射极反馈电阻。还有,R_E起到抑制h_{FE}和V_{BE}的波动以及因温度变化而使发射极电流变化的作用。在图1.11的电路中,当$R_E = 1\text{k}\Omega$,$R_C = 100\text{k}\Omega$,则$A_v = 10$倍(20dB)。再者,电容C_1使输入与基极的直流分开,同样,电容C_2阻止输出的直流成分。

照片1.1显示了图1.11中电路各部分的电压波形。可看出v_o为v_i的10倍。但是,这里要特别注意的是v_o与v_i是反相的(相位相差180°)。现在,v_i稍微增加,I_E就增加,R_C的电压降也随之增

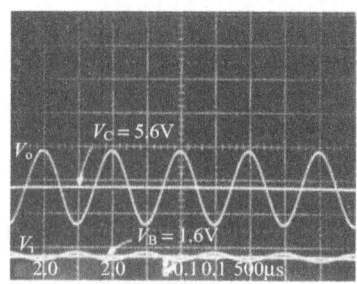

照片 **1.1** 发射极接地放大电路的各点波形

(X:500μs/div,Y:2V/div)

v_i与v_o反相,v_o的振幅为v_i的10倍左右

加。对地的集电极电位为电源电压去掉 R_C 的电压降,所以,v_i 增加,其减少。因此,输入输出的相位相反。

由晶体管的基极输入信号,当输出从集电极取出时,相位相反;当输出从发射极取出(射极跟随器)时,相位相同。通过计算,集电极的电位为 5V,根据照片,实际电路为 5.6V。$I_C(\approx I_E)$ 比计算值要小。R_C 的电压下降得少(I_C 比计算值小 6% 左右)。原因在于,电路使用的电阻误差(这里使用的是 ±5%)以及 V_{BE} 假定为 0.6V。

1.3.3 获取交流增益

在很多场合下,即使有很好的电路,也只有很小的交流增益,如图 1.11 所示。如果 R_C 和 R_E 胡乱改变,就会改变直流偏置的状态。

通过发射极接地放大电路,可获得无直流电位关系的交流增益,如图 1.12 所示,发射极阻抗 R_E 为电阻 R 与电容的并联。然而,若频率很高的话,电容的阻抗就可以忽略不计,变为电阻并联。因此,交流发射极的阻抗值降低,使反馈量减少而获得增益。但当频率低时,电容 C 的阻抗就不能忽视。在低频领域中,放大增益 A_v 与 R 和 C 保持定时间常数。所以,若安装大容量的电容 C,则在低频领域中会使得 A_v 下降。

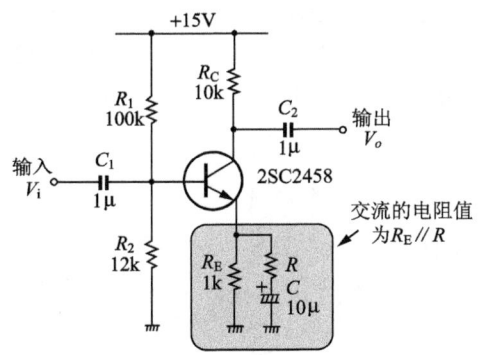

图 1.12 获得交流增益的方法

图 1.13 给出图 1.12 电路中 R 变化时的增益 A_v 与频率的特性曲线。表中 A_v 的数值为计算值(即 $R_C/R_E // R$)。R 越小,增益越高,计算值与实际值的差别不大。一个晶体管能实现的最大增益是有限的。如图 1.13 所示,一个晶体管的发射极接地放大电路,最大增益 A_v 为 40dB 左右。

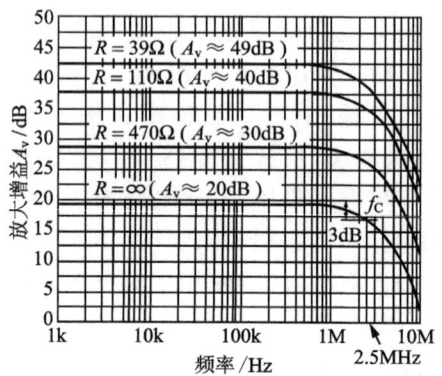

图 1.13　发射极接地放大电路的频率特性
（在 $v_o=0.5$ V 时测定）

另外，当 $R=\infty$（设定 $A_v=20$ dB）时，A_v 的上限截止频率（增益下降 3dB 的频率）约为 2.5MHz。像这样，即使是一个晶体管的简单放大电路，也可得到较好的频率特性。

1.3.4　高频放大特性的界限

如何得到约 2.5MHz 的截止频率特性呢？根据放大电路的用途，放大小于 MHz 以上的信号，将失去意义。

阻碍发射极接地放大电路高频特性的主要原因是加入了晶体管输入电容。现在，如图 1.14(a) 所示，晶体管的基极与集电极之间存在电容 C_{ob}，考虑信号源内阻 R_S 的介入，集电极接地放大电路的等价输入电容为 C_i，根据图 1.14(b) 所示，它等价于 $(1+A_v)$ 倍的 C_{ob}。这称为镜像效果。而且，C_i 与 R_S 构成低通滤波器，频率增高，A_v 下降。

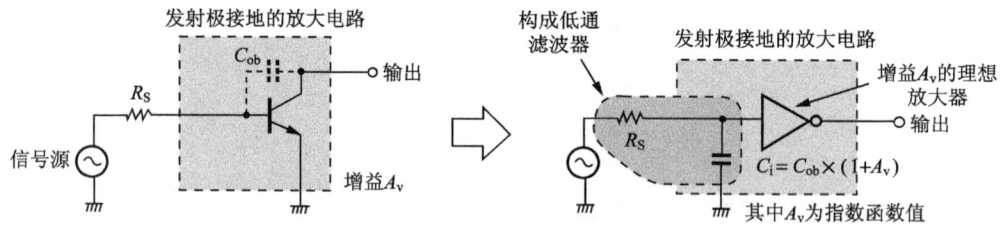

(a)　发射极接地电路　　　　(b)　发射极接地放大电路的等效电路

图 1.14　镜像效果

对于前面所示的图 1.12 电路，使用 2SC2458[$C_{ob}=2$ pF（典型）]。若 C_{ob} 相同的话，无论使用哪种晶体管，其频率特性都是相同的(例如,2SC945,2SC1815 等)。但在实际中,使用 OP 放大器可以得到良好的电气特性(如增益、失真率、直流特性和输入输出阻抗等)。然而,在现在的低频电路中,像这样使用的晶体管几乎没有了。

另一方面,对于高频电路最受到重视的是其频率特性。使用高频晶体管作为 AM 和 FM 接收机的前置或宽带放大器,被广泛地用于频率特性优良的放大电路中。这些将在第 6 章中详细介绍。

专　栏

作为缓冲器使用的射极跟随器

图 1.D 给出射极跟随(Emitter follower)电路。信号从基极输入,发射极输出。图 1.D 电路各点直流电位的求解如下:

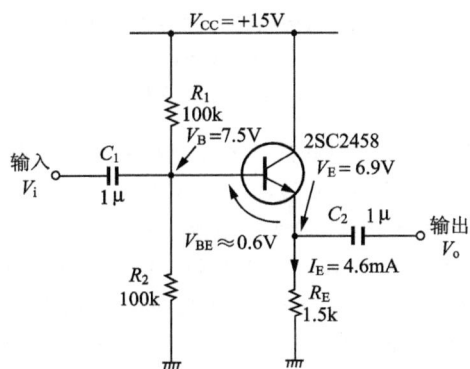

图 1.D　射极跟随器

基极电位 V_B 为:
$$V_B = \frac{R_2}{R_1 + R_2} \cdot V_{CC} \tag{1.C}$$

发射极电位 V_E 为:
$$V_E = V_B - V_{BE} \text{(V)} \tag{1.D}$$

发射极电流 I_E 为:
$$I_E = V_E / R_E \text{(A)} \tag{1.E}$$

另一方面,V_{BE} 通常为定值,根据交流输入电压 v_i,I_E 的交流变化量 ΔI_E 为:
$$\Delta I_E = v_i / R_E \text{(A)} \tag{1.F}$$

V_E 的交流变化量 ΔI_E 为:
$$\Delta V_E = \Delta I_E \cdot R_E = \frac{v_i}{R_E} \cdot R_E = v_i \tag{1.G}$$

通过 C_2 去掉 V_E 的直流成分,则交流输出电压 v_o 为:

$$v_o = \Delta V_E = v_i \tag{1.H}$$

从而,射极跟随器的电压增益 A_v 为:

$$A_v = \frac{v_o}{v_i} = \frac{v_i}{v_i} = 1 \tag{1.I}$$

照片 1.A 显示了图 1.D 电路各点的电压波形。输入输出的交流振幅完全相同。当然,输入输出的相位也相同。其中,根据图 1.D,实际电路的 V_B 和 V_E 比计算值小(0.9V)。

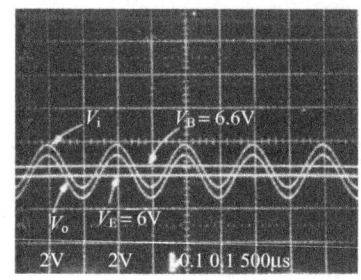

照片 1.A 射极跟随器的各点电压波形

(X:500μs/div,Y:2V/div)

v_i 与 v_o 同相并且同振幅

如图 1.D 所示,从基极往里看,忽略晶体管的输入阻抗,计算各点电压。在实际电路中,由于 R_2 为并联连接,V_B 比计算值低。

因 $A_v = 0$dB,射极跟随器不会发生镜像效果,A_v 的截止频率 f_c 变得非常高(低频用的晶体管为数十 MHz 至 100MHz 左右,高频用的晶体管为数百 MHz 至数 GHz 左右)。当 $A_v = 0$dB 时,射极跟随器的电流增益 A_i(输出电流与输入电流的比)变得非常大。

图 1.E 给出射极跟随器的应用实例与 OP 放大器组合的放大电路。若晶体管的 $h_{FE} = 100$,$I_E = 10$mA,则基极电流 $I_B = 0.1$mA($= 10$mA/100)。而且,射极跟随器的 A_i 为输出电流与输入电流的比,总之,I_E 与 I_B 之比(h_{FE} 不

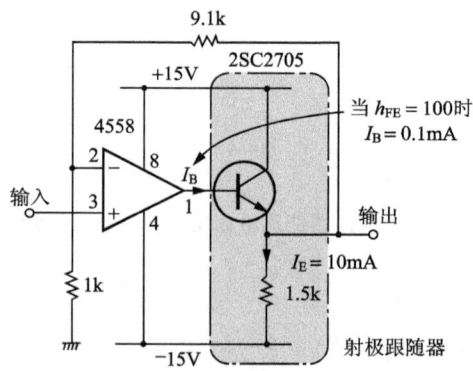

图 1.E 射极跟随器的应用实例

变)变得非常大。另外,射极跟随器的输出阻抗非常小,约 $1\sim10\Omega$ 左右。

附录 正确求解电路特性

为方便使用,我们要正确地求解放大器的增益及阻抗等各种特性。我们把这些特性称为电路参数。考虑到电路参数为四端网络电路,有输入输出电压和电流以及功率关联的系数;电路参数有 h 参数(混合参数)、Y(导纳)参数和 S(分布)参数等。在低频领域中,广泛应用并容易得到 h 参数(关于 Y、S 参数将在后面叙述)。

1. h 参数的考虑方法

用 h 参数表示的电路,如图 1.F 所示。根据图设定四端网络电路的电流、电压,输入输出的电流和电压的关系由下式表示:

$$\begin{bmatrix} v_1 \\ i_1 \end{bmatrix} = \begin{bmatrix} h_i & h_r \\ h_f & h_o \end{bmatrix} \begin{bmatrix} i_1 \\ v_2 \end{bmatrix} \quad (1.J)$$

与关系式的系数

$$\begin{bmatrix} v_1 = h_i i_1 + h_r v_2 \\ i_2 = h_f i_1 + h_o v_2 \end{bmatrix} 等价 $$

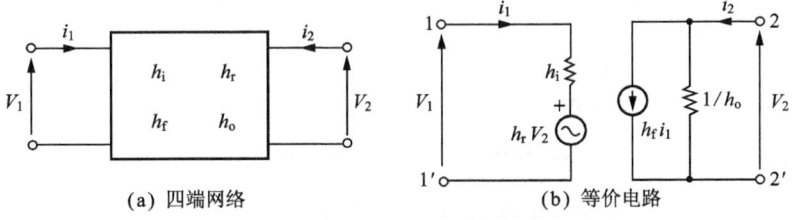

(a) 四端网络　　　　　(b) 等价电路

图 1.F　h 参数表示的电路

这个式子的系数称为 h 参数。h 参数严格地用复数表示($j\omega$ 的函数),是根据频率而变化的。但是,对于低频电路,不用复数而用绝对值(晶体管的数据经绝对值后被记录)表示。还有,h 参数是根据晶体管的工作点(如集电极电流、集电极-发射极间的电压等)而变化的。图 1.G 表示随工作点 2SC2458h 参数的变化。

另外,h 参数根据不同的接地方式而有所不同。在 i,r,f,o 的后面,e 表示发射极接地,c 表示集电极接地,b 表示基极接地。图 1.H 给出发射极接地的等效电路。

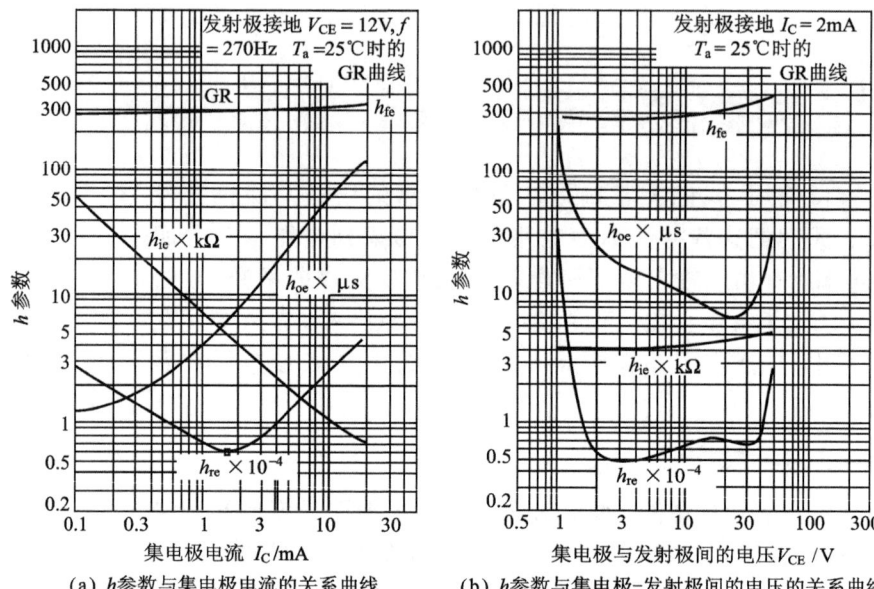

(a) h 参数与集电极电流的关系曲线　　(b) h 参数与集电极-发射极间的电压的关系曲线

图 1.G　随工作点 2SC2458 h 参数的变化

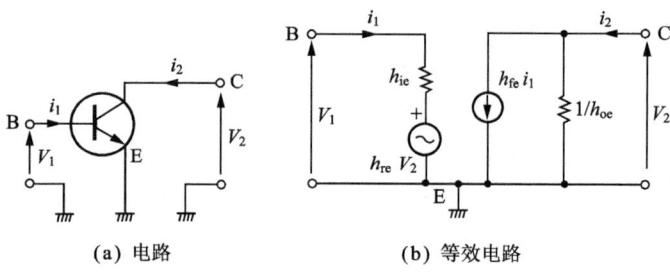

(a) 电路　　　　　　　(b) 等效电路

图 1.H　发射极接地的等效电路

下面给出 h 参数的物理意义和求解。

h_i 为输入阻抗。当 $v_2=0$(图 1.F,2-2′间短路)时,$h_i=v_1/i_1(\Omega)$。

h_r 为反向电压传输系数。当 $i_1=0$(图 1.F,1-1′间开路)时,$h_r=v_1/v_2$。

h_f 为正向电流放大系数。当 $v_2=0$ 时,$h_f=i_2/i_1$。

h_o 为输出电导。当 $i_1=0$ 时,$h_o=i_2/v_2(S)$。

下面用 h 参数来计算电路的各个特性。

2. 关于发射极接地的放大电路的计算

首先,计算发射极接地放大电路的电压增益和输入输出阻抗,如图 1.I(a)所示。用 h 参数表示的等效电路,如图 1.I(b)所示。

用虚线围起的部分为晶体管的等效电路。还有,该图为交流通路,忽略输入输出的耦合电容(交流阻抗为零)。另外,当观察交流时,电源 V_{CC} 和地(GND)之间的阻抗变为零(在实际电路中,为了使电源的阻抗降低,根据图 1.I(a),连接去耦电容 C_D)。所以,在图 1.I 的等效电路中,在电源与地(GND)之间连接电阻 R_1 和 R_2。

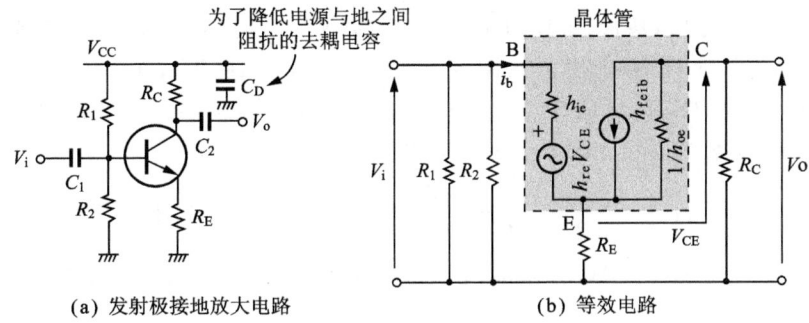

图 1.I 发射极接地放大电路的等效电路

但是,一般由于 h_{re} 非常小,$1/h_{oe}$ 非常大,所以,像图 1.J 那样,可忽视 $h_{re}v_{oe}$ 和 $1/h_{oe}$,其等效电路没有画出。

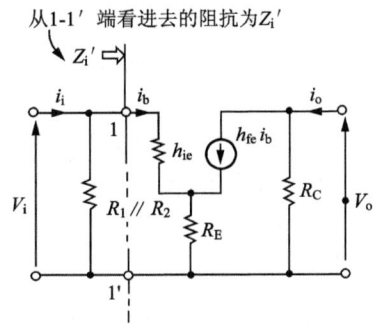

图 1.J 简化的发射极接地放大电路的等效电路

在图 1.J 中,v_i 及 v_o 为:

$$v_i = h_{ie} \cdot i_b + R_E(i_b + h_{fe} \cdot i_b)$$
$$v_o = h_{ie} \cdot i_b \cdot R_C \tag{1.K}$$

然而,电压增益 A_v 为:

$$A_v = \frac{v_o}{v_i} = \frac{h_{fe} \cdot R_C}{h_{fe} + R_E(1 + h_{fe})} \tag{1.L}$$

下面,设从 1-1′ 端看进去的阻抗为 Z_i',则输入阻抗为:

$$Z_i = (R_1 /\!/ R_2) /\!/ Z_i' \tag{1.M}$$

Z_i' 由下式求解:

$$Z_i' = \frac{v_i}{i_b} = \frac{h_{ie} \cdot i_b + R_E(i_b + h_{fe} \cdot i_b)}{i_b} \qquad (1.N)$$
$$= h_{ie} + R_E(1 + h_{fe})$$

输出阻抗 Z_o 变为：
$$Z_o = \frac{v_o}{i_o} = \frac{h_{fe} \cdot i_b \cdot R_E}{h_{fe} \cdot i_b} = R_C \qquad (1.O)$$

在这里，按照图 1.11 的发射极接地放大电路，将具体的数值代入来计算各特性。如图 1.11 所示，$R_1 = 100\text{k}\Omega$，$R_2 = 12\text{k}\Omega$，$R_C = 10\text{k}\Omega$，$R_E = 1\text{k}\Omega$，根据图 1.G(a)，当 $I_C = 1\text{mA}$ 时，2SC2458 的 h 参数为 $h_{fe} \approx 300$，$h_{ie} \approx 8\text{k}\Omega$，则 A_v, Z_i, Z_o 分别为：

$$A_v = \frac{300 \times 10\text{k}\Omega}{8\text{k}\Omega \times 1\text{k}\Omega \times (1+300)} \approx 9.7 \approx 19.7\text{dB}$$

$$Z_i = 100\text{k}\Omega // 12\text{k}\Omega // [8\text{k}\Omega + 1\text{k}\Omega \times (1+300)] \approx 10.3\text{k}\Omega$$

$$Z_o = 10\text{k}\Omega$$

3. 关于射极跟随器电路的计算

下面，如图 1.K(a)所示，计算射极跟随器的 A_v, Z_i, Z_o。

图 1.K(b)为等效电路，v_i 与 v_o 由下式表示：
$$v_o = R_E \cdot i_o = R_E(i_b + h_{fe} \cdot i_b)$$
$$v_i = h_{fe} \cdot i_b + v_o = h_{fe} \cdot i_b + R_E(i_b + h_{fe} \cdot i_b) \qquad (1.P)$$

电压增益 A_v 为：
$$A_v = \frac{v_o}{v_i} = \frac{R_E(i_b + h_{fe} \cdot i_b)}{h_{ie} \cdot i_b + R_E(i_b + h_{fe} \cdot i_b)}$$
$$= \frac{R_E(1 + h_{fe})}{h_{ie} + R_E(1 + h_{fe})} \qquad (1.Q)$$

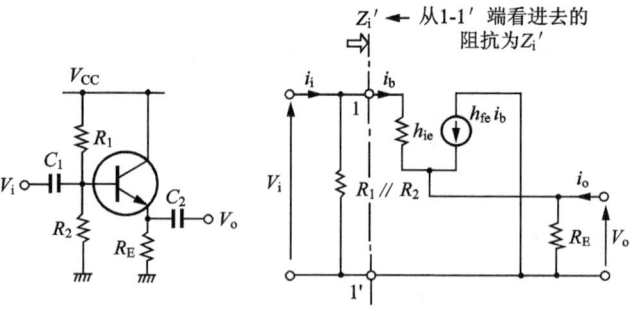

(a) 射极跟随器　　　　(b) 等效电路

图 1.K　射极跟随器的等效电路

设从 1-1' 端看进去的阻抗为 Z_i',则输入阻抗 Z_i 为:

$$Z_i = (R_1 /\!/ R_2) /\!/ Z_i' \tag{1.R}$$

Z_i' 由下式求解:

$$Z_i' = \frac{v_i}{i_b} = \frac{h_{fe} \cdot i_b + R_E(i_b + h_{fe} \cdot i_b)}{i_b}$$
$$= h_{fe} + R_E(1 + h_{fe}) \tag{1.S}$$

(Z_i 及 Z_i' 与图 1.L 的发射极接地的情况完全相同)

像图 1.L 那样,考虑输入短路($v_i = 0$),当 $v_i = 0$ 时,根据 v_o/v_i 来求得输出电阻:

$$Z_o = \frac{v_o}{i_o} = \frac{h_{ie}/i_b}{i_b + h_{fe} i_b} = \frac{h_{ie}}{1 + h_{fe}} \tag{1.T}$$

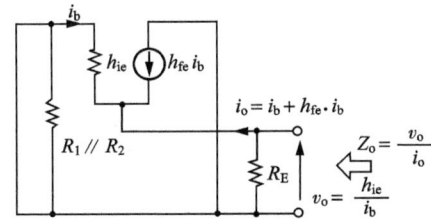

图 1.L 射极跟随器的输出阻抗

这里,让我们再复习一下关于专栏 1.C 中图 1.D 的射极跟随器电路各个特性的计算。

如图 1.D 所示,$R_1 = 100\text{k}\Omega$,$R_2 = 100\text{k}\Omega$,$R_E = 1.5\text{k}\Omega$,根据图 1.G(a),当 $I_C = 4.6\text{mA}$ 时,2SC2458 的 h 参数为 $h_{fe} \approx 300$,$h_{ie} \approx 2\text{k}\Omega$,则 A_v,Z_i,Z_o 分别为:

$$A_v = \frac{1.5\text{k}\Omega \times (1 \times 300)}{2\text{k}\Omega \times 1.5\text{k}\Omega \times (1 + 300)} \approx 0.996 \approx -0.03\text{dB}$$

$$Z_i = 100\text{k}\Omega /\!/ 100\text{k}\Omega /\!/ [2\text{k}\Omega + 1.5\text{k}\Omega \times (1 + 300)]$$
$$\approx 45\text{k}\Omega$$

$$Z_o = \frac{2\text{k}\Omega}{1 + 300} \approx 6.6\Omega$$

综上所述,通过 h 参数,可以正确地计算电路特性。当晶体管的数据没有记录 h 参数时,可以用下面近似式求解。

$$h_{fe} = h_{FE}$$

$$h_{ie} = 26 \times 10^{-3} \times \frac{h_{fe}}{I_C} (\Omega)$$

式中,h_{FE} 为直流放大系数;I_C 为集电极电流。

第 2 章
FET 的工作原理

FET(Field Effect Transistor,场效应管),为晶体管的一种类型。双极性晶体管也可称为单极性载流子晶体管,外形与晶体管相同。双极性晶体管是通过基极电流的流动,来控制集电极电流;而 FET 是通过控制控制端(栅极)的电压,来控制被控制两端间(漏极-源极间)的电流。所以,FET 被称为电压控制器件。

2.1 FET 的结构和工作原理

2.1.1 JFET 和 MOS FET

如图 2.1 所示,从结构上讲,FET 可分为结型场效应管(JFET:Junction FET)和绝缘栅型场效应管(MOS FET:Metal Oxide Semiconductor)。从电气特性的角度上看,MOS FET 又可分为耗尽型(Depletion)和增强型(Enhancement)。再者,又分为各种 N 沟道(相当于双极性晶体管的 NPN 型)和 P 沟道(相当于双极性晶体管的 PNP 型)。

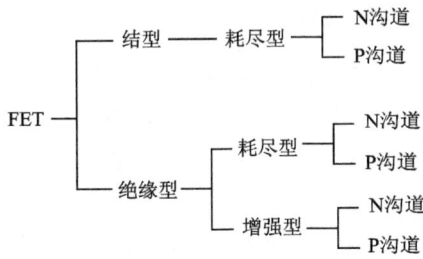

图 2.1 FET 分类

FET 的符号如图 2.2 所示。与晶体管不同,箭头的方向不表示电流流动的方向,而只表示极性。另外,作为双极性晶体管使用的基极-发射极之间的 PN 结为正向,而作为双极性 JFET 使用的栅极与沟道之间(漏极与源极之间)的 PN 结为反向。所以,因 PN 结反向而栅极电流只有漏电流,单个器件的阻抗为 $10^8 \sim 10^{12}\,\Omega$,比晶体管大的多(在发射极接地的情况下,晶体管的输入阻抗为 h_{ie}=1kΩ 至数 kΩ)。

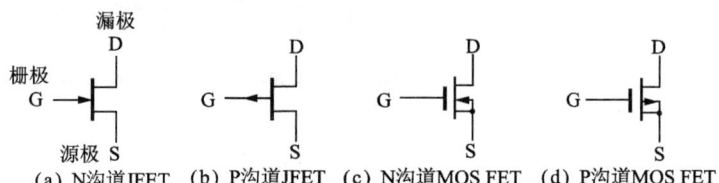

(a) N沟道JFET (b) P沟道JFET (c) N沟道MOS FET (d) P沟道MOS FET

图 2.2　FET 的符号

MOS FET 与 JFET 不同,栅极与沟道之间有引线,栅极与沟道能分别表示,这里的栅极与沟道表示是绝缘的。由于栅极与沟道是绝缘的,与 JFET 相比,流过栅极的电流更小。所以,输入阻抗比 JFET 还大,约 $10^{12} \sim 10^{14}\,\Omega$ 左右。

从 JFET 的符号上看,漏极(相当于晶体管的集电极)和源极(相当于晶体管的发射极)是没有什么区别的。但是,一般情况下,即使 FET 的漏极与源极反向,也能完全正常地工作(在高频电路中使用 FET,漏极与源极物理变化的形状决定了特性,两个串联连接是不能工作的)。

与晶体管不同,JFET 的漏极与源极之间不是 PN 结,是单一半导体(N 沟道称为 N 型,P 沟道称为 P 型)制作的。MOS FET,从符号就可知道,漏极与源极是有区别的。漏极与源极相反是不能工作的。

2.1.2　JFET 工作结构

在 FET 的栅极与源极之间加电压从而控制漏极电流的器件,称为电压控制器件。图 2.3 给出 JFET 的漏极电流 I_D 与栅极-源极间的电压 V_{GS} 的关系曲线(称为传输特性)。

N 沟道的 FET,当 V_{GS} 为 0 时,I_D 最大,这时的漏极电流称为漏极饱和电流 I_{DSS}。JFET 的 I_{DSS} 为 FET 流过的最大的漏极电流。由此认为,当 JFET 有限制电流的作用时,通常 JFET 的 I_{DSS} 为 1mA 至数十 mA。其次,V_{GS} 反方向越大,I_D 越小,最终达到 0。这时的 V_{GS} 称为夹断电压 V_P。随着 V_P 的负向加大,若加到 V_{GS} 的话,N 沟道 JFET 就被关断(I_D 变为 0)。像这样负 V_{GS} 控制 I_D 流动的,称为耗尽型特性。JFET 完全属于耗尽型特性。

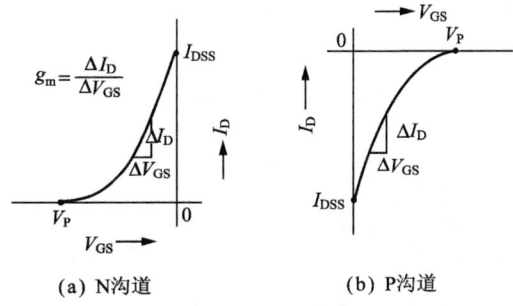

(a) N沟道　　　(b) P沟道

图 2.3　JFET 的传输特性

P 沟道 JFET 与 N 沟道的 I_D、V_{GS}、I_{DSS} 和 V_P 的极性相反。

晶体管是由基极电流控制集电极电流的，I_C 与 I_B 之比为 h_{FE}，这是非常重要的特性。但是，FET 是通过 V_{GS} 的变化而控制的，I_D 与 V_{GS} 之比是重要的特性。这个比称为互导（或称为正方向传输的导纳 $|Y_{fs}|$），用下式表示：

$$g_m = \frac{\Delta I_D}{\Delta V_{GS}} \text{ (S)} \tag{2.1}$$

传递特性曲线的斜率为 g_m，其单位为电流除以电压等于 S（导纳）。g_m 相当于晶体管的 h_{FE}。FET 用于放大电路时的优点是：g_m 越大，电路的净增益就越大，输出阻抗就越小。但此时 FET 的缺点是：输入电容（栅极与各个管脚间的电容）大，高频特性变差，栅极的漏电流大等。

图 2.4 给出通用 N 沟道 JFET 的 2SK330（东芝公司制造）传输特性的例子。实际的 JFET 与图有很大的误差，而且随着 I_{DSS} 变化，V_P 也变化。

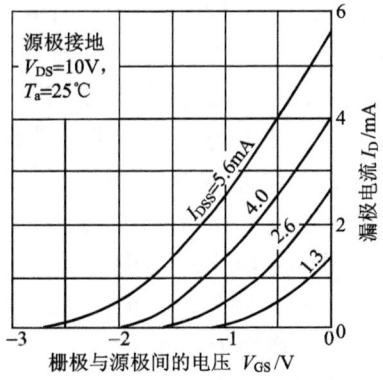

图 2.4　2SK330 的传输特性[1]

晶体管是根据 h_{FE} 分为不同等级的,而 JFET 不是根据 g_m 而是由 I_{DSS} 来划分的。表 2.1 列出了 2SK330 的等级。

表 2.1　2SK330 的 I_{DSS} 的等级

单位:mA

I_{DSS} 等级	Y	GR	BL
I_{DSS} 值	1.2—3.0	2.6—6.5	6—14

2.1.3　MOS FET 工作结构

MOS FET 的传输特性,如图 2.5 所示。MOS FET 除具有前面所述的耗尽型特性,还具有增强型特性。所谓增强型特性,是指在 N 沟 MOS FET 的场合下,V_{GS} 不为正向电压时就没有电流 I_D 的流动(P 沟的 V_{GS} 的极性相反)。

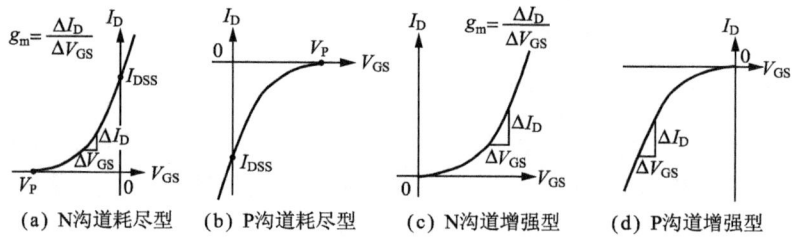

(a) N沟道耗尽型　(b) P沟道耗尽型　(c) N沟道增强型　(d) P沟道增强型

图 2.5　MOS FET 的传输特性

耗尽型特性的 MOS FET 与 JFET 不同,N 沟道 V_{GS} 为正,有电流 I_D 流动;P 沟道 V_{GS} 为负,有电流 I_D 流动。但是,I_{DSS} 不是漏极流动的最大电流,只表示当 $V_{GS}=0V$ 时的 I_D 值。这些是 JFET 与耗尽型 MOS FET 的特性差异。

但是,耗尽型 MOS FET 因 $V_{GS}=0V$ 时有 I_D 流动(称为常开器件)这一点而难于使用。与 $V_{GS}=0V$、I_D 也为 0 的增强型 MOS FET(称为常闭器件)相比,电路使用单个器件的频率并不太高。另一方面,增强型 MOS FET 与晶体管可以使用同一偏置。如果 V_{BE} 换为 V_{GS} 的话,就可与晶体管互换了。MOS FET 的 g_m 与 JFET 相同,传输特性变为 ΔV_{GS} 与 ΔI_D 之比。

以增强型为例,图 2.6 给出通用中功率放大用的 MOS FET 器件 2SK213 和 2SJ76 的传输特性。可以看出,当 $V_{GS}=0V$ 时,则 $I_D=0mA$;V_{GS} 增大,I_D 也慢慢地增加。

在放大电路中,当使用 JFET 或 MOS FET 时,同样像晶体管

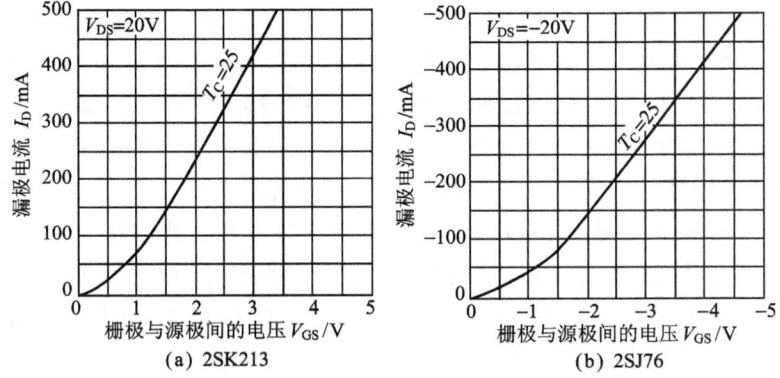

图 2.6 增强型 MOS FET 的传输特性[5,6]

那样有 3 种接地电路方式,即源极接地电路、漏极接地(源极跟随器)和栅极接地。这些接地电路的特性与晶体管的情况是完全相同的。

2.1.4 FET 特性

这里,将 FET 的特性归纳为以下几点:

优点:

(1) 输入电流极小,输入阻抗高;
(2) 由于是电压控制器件,所以驱动功率低;
(3) 偶次乘方的高频失真少;
(4) 由于电荷存储效应少,开关特性及频率特性都比较好;
(5) 耐热损坏强(MOS FET)。

缺点:

(1) 与晶体管相比导电电阻高;
(2) V_{GS} 的误差大(作为 OP 放大器的前级时,输出偏置电压变大);
(3) 信号源的阻抗低时噪声大;
(4) 与晶体管相比价格高;
(5) 抗静电损坏弱(MOS FET)。

在实际应用中,FET 多被用于开关电路和源极接地放大电路以及作为实例说明的源极跟随器。

2.2 作为开关电路的使用方法

只要控制栅极的电压,就可控制 FET 的开通与关断。这与晶体管不同,在沟道内不受电流和电压的影响。这种作法代替了机械开关,多被用于电子模拟信号的转换开关(称为模拟开关)。用于功率的 MOS FET(被称为 MOS POWEI 或 POWER MOS)具有驱动功率小、转换速度高以及耐热损坏强等优点,多被用于直流电机、步进电机和开关调节器的开关器件等。

图 2.7 给出 N 沟道 JFET 简单的开关电路。当 SW_1 关断时,$V_{GS}=0$,FET 开通,有负载电流 I_L 流动(参照图 2.3 的传输特性);当 SW_1 开通时,V_{GS} 为 $-15V$,由于超过 2SK330 的 V_P,FET 关断,I_L 为零。其中,FET 开通,I_L 最大电流只有 I_{DSS}。由于 JFET 的 I_{DSS} 最大为数十 mA 左右,所以,JFET 不能作为大电流的开关。

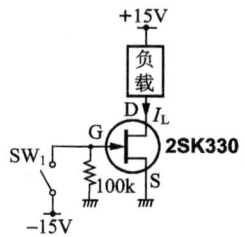

图 2.7 使用 N 沟道 JFET 的开关电路

图 2.8 给出用于 P 沟道 JFET 的模拟开关电路。当控制输入端为"H"时,栅极电位变为 0V,Tr_1 导通;当控制输入端为"L"时,栅极电位变为"+12V",Tr_1 断开。该电路与图 2.7 的电路相同,不能切换太大的电流,只能应用于微小电压、电流的模拟信号的切换。

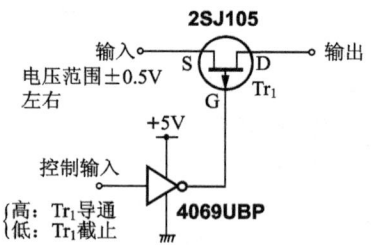

图 2.8 使用 P 沟道 JFET 的模拟开关

图 2.9 给出应用于 N 沟道增强型 MOS FET 的开关电路。该电路用+5V 系列的逻辑电路来控制线圈电流的开通与关断。工作原理为:当 FET 的栅极的电位为 0V(逻辑电平为"L")时,Tr_1 为断开;当栅极的电位变为+5V(逻辑电平"H")时,Tr_1 为导通,负载线圈

有电流流动。由于负载是线圈,所以在线圈并联了续流二极管。

像这样使用的 N 沟道增强型 MOS FET 的开关电路,由于从逻辑电路可以直接切换转换大电流,所以,被用于电机的驱动和开关调节器。

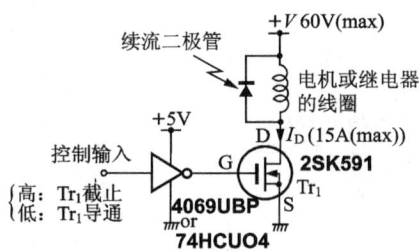

图 2.9 使用 N 沟增强型 MOS FET 的开关电路

2.3 在信号放大电路中的应用

2.3.1 源极接地的放大电路

当 FET 用作信号放大时,使用的源极接地放大电路相当于晶体管的发射极接地。

图 2.10 给出使用 N 沟道 JFET 的源极接地放大电路。JFET 与晶体管的不同点是:晶体管的基极对发射极不高于 0.6～0.7V,而 JFET 的栅极对源极的电位 V_{GS} 只是变低。由于晶体管的 V_{BE} 为正向 PN 结的压降,不管怎样晶体管都为 0.6～0.7V。但是,JFET 的 V_{GS} 根据种类有较大的波动,即使同一种类也有离散(根据 I_{DSS} 的值,即使 I_D 相同,JFET 也有差异)。

在图 2.10 的电路中,当使用 2SK184-BL 的时候,从图 2.10 传输特性可知,当 $I_D=0.9\text{mA}$ 时,V_{GS} 变为 0.5V 左右(考虑 $I_{DSS}=8\text{mA}$ 的时候)。

如果注意并忽略 V_{BE} 和 V_{GS} 的差异,可认为 FET 放大电路与晶体管的放大电路完全相同。以下为各点直流电位的求解。

V_G 为栅极电位:

$$V_G = \frac{R_2}{R_1+R_2} \cdot V_{DD} \tag{2.2}$$

源极电流 I_S 与漏极电流 I_D 为:

$$I_S = I_D = \frac{V_G + V_{GS}}{R_D} \tag{2.3}$$

漏极电位 V_D 为：

$$V_D = V_{DD} - I_D \cdot R_D \tag{2.4}$$

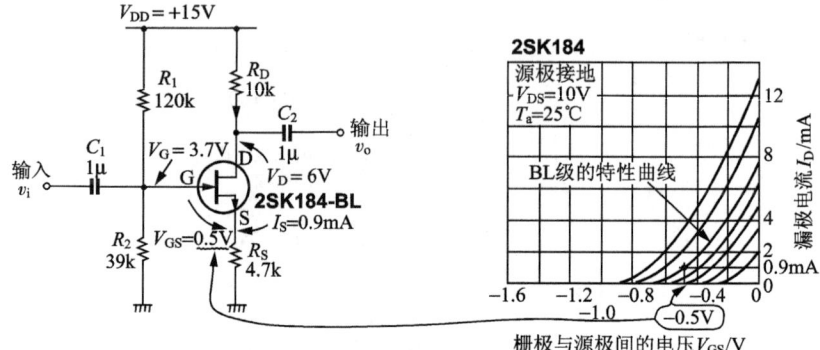

图 2.10　源极接地放大电路[7]

另一方面，根据交流输入电压，考虑 V_{GS} 为定值，I_D 的交流变化量 ΔI_D 为：

$$\Delta I_D = \Delta I_S = \frac{v_i}{R_S} \tag{2.5}$$

V_D 的交流变化量 ΔV_D 为：

$$\Delta V_D = \Delta I_D \cdot R_D = \frac{v_i}{R_S} \cdot R_D \tag{2.6}$$

考虑到 V_D 的交流成分，输出电压 v_o 为：

$$v_o = \Delta V_D = \frac{v_i}{R_S} R_D \tag{2.7}$$

因此，此电路的交流电压增益 A_v 为：

$$A_v = \frac{v_o}{v_i} = \frac{R_D}{R_S} \tag{2.8}$$

A_v 同晶体管发射极接地的放大电路完全相同。在图 2.10 的电路中，如果 $R_S = 4.7 \text{k}\Omega$，$R_D = 10 \text{k}\Omega$，则 $A_v = 2.1$ 倍（≈6dB）。

2.3.2　评价实际电路

在照片 2.1 中，显示了图 2.10 电路各点的电压波形。由此可知，v_o 为 v_i 的 2 倍左右。与晶体管发射极接地一样，输入输出的相位相反。

另外，在源极接地放大电路中，保持着直流电压的关系，获得交流增益，与晶体管发射极接地的情况相同。像图 2.11 那样，源极阻抗 R_S 为 R 与 C 并联。所以，交流的源极阻抗值减小，增益就增加。

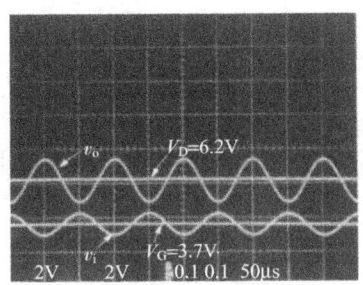

照片 2.1　源极接地放大电路的各点波形
(X：500μs/div，Y：2V/div)
v_o 与 v_i 反相，v_o 的幅值为 v_i 的 2 倍左右

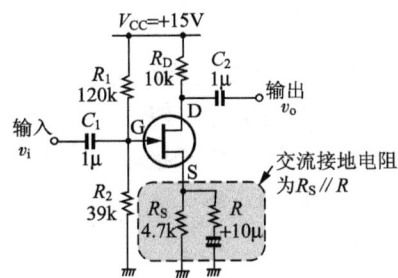

图 2.11　获得交流增益的方法

图 2.12 绘出了在图 2.11 电路中，随 R 值变化的电压增益对频率的图表曲线。括号里的数值为 A_v 的计算值（由 $R_D/R_S /\!/ R$ 求得）。R 越小，增益就越大。由一个 FET 实现的最大增益值是有限的，且计算值与实测值存有一定的差异。一个 FET 的源极接地放大电路，实际上最大电压增益为 $A_v = 20\text{dB}$ 左右。

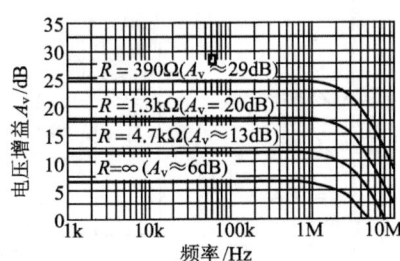

图 2.12　源极接地放大电路的频率特性

与晶体管的情况相同，根据镜像效果，妨碍源极接地放大电路高频特性的原因是器件的输入电容。FET 与晶体管相同，等价输

入电容 C_i 为栅极-漏极间的反馈电容 C_{rss} 的 $1+A_v$ 倍,如图 2.13 所示。

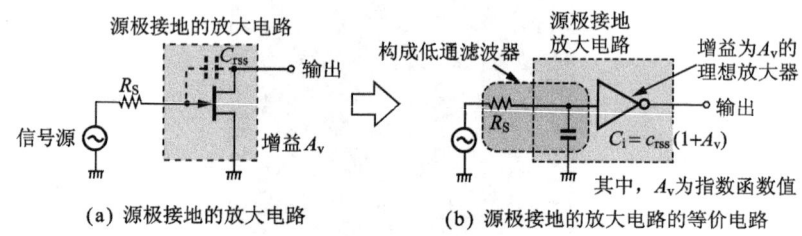

图 2.13　FET 的镜像效果

2.4　作为缓冲器应用

当连接信号源时,为了避免连接而受到影响的电路,称之为缓冲器。在晶体管中有射极跟随器,FET 有源极跟随器。图 2.14 给出源极跟随器的电路。信号从栅极输入,源极输出。下面为图 2.14 电路的各点直流电位的求解。

栅极电位 V_G 为:

$$V_G = \frac{R_2}{R_1+R_2} \cdot V_{DD} \tag{2.9}$$

源极电位 V_S 为:

$$V_S = V_G + V_{GS} \tag{2.10}$$

源极电流 I_S 为:

$$I_S = V_S / R_S \tag{2.11}$$

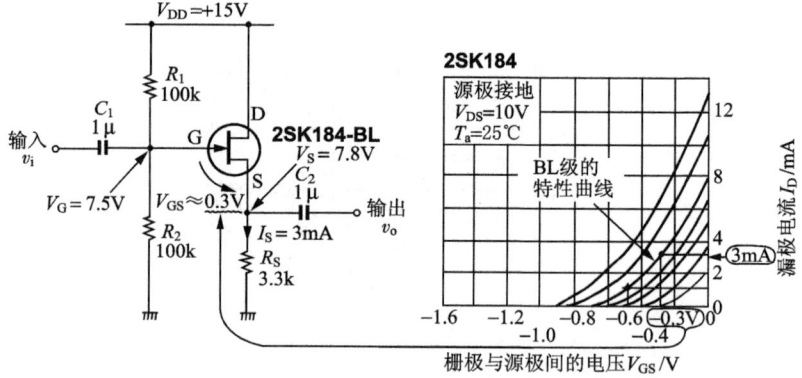

图 2.14　源极跟随器[1]

另一方面,当 V_{GS} 为定值时,按照交流输入电压 v_i,I_S 的交流变化量 ΔI_S 为:

$$\Delta I_S = \frac{v_i}{R_S} \tag{2.12}$$

V_S 的交流变化量 ΔV_S 为:

$$\Delta V_S = \Delta I_S \cdot R_S = \frac{v_i}{R_S} \cdot R_S = v_i \tag{2.13}$$

因为 C_2 去掉了 V_S 的交流成分,所以输出电压 v_o 为:

$$v_o = \Delta V_S = v_i \tag{2.14}$$

故源极跟随器的电压增益 A_v 为:

$$A_v = \frac{v_o}{v_i} = \frac{v_i}{v_i} = 1 \quad (=0\text{dB}) \tag{2.15}$$

照片 2.2 显示出图 2.14 电路的各点电压波形。由照片看出,输入输出的交流振幅相同,相位也相同。根据图 2.14 计算的 V_G 和 V_S,与实测值有差异,原因在于所使用的阻抗误差。

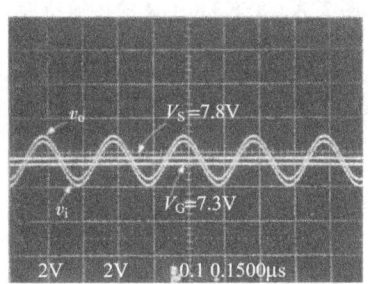

照片 2.2 源极跟随器的各点波形
(X:500μs/div,Y:2V/div)

源极跟随器与射极跟随器相同,当 $A_v = 0$dB 时,电流增益 A_i 变大。另外,FET 本身的输入阻抗十分大,输入电流特别小,与射极跟随器相比,源极跟随器的 A_v 非常大。但是,与射极跟随器相比,JFET 输出阻抗略大,约 $10 \sim 100\Omega$ 左右。

专栏

关于 JFET 的传输特性

当使用 JFET 设计放大电路时,必须根据传输特性来设定偏置条件。另外,开关电路设计也要从传输特性得到非常重要的参数 V_P 和漏极饱和电流 I_{DSS}。由此可见,用 FET 设计电路时,传输特性将变为重要的参数。

JFET 的 I_D 和 V_{GS} 的关系,可以简单近似为 2 次幂特性,如下式所示:

$$I_D = I_{DSS}\left(1 - \frac{V_{GS}}{V_P}\right)^2 \tag{2.A}$$

图 2.A 绘出 2SK330-GR 传输特性的实测值与求解近似值的曲线(在近似公式中代入 $I_{DSS}=4\text{mA}, V_P=-2\text{V}$)。可以看出,实际值与通过近似式求解的曲线完全一致。

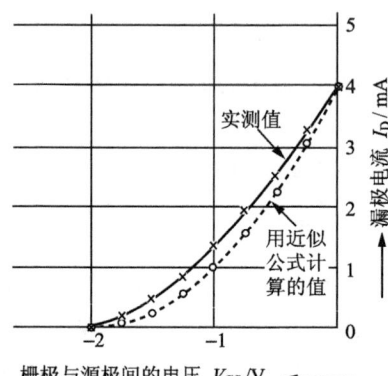

图 2.A 2SK330-GR 的传输特性

实际的 JFET 并不是正好是 2 次方幂特性,应该在 1.5~2.5 次方幂范围之内,实际上与 2 次幂十分相近。其次,互导 g_m 为传输特性的斜率,可以通过对栅极与源极间的电压 V_{GS} 微分求得漏极电流 I_D。

$$g_m = \frac{\partial I_D}{\partial V_{GS}} = -\frac{2 \cdot I_{DSS}}{V_P}\left(1 - \frac{V_{GS}}{V_P}\right) \tag{2.B}$$

从图 2.A 的传输特性可知,g_m 根据 V_{GS} 而不同,当 $V_{GS}=0\text{V}(I_D=I_{DSS})$ 时为最大。该 g_m 的最大值 $g_{m(max)}$ 可由下式求得:

$$g_{m(max)} = -\frac{2 \cdot I_{DSS}}{V_P} \tag{2.C}$$

可见,I_{DSS} 越大,夹断电压 V_P 越小,JFET 的 g_m 就越大。

第 3 章
OP 放大器的放大电路

OP 放大器(Operational Amplifier)是具有非常大的差动增益的放大器。它可以把信号放大,也可以作为加法器和微分以及积分器等线性电路。另外,还应用于滤波器、振荡器和电源等模拟电路中。

OP 放大器是由晶体管、FET 及二极管等有源器件和电阻、电容来构成的放大电路 IC。图 3.1 为通用 OP 放大器 NJM4558(新日本无线制造)的内部等效电路。OP 放大器由很多元器件构成,并集成为 IC。现在,它作为与晶体管、FET 等同的放大器件,给我们的使用带来了极大地方便。

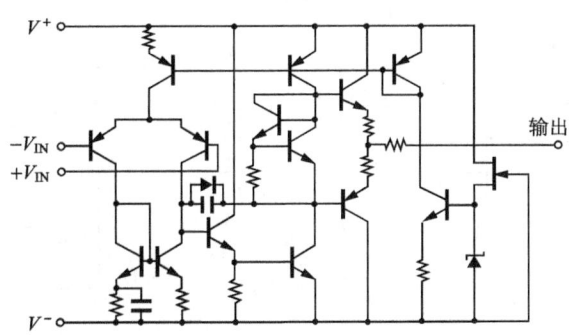

图 3.1　NJM4558 的内部等效电路

照片 3.1 展示了各种各样的 OP 放大器的外观。图 3.2 列出 OP 放大器的管脚排列。一块集成芯片可封装 1 个、2 个或 4 个 OP 放大器单元。另外,除特殊用途外,集成芯片的管脚排列是统一的,即使不同的种类也可以替换。

在电子线路中,使用 OP 放大器具有以下优点:

(1) 元器件的数量少:

由于使用元器件的数量少,故障率就随之降低,而且装置可制作得既小巧又轻便。

(2) 因集成化而提高了性能,又降低了成本:

如果设计与 OP 放大器相同性能的分离器件的放大器,则需要较之 OP 放大器数倍以上的价格。

（3）缩短了设计时间：

由于没必要设计放大器的自身，所以，设计时间只是花费在设计周围电路上。下面，将分别阐述 OP 放大器和使用以 OP 放大器的放大电路为中心的反相放大器以及同相放大器的工作原理。

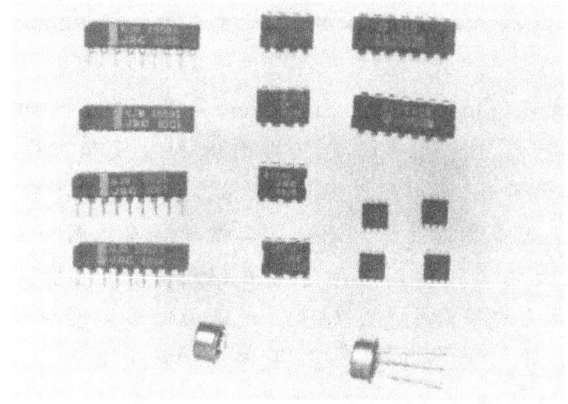

照片 3.1　各种 OP 放大器

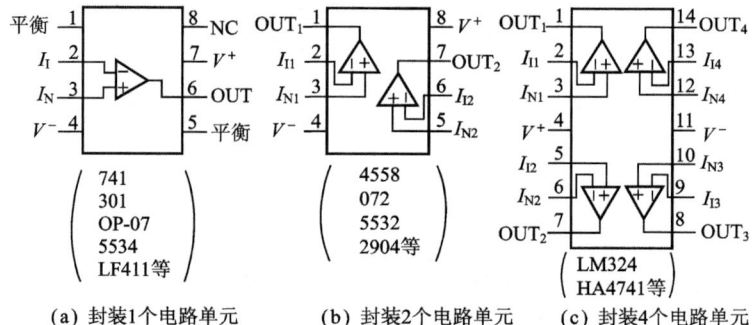

(a) 封装1个电路单元　　(b) 封装2个电路单元　　(c) 封装4个电路单元

图 3.2　OP 放大器的管脚排列

3.1　OP 放大器的结构

3.1.1　两个输入端

图 3.3 给出 OP 放大器的电路符号。有（−）的端子称为反相输入端，有（＋）的端子称为同相输入端。

如图 3.4 所示，假设 OP 放大器的各点电压为 e_-、e_+ 和 e_o，则输入输出的关系如下表示：

$$e_o = A_v(e_+ - e_-) \tag{3.1}$$

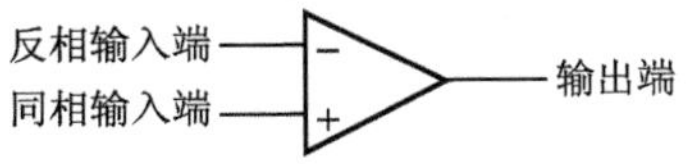

图 3.3　OP 放大器的电路符号

总之,加在两个输入端子的电压差的 A_v 倍为 OP 放大器的输出电压。这里的 A_v 被称为 OP 放大器的差动电压增益或开环电压增益(后面所述的 OP 放大器是以反馈为前提的,没有反馈时的增益称为开环电压增益)。通常的 OP 放大器,对于

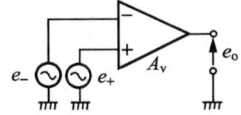

图 3.4　OP 放大器的输入输出电压

直流信号的开环电压增益非常大,约 $10^5 \sim 10^7$(100~140dB),输入信号的频率越高其值越低。

图 3.5 给出通用 OP 放大器 NJM4558(新日本无线制造)的开环增益与频率曲线。开环增益在 10Hz 时开始下降,约 3MHz 变为 0dB($A_v=1$)。

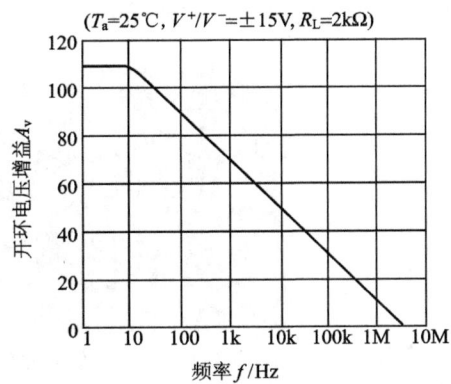

图 3.5　NJM4558 的频率与开环增益的特性

另外,从 OP 放大器输入输出的关系式可看出,在反相输入端加载输入电压的极性与输出电压相反,而同相输入端输入电压的极性与输出电压没有变化。

3.1.2　加入输入信号

从 OP 放大器的两个输入端输入信号,同相输入端接地如图 3.6 所示。实际的输入输出波形,如照片 3.2 所示。由于 OP 放大器的电压增益非常大(NJM4558,对于 1kHz 的输入信号,$A_v=$

70dB），即使小电平信号输入，输出也能达到最大输出电平。该输出电平受到电源电压等的限制（正弦波变成方波）。另外，输入输出的相位相反。

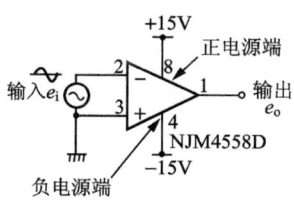

图 3.6　从反相输入端输入信号的电路

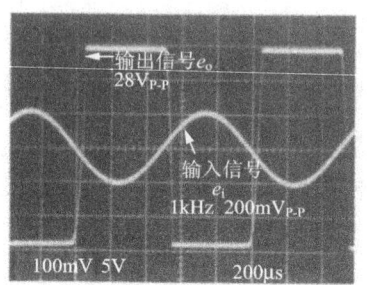

照片 3.2　图 3.6 放大器的输入输出波形

（e_i：X：200μs/div，Y：100mV/div；
e_o：X：200μs/div，Y：5V/div）

而反相输入端接地，同相输入端输入信号，如图 3.7 所示。实际的输入输出波形，如照片 3.3 所示。同样，由于非常大的开环增益，故与照片 3.2 相同，限制了输出。这种情况的输入输出相位相同。

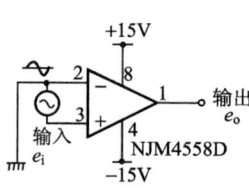

图 3.7　从同相输入端输入信号的电路

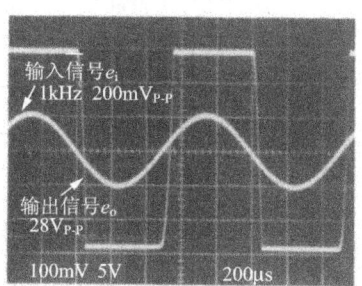

照片 3.3　图 3.7 放大器的输入输出波形

（e_i：X：200μs/div，Y：100mV/div；
e_o：X：200μs/div，Y：5V/div）

两个输入端输入同一信号，如图 3.8 所示，根据照片 3.4，输出的交流信号完全不见了。总之，即使两个输入端子同时输入相同的信号，OP 放大器也不能放大。另外，像这样进行的实验，理想的 OP 放大器的输出应该为 0V，而照片看到的却是最大直流输出电压。

实际的 OP 放大器，两个输入端之间会产生微小的直流电位差,称为输入失调电压。如照片 3.4 所示,由于放大了输入偏置电压,从而限制了直流输出。普通 OP 放大器的输入失调电压为数百 μV 至数 mV。

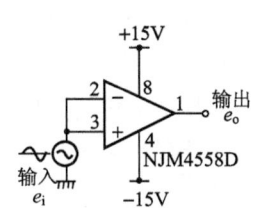

图 3.8　输入信号同时进入
两个输入端的电路

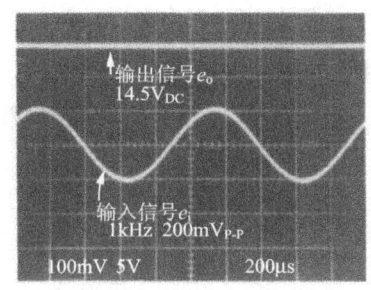

照片 3.4　图 3.8 放大器的输入
输出波形
(e_i;X:200μs/div,Y:100mV/div;
e_o;X:200μs/div,Y:5V/div)

3.1.3　理想 OP 放大器的工作原理

由于 OP 放大器的输入输出都是电压,为电压型放大器,所以,理想的 OP 放大器输入电流是没有电流流动(或没有电流流出)的,故输入阻抗为无穷大。OP 放大器具有非常大的差动增益,理想的 OP 放大器的 A_v 为无穷大。根据这一条件,OP 放大器的输入输出关系可写为

$$e_+ - e_- = \frac{e_o}{A_v} \quad (3.2)$$

如果 $A_v = \infty$,则

$$e_+ - e_- = 0 \quad (3.3)$$
$$e_+ = e_-$$

总之,当理想 OP 放大器用于放大作用时,两个输入端的电位相同。另外,理想的 OP 放大器的特性可归纳为以下两点:
① $Z_i = \infty$(输入端无电流流动);
② $e_- = e_+$($A_v = \infty$)。
这两个特性,在理解 OP 放大器的工作原理上是非常重要的。

3.2 放大电路的两种形式

3.2.1 极性相反的放大——反相放大器

图 3.9 给出 OP 放大器的反相放大器。从输出端经 R_2 到输入端为反馈(Feed Back)。由于该反馈信号与输出信号的极性相反(返回到反馈输入端的信号),故被称为负反馈。

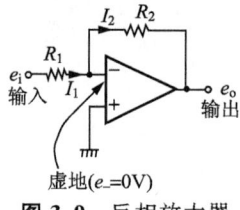

图 3.9 反相放大器

当 OP 放大器作为放大器使用时,首先设定希望得到的反馈增益值。下面,求解反馈放大器的增益。

假定 OP 放大器为理想的 OP 放大器,由于两个输入端的电位相同,同相端接地,所以,反馈输入端的电位也为 0V。

流经 R_1 的电流为 I_1,流经 R_2 的电流为 I_2,则

$$I_1 = \frac{e_1 - 0}{R_1} = \frac{e_1}{R_1} \tag{3.4}$$

$$I_2 = \frac{0 - e_o}{R_2} = \frac{e_o}{R_2} \tag{3.5}$$

另外,理想 OP 放大器的输入端子没有电流流动,I_1 全部流经 R_2,所以,$I_1 = I_2$。

$$\frac{e_i}{R_1} = -\frac{e_o}{R_2} \tag{3.6}$$

由此,反相放大器的增益 A_v 为:

$$A = \frac{e_o}{e_i} = -\frac{R_2}{R_1} \tag{3.7}$$

可以看出,增益只取决于外部电阻,设计变得非常简单。负号表示输入输出的相位相反。所以,反相放大器一个特殊性质是,反相端不管对地的电压是否为 0,都没有电流流动,被称为虚拟接地(Virtual Ground 或 Imaginary Ground)。

3.2.2 实际产生误差的原因

前面求解的增益式(3.7)是使用理想的 OP 放大器,而实际 OP 放大器的输入端有微小的电流流动。这个电流被称为输入偏置电流。双极性输入型 OP 放大器为数 nA 至数 μA,FET 输入型为数十 pA 左右。还有,开环增益 A_v 值也是有限的。

使用实际的 OP 放大器,当通过前面的式子求解增益时,应考

虑有多少误差。其中,由于计算很麻烦,令 $Z_i=\infty$,来计算有限值 A_v。由于 A_v 为有限值,令反相输入端的电压为 e_-,$e_-\neq 0V$,又由于 OP 放大器的输入端子没有电流流动,所以,$I_1=I_2$ 关系式成立,则

$$\frac{e_i-e_-}{R_1}=\frac{e_--e_o}{R_2} \qquad (3.8)$$

这样,由于 e_o 为输入端子之间的电压的 A_v 倍,则

$$e_o=A_v(0-e_-)=-A_v e_- \qquad (3.9)$$

根据式(3.8)和式(3.9),则增益 A' 为:

$$A'=\frac{R_2}{R_1(R_1+R_2)/A_v} \qquad (3.10)$$

根据式(3.7)求解增益的误差 E 为:

$$E=\frac{A-A'}{A'}=\frac{R_1+R_2}{R_1 \cdot A_v} \qquad (3.11)$$

代入实际的值,当 $R_1=1k\Omega$、$R_2=10k\Omega$ 时,则反相放大器 $A=20dB(=10)$,对于 $1kHz$,$A_v=70dB(\approx 3.2\times 10^3)$,则 E 为:

$$E=\frac{1k\Omega+10k\Omega}{1k\Omega\times 3.2\times 10^3}\approx 0.0034=0.34\% \qquad (3.12)$$

根据由式(3.7)求解的增益误差非常小,一般认为,在电路里使用电阻的误差为 1%~5% 以下。但是,当希望电压增益非常大或使用开环电压增益小的 OP 放大器时,若要求精确地确定增益,就必须注意这个近似式的误差。

3.2.3 对实际反相放大器的评价

图 3.10 给出增益 20dB 的反馈放大器电路。同相输入端的阻抗 R_3 等于从输入端子看进去的阻抗,它的作用是根据输入偏置电流来防止失调电压的发生。对于图 3.10 的电路,由于从同相输入端子看进去的阻抗为 $R_1//R_2$,则 $R_3=R_1//R_2(\approx 9.1k\Omega)$。同相输入端即使直接接

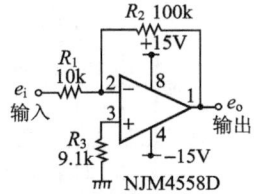

图 3.10 增益 20dB 的反相放大器

地,或通过 R_3 接地,电位都为 0V,对电路没有影响。但是,像 FET 输入型的 OP 放大器,使用 OP 放大器的输入偏置电流非常小,接入 R_3 就没有必要了。

在电路中,由于反相输入端为 0V(虚地),则输入阻抗 Z_i(从输入端子看进去的阻抗)为:Z_i 等于 R_1,约为 $10k\Omega$。

照片 3.5 为输入输出波形。可以看出,增益为 20dB(10 倍),输入输出相位相反。那么,当改变增益时,频率特性又该怎样考虑呢?

在图 3.11 的电路中,R_2 分别为 ∞、$1M\Omega$、$100k\Omega$ 和 $10k\Omega$,此时分别测定频率特性,如图 3.12 所示。当 $R_2=\infty$ 时,没有反馈状态,所以,电路增益 A 为 OP 放大器的开环电压增益。当 $R_2=1M\Omega$、$100k\Omega$ 和 $10k\Omega$ 时,则分别对应 $A=60$、40 和 $20dB$ 的变化。随着增益的变化可以看出,失调频率 f_c(增益下降 3dB 点的频率)向高频靠近,频率特性延伸。根据开环电压增益的频率特性,当改变增益时,f_c 受到限制。

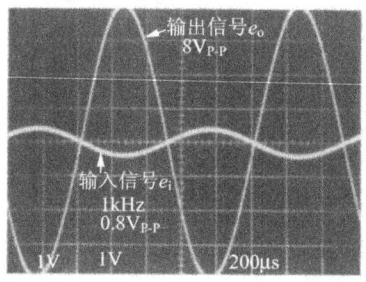

照片 3.5 图 3.10 OP 放大器的反相放大器的输入输出波形
(X:200μs/div,Y:1V/div)

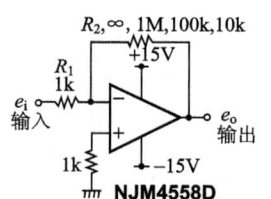

图 3.11 频率特性测试电路

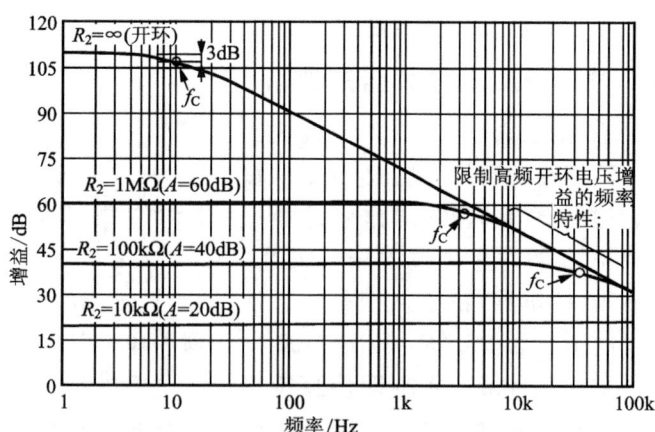

图 3.12 频率特性的测定实例(NJM4558D)

像这样,增大反馈电阻 R_2(R_1 小一些也行),虽然增大反馈量,使增益下降,但频率特性却是向高频延伸的。

3.2.4 保持同极性放大——同相放大器

图 3.13 为同相放大器。输入信号从同相输入端进入,输出信号通过 R_1 和 R_2 反馈到输入端,为负反馈。现假定 OP 放大器为理想的 OP 放大器,来求解该电路的增益。

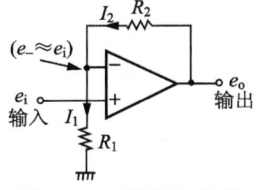

图 3.13 同相放大器

由于两个输入端的电位相同,设输入电压为 e_i,则反相输入端 e_- 也为 e_i。所以,流过 R_1 的电流 I_1 和流过 R_2 的电流 I_2 分别为:

$$I_1 = \frac{e_i - 0}{R_1} = \frac{e_i}{R_1} \tag{3.13}$$

$$I_2 = \frac{e_o - e_i}{R_2} \tag{3.14}$$

由于反馈输入端没有输入电流,故 $I_1 = I_2$,则

$$e_o = \left(1 + \frac{R_2}{R_1}\right) e_i \tag{3.15}$$

电路的增益 A 为:

$$A = \frac{e_o}{e_i} = 1 + \frac{R_2}{R_1} \tag{3.16}$$

与反相放大器不同,因为 A 没有负号,所以,输入和输出同相。

与反相放大器的情况相同,使用开环电压增益 A_v 有限值的同相放大器的增益,通过式(3.6)来求得增益的误差。

假设反相输入端的电位 e_-,则

$$I_1 = \frac{e_- - 0}{R_1} = \frac{e_-}{R_1} \tag{3.17}$$

$$I_2 = \frac{e_o - e_-}{R_2} \tag{3.18}$$

因 $Z_i = \infty$,则 $I_1 = I_2$,式(3.17)和式(3.18)合并为

$$e_o = \left(1 + \frac{R_2}{R_1}\right) e_- \tag{3.19}$$

又,OP 放大器的输出 e_o 为输入端之间的电压的 A_v 倍,则

$$e_o = (e_i - e_-) A_v$$

$$e_- = e_i - \frac{e_o}{A_v} \tag{3.20}$$

将式(3.19)和式(3.20)代入后,得增益 A' 为:

$$A' = \frac{1+(R_2/R_1)}{1+[1+(R_2/R_1)]A_v} \tag{3.21}$$

用式(3.16)求得增益 A 的误差 E 为:

$$E = \frac{A-A'}{A} = \frac{R_1+R_2}{R_1 \cdot A_v} \tag{3.22}$$

可看出,这个误差与反相放大器完全相同,具体的误差值也相同,且该值也非常小。

3.2.5 实际的同相放大器

图 3.14 给出实际的同相放大器。$R_1=10\text{k}\Omega$,$R_2=91\text{k}\Omega$,则增益 $A=10.1(\approx 20\text{dB})$。$R_3$ 是决定这个放大器输入阻抗的电阻。由于 OP 放大器的输入阻抗非常大,同相放大器的输入阻抗变成 R_3。

照片 3.6 为该电路的输入输出波形。输出信号约为输入信号的 10 倍,相位相同。

同相放大器的频率特性与增益的关系也和反相放大器完全相同,反馈量越增加,增益就越下降,截止频率向高频延伸。根据开环电压增益的频率特性,高频特性受到限制(图 3.12)。

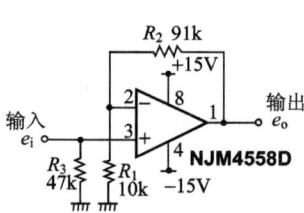

图 3.14 增益 20dB 的同相放大器

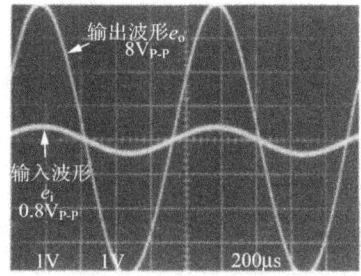

照片 3.6 图 3.14 同相放大器的输入输出的波形

(X:200μs/div,Y:1V/div)

第 4 章
低频放大电路的制作

近来,低频放大电路几乎都使用 OP 放大器。这是因为与使用晶体管或 FET 等分离器件组成的放大器相比,OP 放大器有很多优点。我们试图通过学习对低频电路的设计,来理解 OP 放大器可以实现的性能以及在电路设计中如何选择最适合的 OP 放大器及其重要性。另外,对于有些性能(如超低噪声、大电流输出、高输出电压等)的要求,普通的 OP 放大器是不容易实现的。像这样的情况,可使用特殊的 OP 放大器,或者将普通 OP 放大器与简单分离电路相结合,进行必要和适当的处理。

总之,当设计低频放大电路时,无论是 OP 放大器,还是分离电路,对于掌握它们的知识来讲都是十分必要的。

本章通过以 OP 放大器设计的低频放大电路为例,将详细说明 OP 放大器的选择以及与简单分离电路相组合来提高性能的方法。

4.1 小噪声放大电路

作为放大电路,当然是噪声越少越好,但只要噪声在允许范围内就可以使用。如医疗传感器、磁力传感器及温度传感器或音频用的放大器等,都要求非常低的噪声电平。

本节介绍降低放大器噪声的方法,使用 OP 放大器来设计简单的低噪声放大电路。

表 4.1 低噪声放大器电路的设计要求

增益	20dB
最大输出电压	±2V
最大输出电流	±1mA
频带	20Hz~20kHz 以上
在输出端的噪声电压	50μV_{rms} 以下
输入阻抗	100Ω

表 4.1 列出设定低噪声放大器的目标特性。

4.1.1 降低噪声的基本技巧

关于降低噪声的基本技巧,以下三点十分重要。

▶ 使用低噪声的 OP 放大器

在 OP 放大器的数据表中记录了噪声的数据,可用来参考。但由于厂商的测试方法和测试条件各有差异,现实中也不能笼统地进行比较。而且,同型号的 OP 放大器厂商不同,噪声的性质、各种参数值也有差异。

▶ 降低 OP 放大器的输入电阻及反馈电阻的值(即低阻抗处理)

电阻会产生热噪声 E_t,由下式可以求得:

$$E_t = \sqrt{4kTBR} \ (V_{rms}) \tag{4.1}$$

其中,玻耳兹曼常数为 1.38×10^{-23} (J/K);T 为绝对温度(K);B 为通频带(Hz);R 为电阻(Ω)。

虽然 OP 放大器的内部也会产生热噪声,但是输入电阻和反馈电阻产生的热噪声更大。从式(4.1)可知,如果降低电阻 R,热噪声 E_t 就可以降低。

▶ 放大电路的频带变窄

从 OP 放大器里产生的噪声有热噪声、$1/f$ 噪声和散粒噪声等。在通频带里同样分布有像热噪声和散粒噪声那样的噪声(称为白噪声)。可通过限制放大电路的带宽,来衰减噪声电平。

4.1.2 OP 放大器的噪声特性

表 4.2 给出了各种 OP 放大器的电气特性。以 NJM4558D 为代表的通用放大器,以 NJM072D 为代表的 FET 输入型 OP 放大器以及 NJM5532D、NJM2043D,它们都是频率特性比较好的 OP 放大器(都是新日本无线制造)。还有,以 OP07DP 为代表的用于高精度放大的 OP 放大器(低噪声、输入失调电压和输入失调电压的温度系数小),OP27GZ 为 OP07 系列的各特性都好的 OP 放大器(都是 PMI 公司制造)。

如前所述,由于 OP 放大器输入噪声电压的表示方法和测试方法存在差异,所以,不能简单地进行比较。这里,通过图 4.1 的电路,设 $R_1 = R_3 = 100\Omega$,$R_2 = 910\Omega$(增益 20dB 的同相放大器),来测定各 OP 放大器的噪声电压。

图 4.2 为噪声电压的谱线,称为噪声谱线。表 4.3 为通过电压表测定噪声电压的测定值。

表 4.2 各种 OP 放大器的主要电气特性

项目 型号	输入噪声电压	输入失调电压	转换速率	GB 积
NJM4558D	$2.5\mu V_{rms}$ ($R_S=1k\Omega, f=10Hz\sim 30kHz$)	最大 6mA	$1V/\mu s$	—
NJM072D	$2.5\mu V_{rms}$ ($R_S=1k\Omega, f=10Hz\sim 30kHz$)	最大 10mV	$13V/\mu s$ ($A_v=1$)	3MHz ($A_v=1$)
NJM5532D	$5n/\sqrt{Hz}$ ($f_0=1kHz$)	最大 4mV	$8V/\mu s$	10MHz
NJM2043D	$0.4\mu V$ ($R_S=1k\Omega$, JIS-A)	最大 3mV	$6V/\mu s$	14MHz ($A_v=1$)
OP07DP	$10.3n/\sqrt{Hz}$ ($f_0=100Hz$)	最大 0.15mV	$0.3V/\mu s$	0.6MHz ($A_v=1$)
OP27GZ	$3.3n/\sqrt{Hz}$ ($f_0=30Hz$)	最大 0.1mV	$2.8V/\mu s$	8MHz

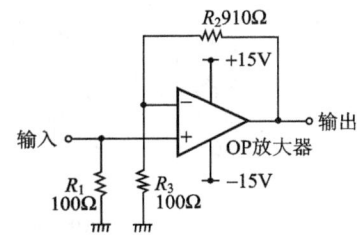

图 4.1 OP 放大器的噪声电压的测定

噪声谱线是以对数电压为纵坐标,纵坐标的单位为 dB,例如,$-120dBV$ 表示 $1\mu V_{rms}$(0dBV 表示 $1V_{rms}$)。噪声谱线是在频率的各点上,控制频带(图为 30Hz),测定电压来画出的曲线,与使用宽频带的电压表测定的噪声电压是不一致的。因此,根据噪声谱线,可以确定噪声分布以及进行相对的比较。

观察表中噪声数据,意外地发现被称为通用的 NJM4558D 其噪声非常小。NJM2043D 被用于音频放大中的振荡 OP 放大器,其噪声非常小。还有,OP07DP 的噪声谱线几乎等同与 NJM4558D,用电压表测量的噪声电压偏小。因 OP07DP 的频域窄,所以高频噪声的成分没有增加。OP27GZ 的频域宽,而且噪声低。

第 4 章 低频放大电路的制作

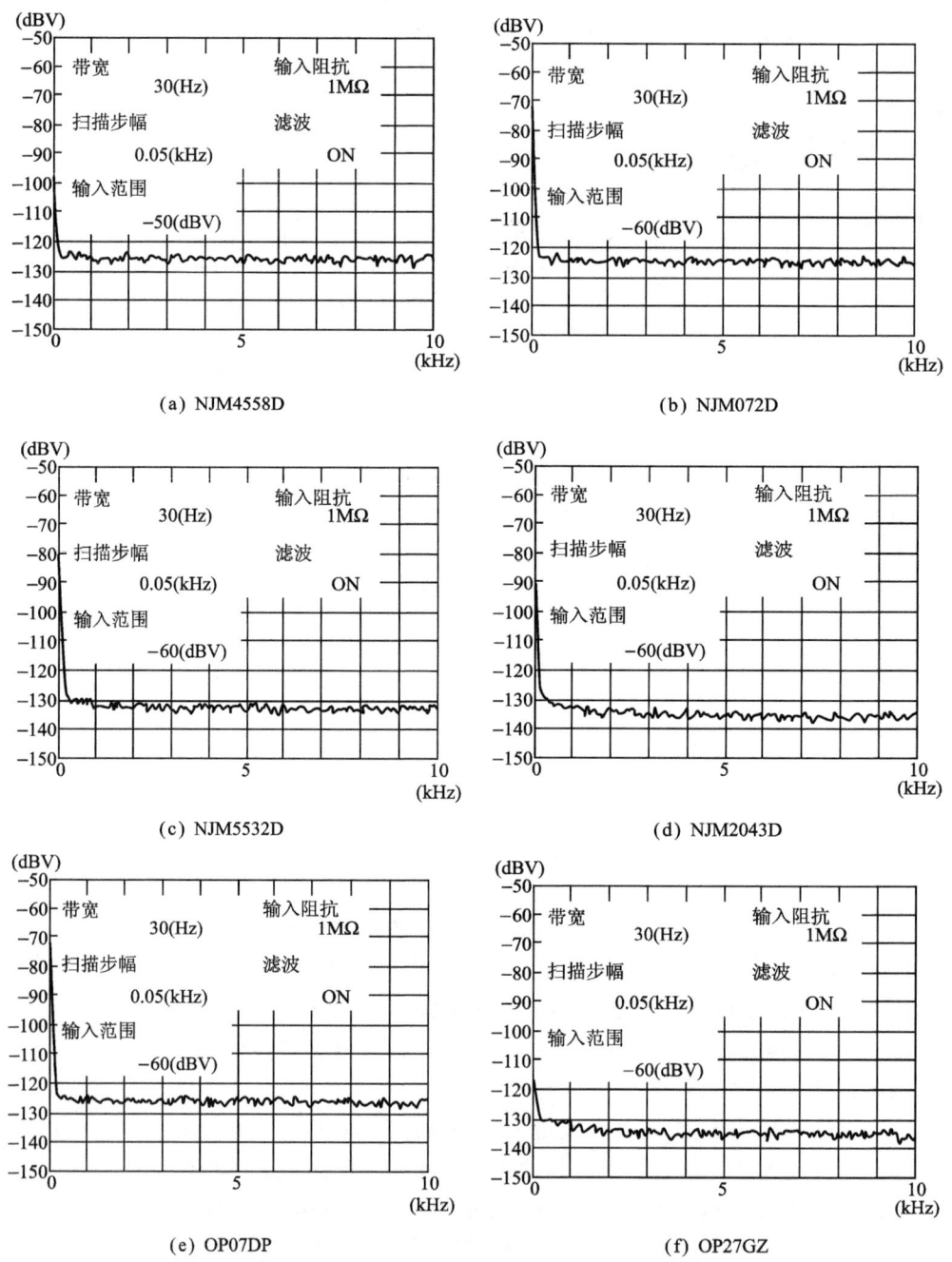

图 4.2 主要的 OP 放大器的噪声电压频谱

作为参考,图 4.3 列出各 OP 放大器的频率特性(增益 20dB,同相放大器)。表 4.4 列出截止频率的实测值。图纵坐标表示增益,横坐标表示频率。OP07DP 的截止频率与其他相比最低。另外可以看出 NJM2043D 为低噪声且有比较高的截止频率。

表 4.3 各种 OP 放大器的噪声电压

型号	噪声电压/μV_{rms}
NJM4558D	58
NJM0720D	76
NJM5532D	43
NJM2043D	22
OP07DP	27
OP27GZ	23

电压表:NF M174B。

表 4.4 各种 OP 放大器的截止频率

型号	截止频率/kHz
NJM4558D	230
NJM0720D	730
NJM5532D	1080
NJM2043D	860
OP07DP	30
OP27GZ	370

注:增益 20dB。

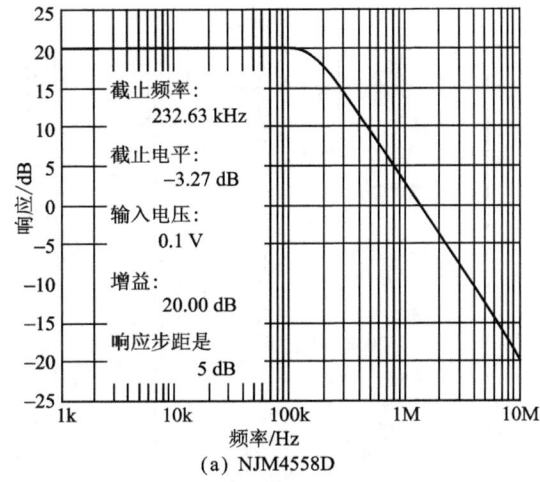

(a) NJM4558D

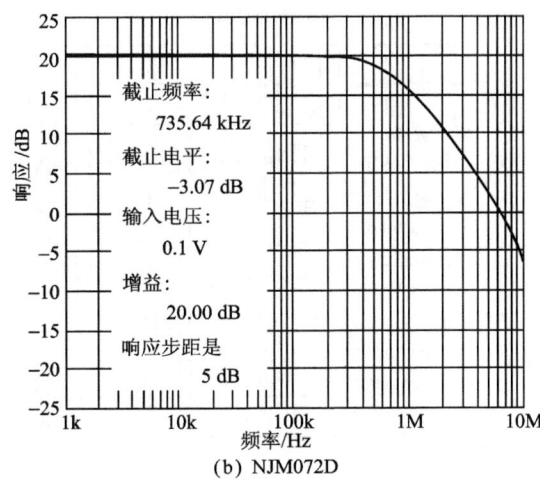

(b) NJM072D

图 4.3 主要的 OP 放大器的频率特性

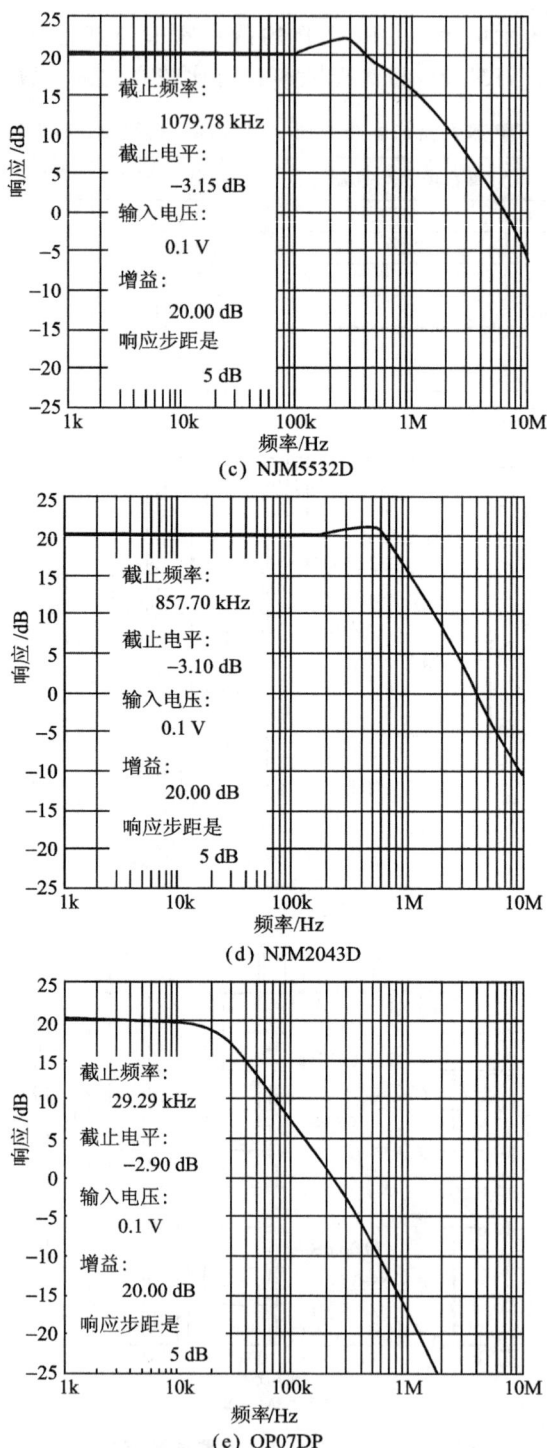

图 4.3 主要的 OP 放大器的频率特性（续）

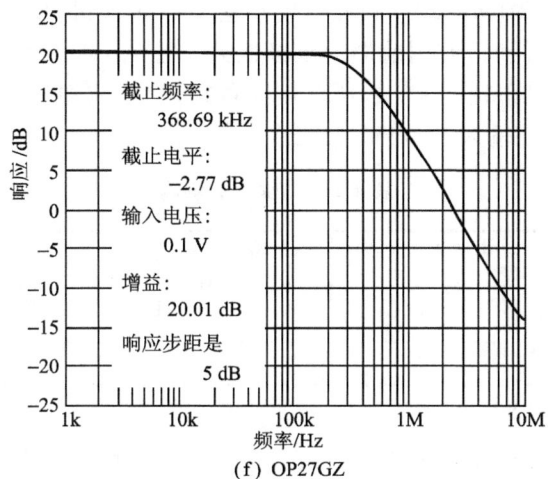

(f) OP27GZ

图 4.3　主要的 OP 放大器的频率特性(续)

4.1.3　阻抗与热噪声的影响

下面,根据输入电阻和反馈电阻来测定热噪声的影响。

在图 4.4 中,给出图 4.1 电路当增益不变(为 20dB)、改变 R_1,R_2,R_3 值时的噪声谱线(测定 NJM4558D 和 NJM0720D)。表 4.5 为用电压表的测定值。

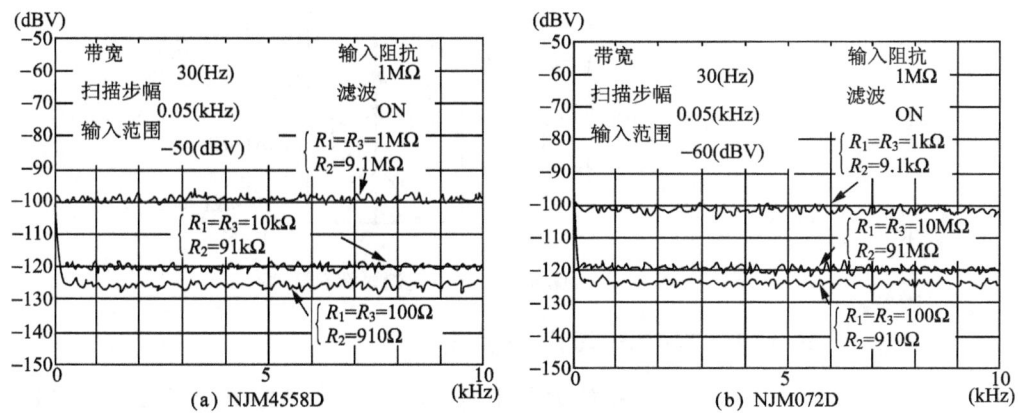

图 4.4　根据反馈电阻噪声的电压差

由此可见,电路要降低噪声,就必须降低输入电阻与反馈电阻的阻值。

NJM4558D 与 NJM0720D 相比较,在电阻低的情况下,NJM4558D 的噪声要小些;在高电阻的情况下($R_1 = R_3 = 1\text{M}\Omega$,$R_2$

=9.1MΩ)，NJM0720D 的噪声要小些。一般地讲，要降低噪声当信号源阻抗低时，使用前端为双极性晶体管的 OP 放大器（双极性输入型 NJM4558D）；当信号源阻抗高时，使用前端为 FET 的 OP 放大器（FET 输入型 NJM0720D）。

表 4.5 热噪声的影响

单位：μV_{rms}

型号\电阻值	$R_1=R_3=100\Omega$ $R_2=910\Omega$	$R_1=R_3=10k\Omega$ $R_2=91k\Omega$	$R_1=R_3=1M\Omega$ $R_2=9.1M\Omega$
NJM4558D	58	135	500
NJM0720D	76	170	420

电压表：NF M174B

另外，降低反馈电阻值也可以使放大电路的噪声降低，这是因为反馈电阻变为 OP 放大器负载。通常考虑为 $(R_1+R_2) \geqslant 1M\Omega$ 左右。当想使用更低的电阻值时。如图 4.5 所示，可使用 OP 放大器与电流推动器相组合，来提高驱动负载的能力。

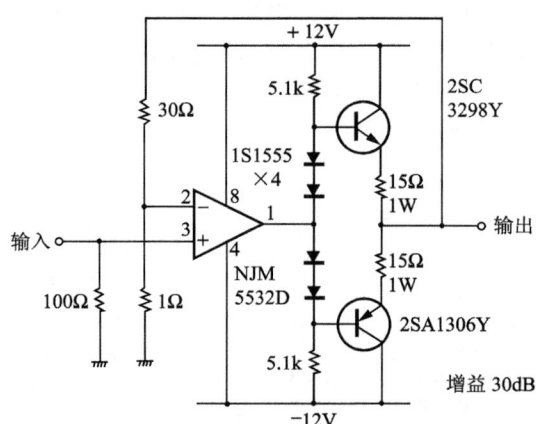

图 4.5 减小反馈电阻的电路

4.1.4 带宽与噪声的关系

下面，在改变放大器带宽的条件下来测定噪声电压。用如图 4.6 所示的电路，来比较 OP 放大器输出端的噪声电压和通过截止频率 1kHz 低通滤波器后的噪声电压。

图 4.7 为噪声谱线。经过低通滤波器，使 10kHz 的噪声减小了 15dB。当没有低通滤波器时，用电压表测定的值为 $58\mu V_{rms}$。可见，经过滤波器使噪声下降了 $5\mu V_{rms}$。像这样，通过限制放大器的带宽而除去噪声的高频成分，就可以实现降低噪声的目的。

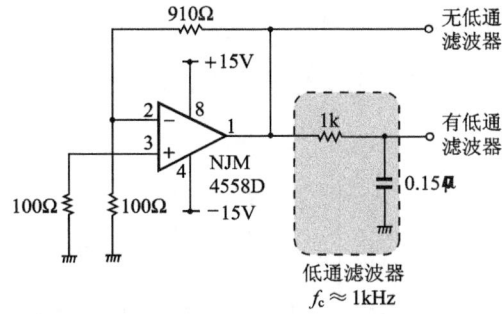

图 4.6　测定频带与噪声的关系的电路

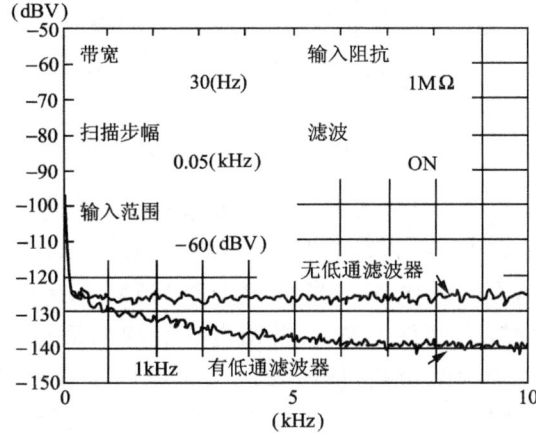

图 4.7　带宽与噪声电压

图 4.6 为同相放大器,如图 4.8 所示,当为反相放大器时,在反馈电阻上只要并联一个电容,就可以限制带宽。

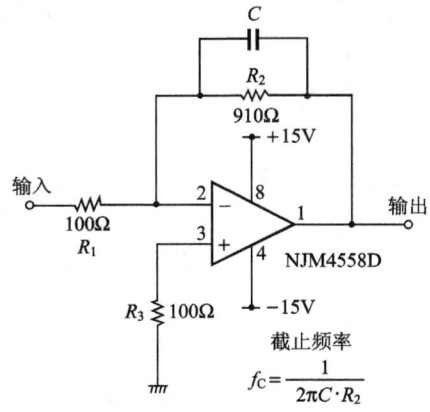

图 4.8　反相放大器的带宽限制

4.1.5 实际电路的设计

图 4.9 是以表 4.1 为工作目标而构成的低噪声放大电路。

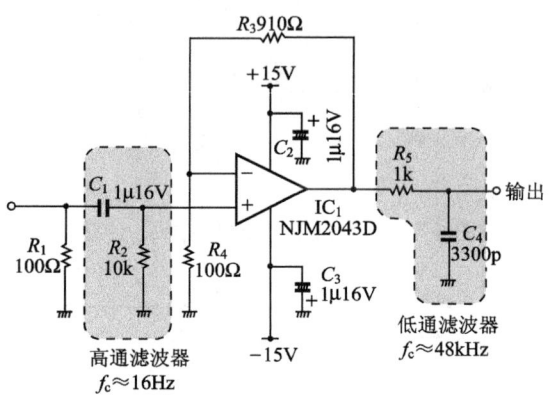

图 4.9 低噪声放大电路

首先,来选择 OP 放大器。由于要求噪声电压低于 $50\mu V_{rms}$ 以下工作,通过对比表 4.3 的参数,就选择 NJM2043D。

通常,称为低频电路多指从 DC(直流)就开始放大,而当进行直流放大时,必须注意输入失调电压。换句话说,OP 放大器增益(反馈后得到的增益)倍的输入失调电压表现在输出端的失调电压上。例如,由于 NJM2043D 的输入失调电压最大为 3mV(如表 4.2 所示),使用 20dB 的放大器,则会产生最大失调电压为 30mV。

该电路由于直流成分没有放大(带宽为 20Hz~20kHz),输入失调电压即使再大一点也没有问题。但是,当设计要求高增益且小电平的直流电压放大电路(高精度放大电路)时,使用像 OP07 或 OP27 那样,具有输入失调电压和温度系数小的 OP 放大器是必要的,根据情况使失调电压为 0 的调零电路也是必要的。

R_1 是决定输入阻抗的电阻。设 $R_1=100\Omega$。C_1 和 R_2 阻止直流成分,成为高通滤波器。工作时,由于频带的下限频率为 20Hz,所以,当 $C_1=1\mu f$、$R_2=10k\Omega$ 时,低频截止频率 f_{CL} 为:

$$f_{CL} = \frac{1}{2\pi C_1 R_2}$$

$$= \frac{1}{2\pi \times 1\mu f \times 10k\Omega} \approx 10(Hz)$$

决定增益的反馈电阻是 R_3 和 R_4。为了降低噪声,取 $R_3=910\Omega$,

$R_4 = 100\Omega$,则增益 G 为:

$$G = 20\log\left(1 + \frac{R_3}{R_4}\right) = 20\log\left(1 + \frac{910\Omega}{100\Omega}\right)$$
$$\approx 20.1(\text{dB})$$

为了滤掉高频噪声,R_3 和 R_4 构成低通滤波器。为了确保 20kHz 的带宽,$R_5 = 1\text{k}\Omega$,$C_4 = 3300\text{pF}$,则高频截止频率 f_{CH} 为:

$$f_{CH} = \frac{1}{2\pi \cdot C_4 \cdot R_5} = \frac{1}{2\pi \times 3300\text{pF} \times 1\text{k}\Omega} \approx 48(\text{kHz})$$

特别要注意,当 R_5 太大时,输出阻抗则增高。C_2 和 C_3 为电源的去耦电容,取 $1\mu\text{F}$。

OP 放大器的电源电压抑制比 PSRR(Power Supply Rejection Ratio:电源电压变化等价于 OP 放大器的输入端变化量的参数)越高,电源的纹波等影响越大。如果用纹波和高频噪声大的电源,OP 放大器的 PSRR 是不能去除表现在输出的电源噪声的。因此,对于低噪声放大器电路必须使用性能优良的电源(如三端稳压器等)。

4.1.6 设计电路的特性

图 4.10 给出设计电路的噪声谱线。用电压表的实测值为 $11\mu V_{\text{rms}}$。当使用低噪声的 OP 放大器时,反馈电阻的阻抗下降,放大器的带宽受到限制,就可以降低噪声。

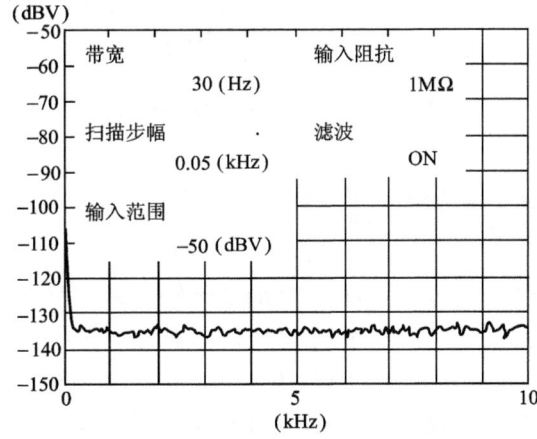

图 4.10 设计电路的噪声谱线

图 4.11 给出低频、高频的幅频特性。低频的截止频率约为 15Hz,高频的截止频率约为 50kHz,表现出外加滤波器的特性。

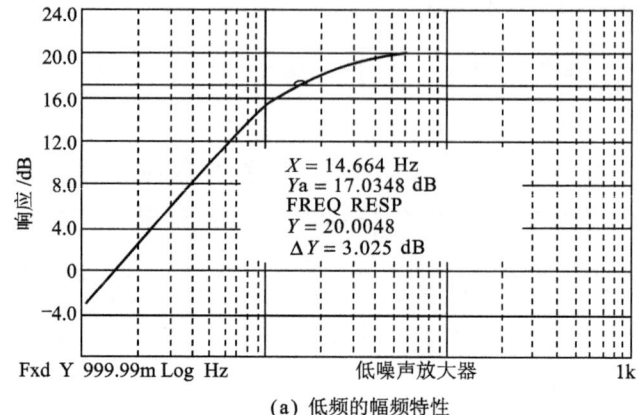

(a) 低频的幅频特性

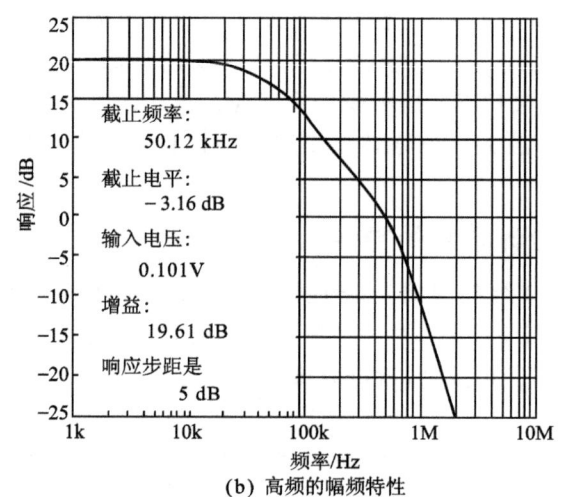

(b) 高频的幅频特性

图 4.11　设计电路的频率特性

4.2　大电流输出的放大电路

  通用 OP 放大器 NJM4558D 的最大输出电压与负载电阻的曲线,如图 4.12 所示。OP 放大器的负载越重,最大输出电压就越小。总之,不可能从通用 OP 放大器输出太多的电流。

  一般通用 OP 放大器的最大输出电流为 ±10mA 左右,通常使用在数十 mA 以内。但是,电机驱动电路、电磁铁驱动电路、电源电路、音频的功率放大电路等等,必须要有数十 mA 至数 A 的输出电流。专门用于高输出电流的 OP 放大器在市场上也有销售。通用 OP 放大器和分离元件组合成简单的电流放大电路（电流驱动器），在成本、设计的自由空间以及元件使用等方面各有优缺点，而缺点是元件增多，需要设计时间等。

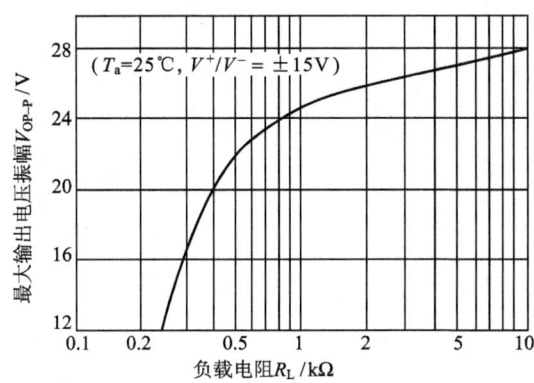

图 4.12　NJM4558D 的最大输出电压与负载电阻

这里，用普通 OP 放大器和分离的电流驱动电路进行组合，设计输出大电流的放大电路。设计的工作参数，如表 4.6 所示。

表 4.6　高输出电流放大电流的工作参数

增益	20dB
最大输出电压	±10V
最大输出电流	±200mA
最小负载阻抗	50Ω
带宽	DC～10kHz 以上
在输出端的噪声电压	100μV_{rms} 以下

4.2.1　获得大电流的方法

图 4.13 给出 OP 放大器和电流驱动电路组合的框图。电流驱动器是电压增益减小（≈0dB）、电流增益非常大的电路。反馈是从电流驱动器的输出接到 OP 放大器的输入端。图 4.13 为同相放大器，当然反相放大器也是可行的。

各种电流驱动的电路，如图 4.14 所示。

图 4.14(a)的电路为 1 个晶体管的射极跟随器。电路很简单。当无信号输入时，流过晶体管和电阻的电流也必须为最大电流，因此，电流损耗过大。

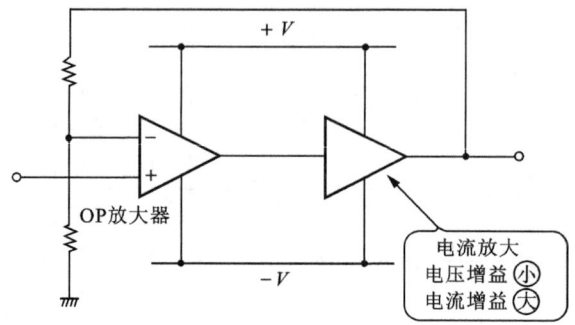

图 4.13　OP 放大器和电流驱动组合的电路

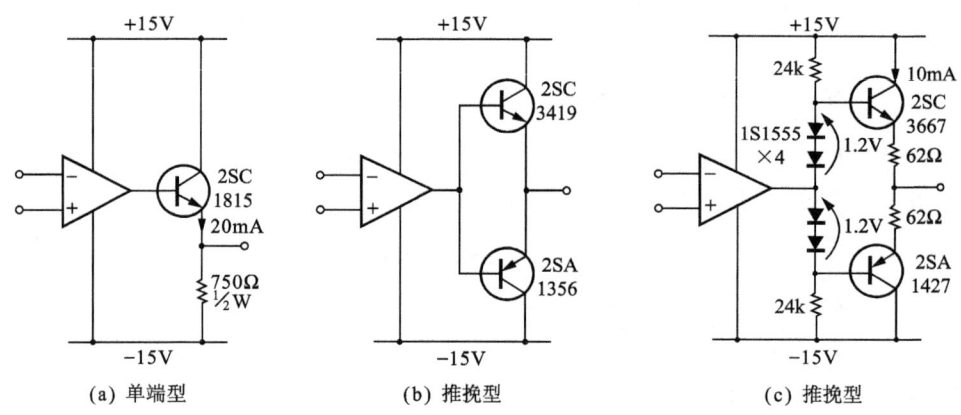

(a) 单端型　　(b) 推挽型　　(c) 推挽型

图 4.14　各种的电流驱动

图 4.14(b) 的电路为推挽射极跟随器。在通常情况下,无论哪一方的晶体管截止,电路的功率损耗都比较小。但是,晶体管在从导通到截止或从截止到导通的切换时,会发生失真(称为开关失真)。对于控制精密电机或音频电路,该失真就成问题了,但作为其他用途(如电机或继电器的驱动),即使产生开关失真也没有问题。

在图 4.14(c) 的电路中,当晶体管加偏置时,通常双方的晶体管都有电流流动,从而改善了开关失真(因为晶体管有偏置电流流动,所以无信号时的功率损耗增大)。

因此,如果要求电路的功率损耗小,就可采用图 4.14(b) 的方式进行设计。

图 4.15 给出根据表 4.6 参数设计的输出大电流的放大电路结构。

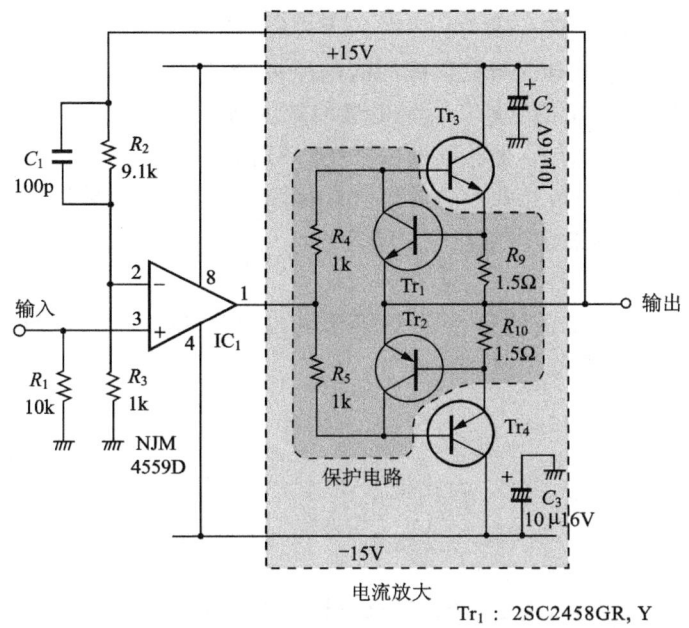

图 4.15 高输出电流的放大电路

4.2.2 OP 放大器及周围电路的设计

对于本电路的工作参数,除了最大输出电流以外,无论怎样使用,通用 OP 放大器都可满足其工作。在这里,使用对 NJM4558 的频率特性进行改善后的 OP 放大器 NJM4559。

R_1 是决定本电路输入阻抗的电阻。要是太小的话,就会加重该电路驱动电路的负担,所以取 $R_1=10\mathrm{k}\Omega$。

R_2 和 R_3 是决定增益的电阻。为了得到 20dB 的增益,取 $R_2=9.1\mathrm{k}\Omega$,$R_3=1\mathrm{k}\Omega$(如果噪声不严重的话,R_2 和 R_3 的值取得越大越好)。

C_1 是使高频增益下降而提高电路稳定性的相位补偿电容。由于在 NJM4559D 的内部加了补偿电容,通常在外部就没有必要进行相位补偿了。但是,在接入大容性负载的情况下,工作就不稳定了。C_1 的值约为 10pF 至数百 pF 左右。这里取 $C_1=100\mathrm{pF}$。

4.2.3 用于大输出的晶体管选择

像本电路这样有比较大电流流动的电路,首先必须考虑晶体管的损耗 P_C。可以由下式求解 P_C:

$$P_C = V_{CE} \cdot I_C \qquad (4.2)$$

其中，V_{CE}为集电极与发射极间的电压；I_C为集电极电流。

图 4.16 给出 Tr_3、Tr_4 集电极损耗的考虑方法。

Tr_3、Tr_4 的 P_C 是相同的（当一方导通时，另一方截止，此时，P_C 的值是相同的），让我们先考虑 Tr_3 的 P_C。因为，Tr_3 的 V_{CE} 等于电源电压 V_B 减去输出电压 V_O，即

$$V_{CE} = V_B - V_O \qquad (4.3)$$

还有，集电极的电流 I_C 约等于输出电流 I_O（忽略基极电流），假设负载的阻抗为 Z，则

$$I_C = I_O = \frac{V_O}{Z} \qquad (4.4)$$

将式(4.3)、式(4.4)式代入式(4.2)中，得

$$P_C = (V_B - V_O)\frac{V_O}{Z} \qquad (4.5)$$

对式(4.5)微分，当 P_C 最大时求解输出电压 V_O：

$$V_O = \frac{V_B}{2}$$

因为

$$\frac{\partial P_C}{\partial V_O} = \frac{1}{Z}(V_B - 2V_O) = 0 \qquad (4.6)$$

由此，P_C 的最大值 $P_{C(max)}$ 为（直流值）：

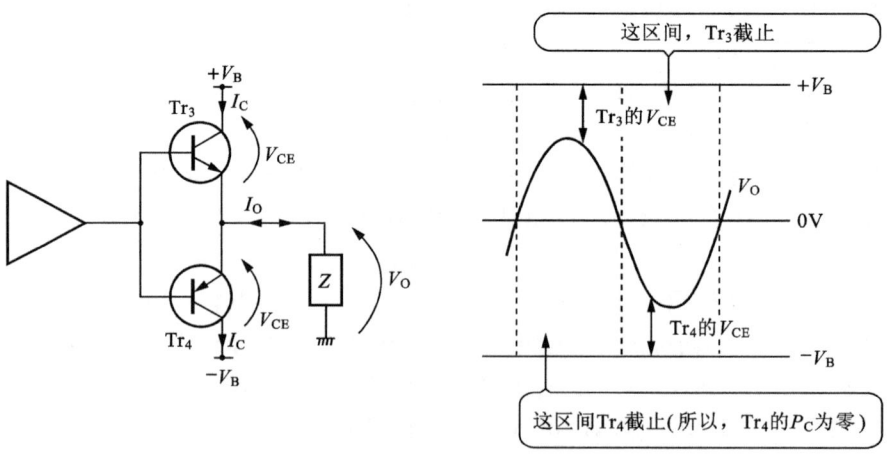

图 4.16　晶体管 Tr_3、Tr_4 的集电极损耗

$$P_{C(\max)}\left(V_B - \frac{V_B}{2}\right)\frac{V_B}{2Z} = \frac{V_B^2}{4Z} \tag{4.7}$$

在本电路中,令 $V_B = 15V$,最小的负载阻抗 $Z = 50\Omega$,则

$$P_{C(\max)} = \frac{V_B^2}{4Z} = \frac{(15V)^2}{4\times 50\Omega} \approx 1.1W$$

故 Tr_3、Tr_4 应选择大于 P_C 的最大额定值1.1W。若考虑 P_C 的余量,则选择互补管 2SB1015 和 2SD1406(东芝公司制造)。表 4.7 为特性曲线。

表 4.7　2SB1015,2SD1406 的特性[1]

- 最大值

项　目		额定值
集电极与基极间的电压 V_{CBO}		$-60V$
集电极与发射极间的电压 V_{CEO}		$-60V$
集电极电流 I_C		$-3A$
集电极损耗 P_C	周围温度=25℃	2W
	栅极温度=25℃	25W
结合温度 T_j		150℃

- 电气特性

项　目		特　性
集电极与发射极间的饱和电压 $V_{CE(sat)}$		$-0.5V$
特征频率 f_T		9MHz
集电极与输出间的电容 C_{ob}		150pF
h_{FE}	O 参数	60~120
	Y 参数	100~200

(a)2SB1015

- 最大值

项　目		额定值
集电极与基极间的电压 V_{CBO}		60V
集电极与发射极间的电压 V_{CEO}		60V
集电极电流 I_C		3A
集电极损耗 P_C	周围温度=25℃	2W
	栅极温度=25℃	25W
结合温度 T_j		150℃

第4章 低频放大电路的制作

• 电气特性

续表 4.7

项 目		特 性
集电极与发射极间的饱和电压 $V_{CE(sat)}$		0.4V
特征频率 f_T		3MHz
集电极与输出间的电容 C_{ob}		7pF
h_{FE}	O 参数	60～120
	Y 参数	100～200
	GR 参数	150～300

(b) 2SD1406

由于 Tr_3 和 Tr_4 产生最大 1.1W 的集电极损耗，故需要安装散热板进行散热处理。在 1W 左右最适合的散热板的型号为 IC3030ST。

图 4.17 给出了 2SB1015 和 2SD1406 的安全工作范围（ASO：Area of Safe Operation）。

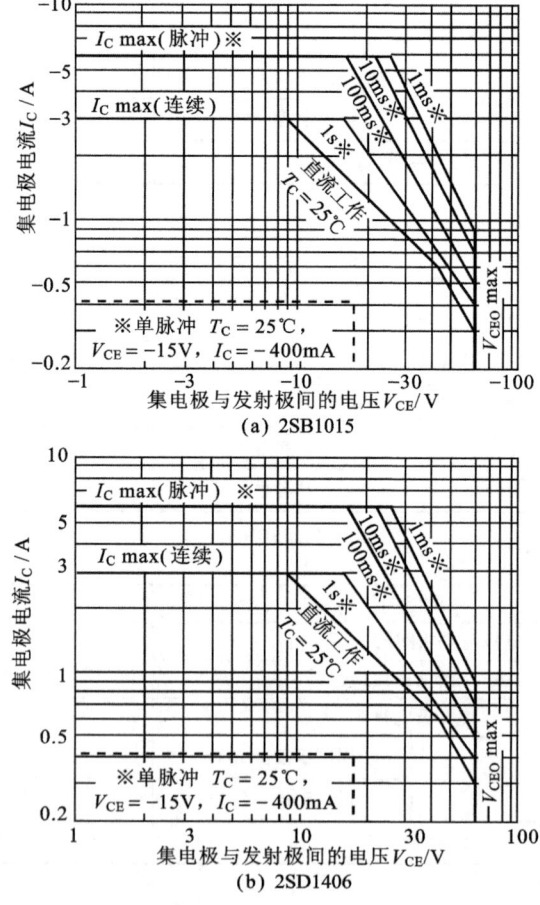

(a) 2SB1015

(b) 2SD1406

图 4.17　2SB1015，2SD1406 的安全工作范围

ASO表示晶体管的安全工作范围,无论那种情况,在ASO范围内必须都能工作。

由于放大器无论接感性负载还是容性负载,电压和电流的相位都是错开的,所以,当输出为0V时,输出电流最大,如图4.18所示。

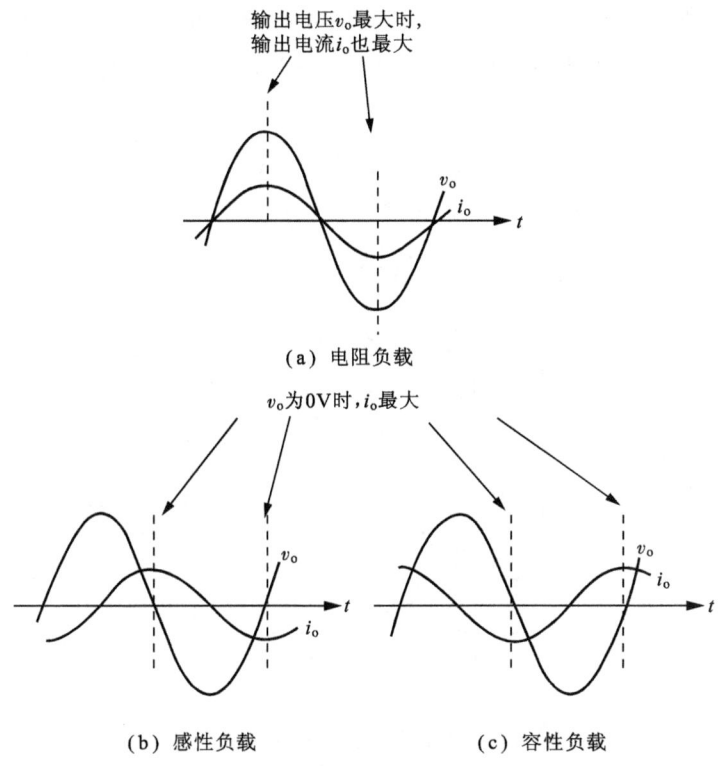

图 4.18 输出电压与输出电流的关系

然而,无论如何连接感性或容性的负载,$V_{CE}=V_B(V_O=0V)$,确认在ASO范围内,I_C=最大输出电流很有必要。从图4.17可以看出,$V_{CE}=15V$, $I_C=400mA$(有关最大输出电流将在后面叙述)的点是在ASO范围内的。

Tr_3、Tr_4的放大系数为h_{FE},$1/h_{FE}$倍的电路输出电流为基极电流,必须由IC_1提供给Tr_3、Tr_4。然而,当最大输出电流(± 400mA)流过负载的时候,假设IC_1的输出电流被控制在± 5mA以内,则

$$h_{FE} \geq \frac{400mA}{5mA} = 80$$

Tr_3、Tr_4,使用h_{FE}为Y参数的晶体管。

4.2.4 短路保护电路的设计

当输出端子与地短路时,若有非常大的电流流过 Tr_3、Tr_4,晶体管将受到损坏。在这里,本电路附加了保护电路(即电流限制),当输出电流超过限制值时,Tr_3、Tr_4 就截止。Tr_3、Tr_4 的保护电路如图 4.19 所示。Tr_3、Tr_4 的发射极电流分别由 R_9 和 R_{10} 检出,当它们的电压降低于 0.6V 时,Tr_1 或 Tr_2 开通,Tr_3 或 Tr_4 截止。

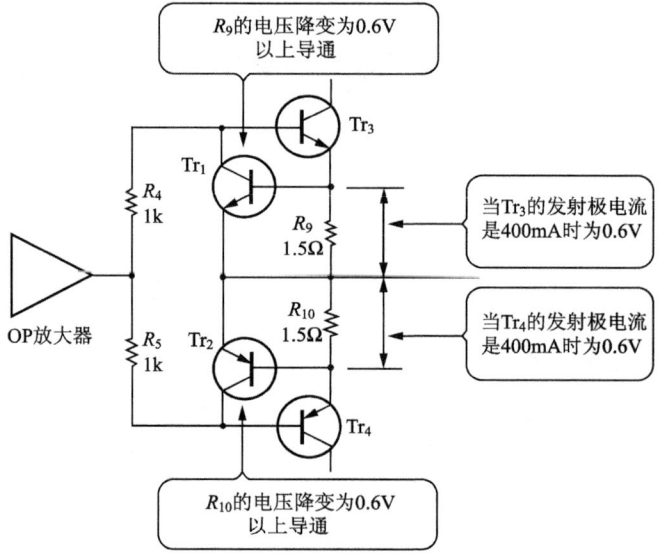

图 4.19 晶体管 Tr_3、Tr_4 的保护电路

与工作参数相比,由于最大输出电流为 ±200mA,因此,输出电流限制在其值的 2 倍,为 ±400mA。R_9 和 R_{10} 流过 400mA 时,电压降为 0.6V,则

$$R_9 = R_{10} = \frac{0.6\text{V}}{400\text{mA}} = 1.5\Omega$$

Tr_1 和 Tr_2 只是短路 Tr_3 和 Tr_4 的基极电流,无论怎样的通用小信号晶体管都是可以使用的。这里,Tr_1 为 2SC2458,Tr_2 为 2SA1048(h_{FE} 参数多少都可以)。

当 Tr_1 和 Tr_2 导通时,R_4 和 R_5 是为防止 OP 放大器输出端与地短路的电阻。如果电阻值太大,保护电路就不能工作。随着 Tr_3 和 Tr_4 的基极电流,引起电压下降,会导致最大输出电压降低。在本电路中,$R_4 = R_5 = 1\text{k}\Omega$。

4.2.5 设计电路的特性

连接 50Ω 负载电阻时的幅频特性（输入信号的电平为 $0.1V_{rms}$），如图 4.20 所示。截止频率为 108Hz，满足工作要求。

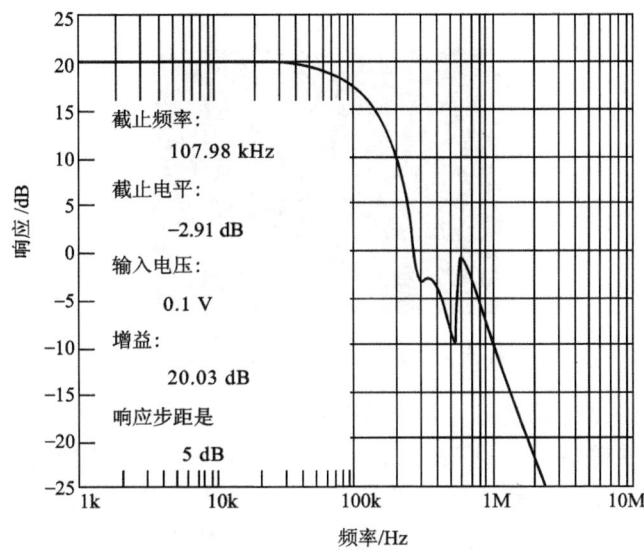

图 4.20 幅频特性

另外，在本电路中，由于 Tr_3 和 Tr_4 没有偏置电流流动，Tr_3 和 Tr_4 同时导通或同时截止是可能的，这会是由于数百 kHz 附近斜率大的原因。而通常工作是没有问题的。为了防止像这样的动作，本电路的输入端附加低通滤波器，对数百 kHz 的信号进行衰减。

输出端的噪声谱线，如图 4.21 所示。用噪声仪器测定输出端

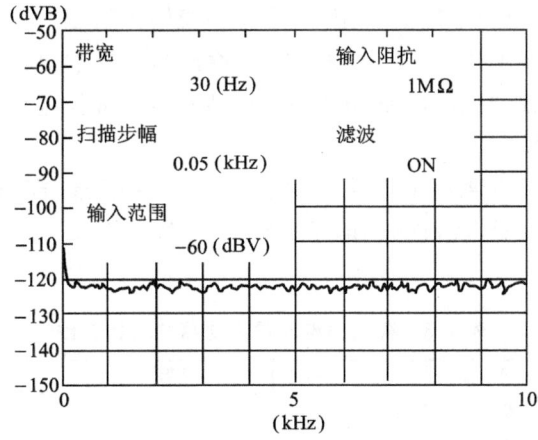

图 4.21 设计电路的噪声电压谱线

的噪声电压为 $68\mu V_{rms}$，针对噪声而言，是可以得到 OP 放大器性能的。

当连接 10Ω 的负载电阻时，保护电路动作时的输出波形（输入信号为 1kHz）如照片 4.1 所示。

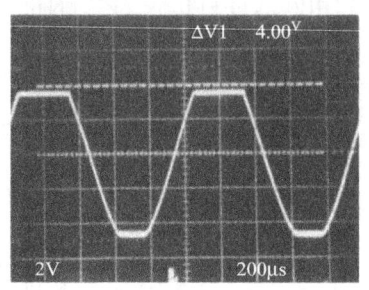

照片 4.1 输出保护动作时的输出波形

当输出电流达到 ± 400mA 时，保护电路开始动作，输出波形被限制的幅值在 $\pm 4V(=\pm 400\text{mA}\times 10\Omega)$ 左右。在输出波形的正相或者反相所限制幅值电平是有差异的，为了使 Tr_1 和 Tr_2 导通，必须变换基极-发射极间的电压 V_{BE}（设计时，取 $V_{BE}=0.6V$）。

4.3 高输出电压的放大电路

通用 OP 放大器的最大输出电压比电源电压要低 2V 左右。OP 放大器工作在 $\pm 15V$ 的电源的情况下，最大输出电压为 $\pm 13V$ 左右（可以单电源工作的 OP 放大器或 C-MOS OP 放大器，最大输出电压与电源电压大约相等，称为共模输入输出）。在实际的电路中，有时要求比 OP 放大器的最大输出电压还要高的输出电压。例如，压电致动驱动电路、电机驱动电路、可编程控电源和 CRT 的偏向电路等。

在这里，将通用 OP 放大器和分离的升压器（即电压放大电路）相组合，来设计高输出电压的放大电路。表 4.8 是设计电路的工作参数。

表 4.8 高输出电压放大电路的工作参数

增　益	20dB（同相）
最大输出电压	$\pm 50V$
带　宽	DC～100kHz 以下
在输出端的噪声电压	$100\mu V_{rms}$ 以下

4.3.1 获得高输出电压的方法

增大通用 OP 放大器输出电压的方法有几点考虑。图 4.22 被称为桥式驱动电路。由于通过同相放大器和反相放大器分别驱动负载，所以，输出电压可获得 OP 放大器最大输出电压的 2 倍。但是，由于负载放在 OP 放大器的输出之间，所以，如果要求负载有一端必须接地的话，就不能使用了。

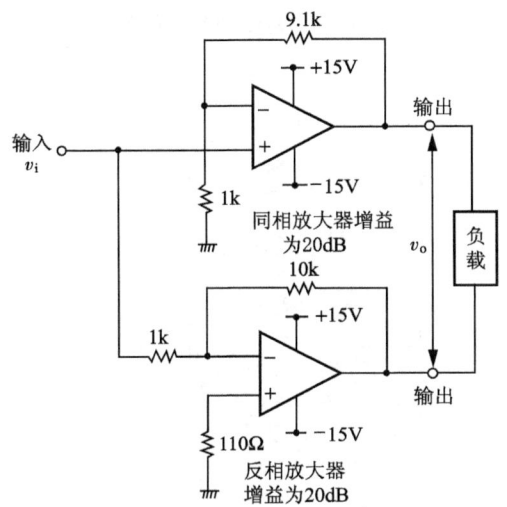

因为输出电压v_o为各OP放大器输出电压的2倍，所以，整个电路增益为各放大器的增益2倍，变为26dB

图 4.22 桥式驱动电路

如图 4.23 所示，OP 放大器的输出为电源的电路称为自举放大电路。电源的基准点由 OP 放大器自身的输出来驱动(在电子线路中，用自身的力量来完成的叫自举)，从输出端看过去，由于 OP 放大器的电源电压常常为一定值，无论输出的电压多大，也不能切断 OP 放大器的输出。

自举型放大电路的设计例子，如图 4.24 所示。在这种方式的放大电路中，OP 放大器输入端的一方接地(=0V)。所以，如果 OP 放大器的正电源变为 0V 以下，负电源变为 0V 以上，OP 放大器的输入晶体管被反相偏置，则 OP 放大器将被损坏。例如，假设 OP 放大器的电源用±15V，电源工作范围为＋30V～－30V。最大输出电压为±28V 左右。但是，与前述的桥式驱动电路不同的是，可以一端接地驱动负载。

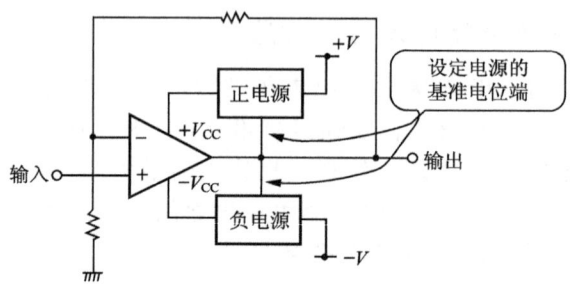

图 4.23　自举型放大电路

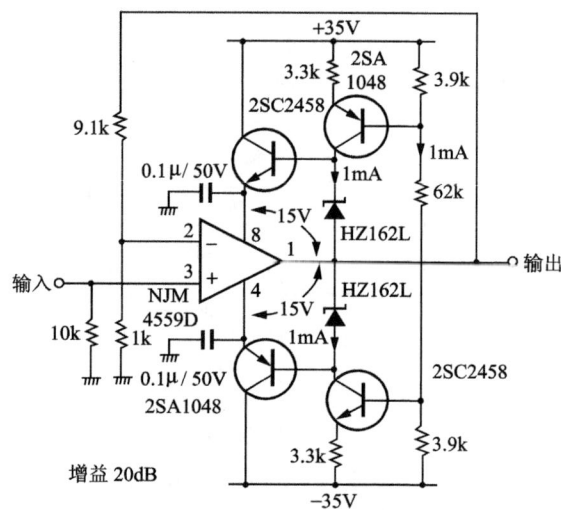

图 4.24　自举型放大电路的设计例子

OP 放大器与升压器组合的电路，如图 4.25 所示。升压器是电流增益小、电压增益非常大的放大电路。从升压器的输出端子到 OP 放大器的输入端子加入反馈，这种方式比升压器的电源电压要高，无论最大输出电压多少都可以增高。

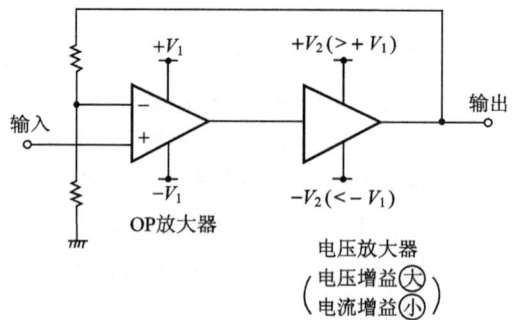

图 4.25　OP 放大器与升压器组合的电路

这里设计电路的方法是,必须获得±50V的最大输出电压,因此,采用OP放大器和升压器的组合来实现。

4.3.2 电路设计的思考方法

电路框图如4.26所示。

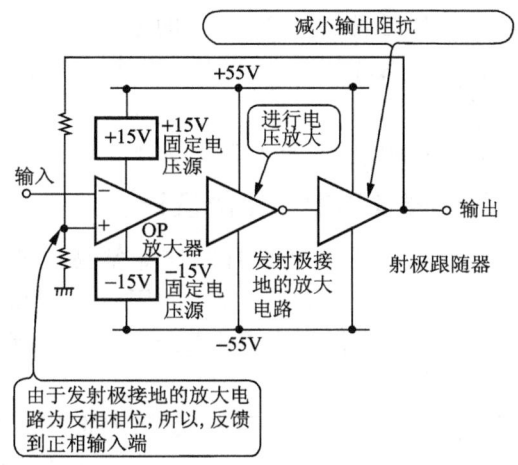

图 4.26 高输出电压放大电路的框图

电压放大电路是使用晶体管发射极接地的电路。然而,由于发射极接地电路的输出阻抗(电路的输出)不能太低,所以,在末端加入了射极跟随器,使输出阻抗变低(如果电路的输出阻抗高,当

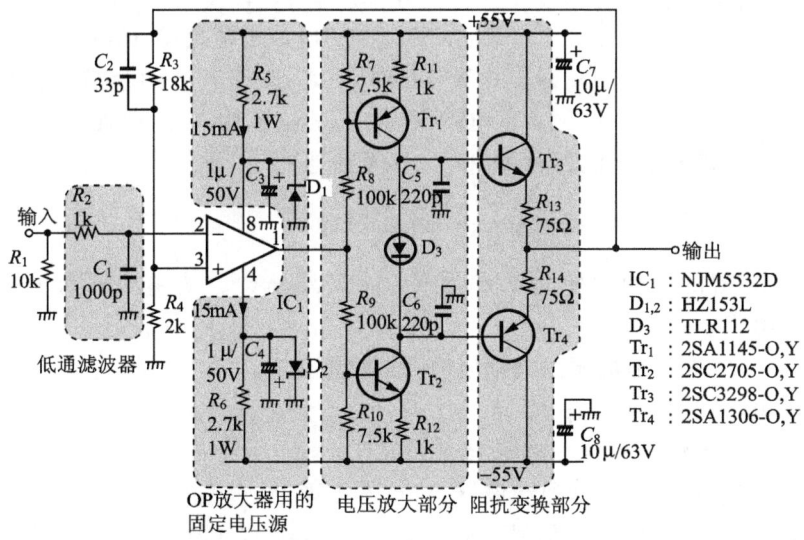

图 4.27 高输出电压放大电路的电路图

连接低阻抗负载时,电路会变得不稳定)。

这里必须注意的是加入反馈的方法。由于 OP 放大器的后面接续了输入输出相位相反、发射极接地的电路,所以,反馈应接在 OP 放大器的正相输入端。

由于电源电压的最大输出电压必须为±50V,而用发射极接地或者射极跟随器的低通单元需要 5V 的电压,故为 55V。OP 放大器的电源工作电压为±15V,可以从±55V 的电源抽出来制作简单的稳压电源。

实际电路的基本构成,如图 4.27 所示。

4.3.3 OP 放大器及周围电路的设计

这里选择具有较好频率特性且工作非常稳定的 OP 放大器 NJM5532D。为 OP 放大器提供±15V 的固定电压源采用的是齐纳二极管制作成的简单电路。电源电压与电流的关系,如图 4.28 所示。

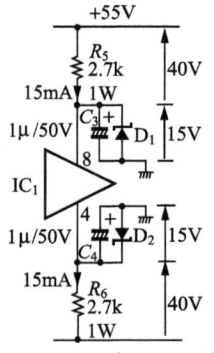

图 4.28 固定电压源部分

D_1 和 D_2 为 15V 的齐纳二极管,型号为 HZ153L。由于在 OP 放大器的电源端与地之间连接了齐纳二极管,所以,固定电压±15V 就被加载在 OP 放大器上。

R_5 和 R_6 是限制电流流入 OP 放大器和齐纳二极管的电阻。流入 NJM5532D 的电源电流需要 10mA 左右(无信号时)。考虑到 50% 的余量,流过电阻 R_5 和 R_6 的电流为 15mA(而 OP 放大器不需要的电流经过 D_1 和 D_2 导通到地)。

$$R_5 = R_6 = \frac{55\text{V} - 15\text{V}}{15\text{mA}} \approx 2.7\text{k}\Omega$$

R_5 和 R_6 的损耗功率为 0.6W(=40V×15mA)。使用功率为 1W 的电阻。

C_3 和 C_4 是电源的去耦电容,通常使用 0.1μF 以上的电容。在这里,$C_3 = C_4 = 0.1$μF。

决定输入阻抗的电阻 R_1 为 10kΩ。

R_2 和 C_2 构成低通滤波器,防止不需要的高频信号输入到放大器(当高电平的高频信号被输入时,放大器的末端会发热而损坏)中。对于放大电路,由于必须确保 100kHz 以上的带宽,所以,R_2

和 C_1 的截止频率也在这个值以上。取 $R_2=1\mathrm{k}\Omega, C_1=1000\mathrm{pF}$,则这个低通滤波器的截止频率 f_c 为:

$$f_c=\frac{1}{2\pi \cdot C_1 \cdot R_2}=\frac{1}{2\pi\times 1000\mathrm{pF}\times 1\mathrm{k}\Omega}\approx 160\mathrm{kHz}$$

R_3 和 R_4 是决定增益的电阻。因为增益为 20dB,所以,$R_3=18\mathrm{k}\Omega, R_4=2\mathrm{k}\Omega$。

C_2、C_3、C_4 是使高频增益下降而电路稳定度上升的相位补偿电容。通常 NJM5532D 的相位补偿是不必要的,本电路由于加入电压放大电路,不进行相位补偿就会发生振荡,故采用逐次逼近法来求解 C_2、C_5、C_6 的值。在本电路中,取 $C_2=10\mathrm{pF}$、$C_5=C_6=100\mathrm{pF}$ 以上工作才稳定,再考虑到电路参数的偏差,则取 $C_2=33\mathrm{pF}, C_5=C_6=220\mathrm{pF}$。

4.3.4 电压放大(升压器)部分的设计

对于电压放大部分的设计,采用晶体管使其上下对称的 NPN 和 PNP 的发射极接地的推挽放大电路。电压放大部分的电压与电流的关系,如图 4.29 所示。

Tr_1 与 Tr_2 的集电极与发射极之间的最大额定电压 V_{CEO} 为 110V 以上($=55\mathrm{V}\times 2$),选择特征频率 f_T 高的晶体管放大小信号。而使用 f_T 低的晶体管容易发生振荡,很难相位补偿。另外,Tr_1 与 Tr_2 为互补对管。这里,Tr_1 为 2SA1145,Tr_2 为

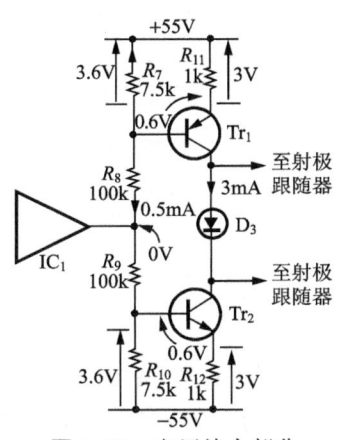

图 4.29 电压放大部分

2SC2705(东芝公司制造)。2SA1145 和 2SC2705 的电气特性如表 4.9 所示。无论 O 和 Y 哪种的 h_{FE} 参数都可以。

表 4.9 2SA1145,2SC2705 的特性[1]

· 最大值

项　目	额定值
集电极与基极间的电压 V_{CBO}	$-150\mathrm{V}$
集电极与发射极间的电压 V_{CEO}	$-150\mathrm{V}$
集电极电流 I_C	$-50\mathrm{mA}$
集电极损耗 P_C	$800\mathrm{mW}$

· 电气特性

续表 4.9

项　　目		特　　性
特征频率 f_T		200MHz
集电极输出电容 C_{ob}		2.5pF
h_{FE}	O 参数	80～160
	Y 参数	120～240

(a) 2SA1145

· 最大值

项　　目	额定值
集电极与基极间的电压 V_{CBO}	150V
集电极与发射极间的电压 V_{CEO}	150V
集电极电流 I_C	50mA
集电极损耗 P_C	800mW

· 电气特性

项　　目		特　　性
特征频率 f_T		200MHz
集电极输出电容 C_{ob}		1.8pF
h_{FE}	O 参数	80～160
	Y 参数	120～240

(b) 2SC2705

如果 Tr_1 与 Tr_2 的集电极电流太小，下面的射极跟随器就不能驱动；而过大，导致 Tr_1 与 Tr_2 的功率损耗也大，这里设定为 3mA。当然，电路的电气特性随着集电极电流变化而变化，像本电路那样的使用方法似乎是不重要了。

Tr_1 与 Tr_2 的发射极电阻 R_{11} 和 R_{12} 的电压降为 3V。这个电压降增大，则最大输出电压将变小。由此，从电阻上的电压降和集电极电流来确定 R_{11} 和 R_{12} 的值：

$$R_{11}=R_{12}=\frac{3V}{3mA}=1k\Omega$$

还有，忽略 D_3 的电压降，无信号输入时的 Tr_1 与 Tr_2 的功率损耗 P_C 为：

$$P_C = I_C \times V_{CE}$$
$$= 3mA \times (55-3)V \approx 0.16W$$

可见，没有必要使用散热板了。

考虑到 OP 放大器的驱动能力(若流过的电流过大,OP 放大器就不能驱动偏置电路),设定流过 Tr_1 与 Tr_2 偏置电路 $R_7 \sim R_{10}$ 的电流为 0.5mA。R_7 和 R_8 的电压降等于 R_{11} 和 R_{12} 的电压降加上 Tr_1 和 Tr_2 的 $V_{BE}(=0.6V)$。因此

$$R_7 = R_{10} = \frac{3V + 0.6V}{0.5mA} \approx 7.5k\Omega$$

另外,设无信号时 OP 放大器的输出电压为 0V,则 R_8 和 R_9 分别为:

$$R_8 = R_9 = \frac{55V - 3.6V}{0.5mA} \approx 100\Omega$$

D_3 为次级偏置用的 LED,这里使用 TLR112。LED 有与齐纳二极管相同的额定电压特性(电压降为 2V 左右),与齐纳二极管相比,具有电压降的误差、噪声都小的特征。

4.3.5 阻抗匹配部分的设计

阻抗匹配部分是指推挽射极跟随器。

阻抗匹配部分的电压与电流的关系,如图 4.30 所示。

Tr_3 和 Tr_4 的集电极与发射极间的最大额定电压 V_{CEO} 为 110V 以上,要求可以流过最大输出电流来选择器件。对于工作参数,没有规定最大输出电流,选择大于集电极电流的最大额定值的器件。

这里,$Tr_3 = 2SC3298$,$Tr_4 = 2SA1306$(互补对管(东芝有限公司制造))。

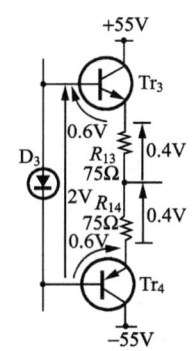

图 4.30 阻抗变换部分

2SC3298 和 2SA1306 的电气特性,如表 4.10 所示。无论 h_{FE} 的 O 参数还是 Y 参数都没有关系。

表 4.10 2SA1036,2SC3298 的特性[1]

·最大值

项 目	额定值
集电极与基极间的电压 V_{CBO}	-160V
集电极与发射极间的电压 V_{CEO}	-160V
集电极电流 I_C	-1.5A
集电极损耗 P_C	20W

・电气特性

续表 4.10

项　　目		特　　性
集电极-发射极间饱和电压 $V_{CE(sat)}$		($I_C = -0.5A$)
特征频率 f_T		100MHz
集电极输出电容 C_{ob}		30pF
h_{FE}	O 参数	70～140
	Y 参数	120～240

(a) 2SA1306

・最大值

项　　目	额定值
集电极与基极间的电压 V_{CBO}	160V
集电极与发射极间的电压 V_{CEO}	160V
集电极电流 I_C	1.5A
集电极损耗 P_C	20W

・电气特性

项　　目		特　　性
集电极-发射极间饱和电压 $V_{CE(sat)}$		($I_C = -0.5A$)
特征频率 f_T		100MHz
集电极输出电容 C_{ob}		25pF
h_{FE}	O 参数	70～140
	Y 参数	120～240

(b) 2SC3298

Tr_3 和 Tr_4 的发射极的偏置电流为 5mA。取 $V_{BE} = 0.6V$,则 R_{13},R_{14} 为：

$$R_{13} = R_{14} = \frac{0.4V}{5mA} \approx 75\Omega$$

忽略 R_{13} 和 R_{14} 的电压降,则 R_{13},R_{14} 的功率损耗 P_C 为：

$$P_C = I_C \times V_{CE} = 5mA \times 55 \approx 0.28W$$

不超过 0.5W 就没有必要安装散热片,当输出大电流时,对应输出功率 R_{13} 和 R_{14} 安装散热片是必要的。

C_7 和 C_8 是 ±55V 电源的去耦电容,这里取 10μF。

4.3.6　设计电路的特性

当输入为 1kHz 的正弦波时,输入输出波形如照片 4.2 所示。

由此可知,可获得±55V 的最大输出电压(峰值电压为 100V)。

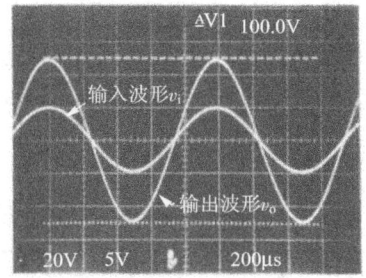

照片 4.2 高输出电压放大电路的输入输出波形
(v_i:X:200μs/div,Y:5V/div;v_o:X:200μs/div,Y:20V/div)

图 4.31 为幅频特性曲线。图 4.32 为输出端的噪声谱线。

本电路的带宽取决于 R_2 和 C_1 构成的低通滤波器。由于加入电压放大,在高频特性内有向上的峰值,所以,截止频率变为 230kHz。输出端的噪声电压足足有 $74\mu V_{rms}$。

提高该电路的电源电压,可以获得数百伏左右的输出电压,此时,必须注意晶体管和电容的耐压问题。另外,电源电压越高,各部分的功率损耗必然增大,所以,特别要注意晶体管和电阻额定功率的大小。

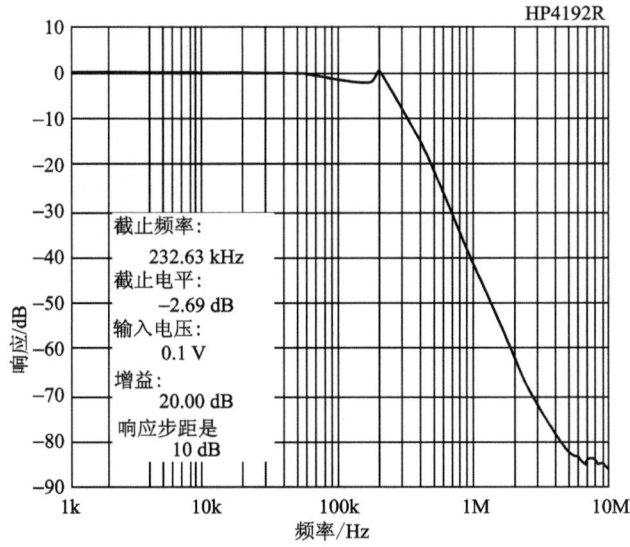

图 4.31 幅频特性曲线

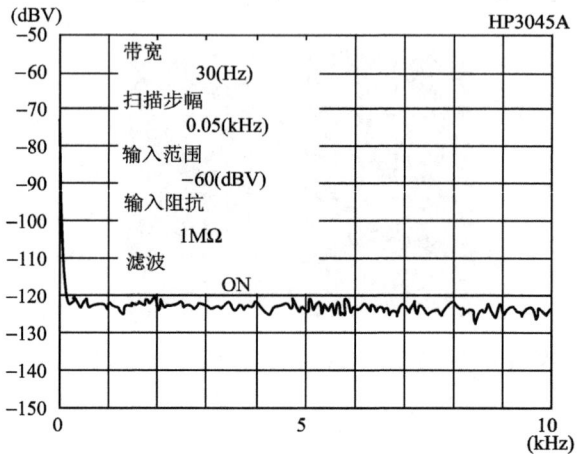

图 4.32 噪声谱线

第 5 章
高频放大电路设计基础

不同频率的放大电路必然具有不同的特性。一般分别考虑低频放大电路和高频放大电路。我们把频率超过 1MHz 的放大电路称为高频放大电路,如图 5.1 所示。

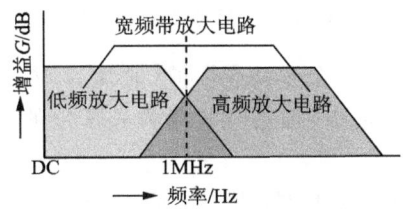

图 5.1　放大器的频率范围

过去我们将高频放大电路与宽带放大器区分开来,然而现在的放大器件和 IC 的性能越来越好,就是一般的高频放大器也具有很宽的带宽,再做区分就没有什么必要了。在这里,我们把宽带放大器作为高频放大器的一种类型进行说明。

放大的信号种类不同,其特性也不同。例如,FM 收音机中处理窄带宽信号的中波放大器,与处理宽带宽图像信号的电视信号放大器的特性是不同的。首先,让我们来说明高频放大电路的特性,然后说明高频放大电路的具体实例以及具体的设计方法。

5.1　高频放大电路的主要特性

5.1.1　调谐放大器与图像放大器的差异

在我们的日常生活中,高频放大器的应用有 AM 收音机、FM 收音机、BS(卫星放送)调谐器、VTR 和 TV 等等。以高频放大器为例,FM 收音机的方框图如图 5.2 所示。FM 收音机必须包含两种放大器,即高频放大器和中频放大器。高频放大器的作用是将从天线收到的微弱信号放大到可以输入频率混合器的水平,具有良好的噪声指数和调制特性(关于噪声指数和调制特性,将在后面加以说明)。

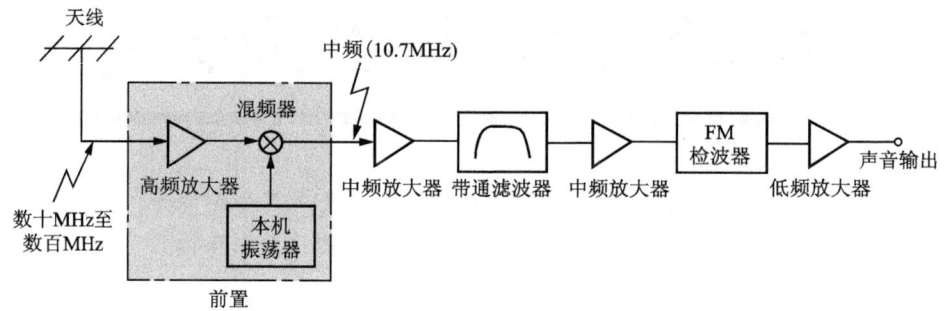

图 5.2　FM 收音机的框图

经过频率混合器得到中波(通常为 10.7MHz)后,中频放大器对其放大并限幅。中波在频带内具有平坦的增益及较少的相位偏移量等特性。

以视频信号为例,图 5.3 是 NTSC 方式调制的电视信号波形以及它的频谱示意图。在 TV 或是 VTR 上,处理这样电视信号的放大器是必要的。但是,从图(b)可知,电视信号从 DC 到 6MHz 具有非常宽的频带,这就需要放大器对超低频带或者说至少对 10MHz 以下的低频段具有平坦的增益。另外,噪声多,放大频域里的相位偏移大,会导致画质下降,所以对 SN 比、相位特性也有要求。

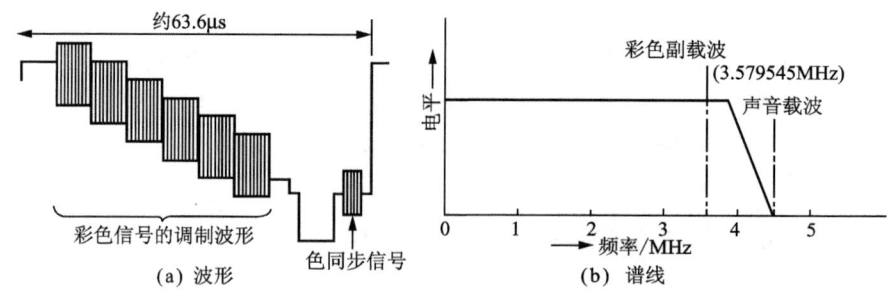

图 5.3　电视信号的性质(NTSC 制式)

低频放大器的主要指标有增益的频率特性、输入噪声、SN 比、失真率、输入偏置以及输入偏置的温度漂移等。但是,对于高频放大器,增益的频率特性固然重要,而因为没有直流,输入偏置以及它的温度漂移等就没有什么特别要求了。

评价噪声不是用输入来换算噪声，也不是用 SN 比，一般用噪声指数 NF(Noise Figure)。另外，在处理声音的低频放大器中，失真率是非常重要的，而在高频放大器里就不用这个指标，而是使用调制特性。

5.1.2 增益用功率表示

低频放大器一般要求高输入阻抗和低输出阻抗，放大器的输入输出用电压表示，也就是说，放大器的增益用电压增益来表示。例如，当输入为 0.1V 时，输出电压为 10V，放大器的增益 G_v 为：

$$G_v = 20\log\frac{10\text{V}}{0.1\text{V}} = 40 \text{ (dB)}$$

但是，在高频电路中输入输出需要匹配，输入阻抗与输出阻抗为定值是基本要求。根据用途，输入与输出阻抗分为 50Ω 和 75Ω，放大器的输入输出电平通常用功率值来表示。增益的频率特性用功率增益表示。例如，输入为 0.01mW（-20dBm）时，输出功率为 1mW（0dBm），则放大器的增益 G_P 为：

$$G_P = 10\log\frac{1\text{mW}}{0.01\text{mW}} = 20 \text{ (dB)}$$

图 5.4 为功率增益与频率的特性（G_P-f 特性）

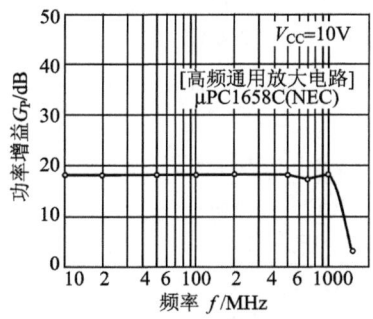

图 5.4　高频放大器功率增益与频率特性的例子[15]

5.1.3 噪声指数 NF

放大器发生的噪声越小越好。FM 收音机高频段的噪声越多，接受灵敏度就会越差；而电视信号放大器的噪声越多，成像质量就会越差。

对于低频放大器用 SN 比和输入噪声等特性来衡量放大器自身发生噪声的电平。对于高频放大器，一般用 NF 表示发生噪声的电平（如像电视信号放大器这样的宽带放大器，有时也用 SN 比和输入噪声等表示）。放大器 NF 的定义如下：

$$NF = 10\log\left(\frac{S_i/N_i}{S_o/N_o}\right)$$
$$= 10\log\frac{S_i}{N_i} - 10\log\frac{S_o}{N_o} \tag{5.1}$$

式中，S_i 为输入信号功率；N_i 为输入噪声功率；S_o 为输出信号功率；N_o 为输出噪声功率。

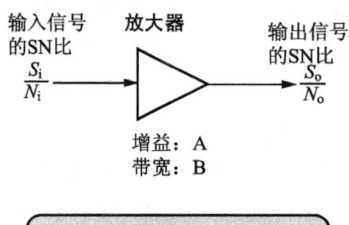

图 5.5 噪声指数 NF

S_i/N_i 为输入信号的 SN 比，S_o/N_o 是输出信号的 SN 比，所谓 NF 就是指放大器放大信号时 SN 的变化比例。因此，当放大器完全不发生噪声时，NF＝0dB。图 5.5 为 NF 的概念图。例如，NF 为 4 dB 放大器的输入 SN 比为 60dB 的信号，输出的 SN 比应该为 56dB(＝60－4)。因此，通过比较 NF，就可以比较放大器自身发生噪声的大小。

5.1.4 缩小初级的 NF

在有 n 个放大器串级连接的情况下，设 $F_1, F_2, \cdots, F_n$ 为各放大器的 NF(为指数值，而不是对数值)，$G_1, G_2, \cdots, G_n$ 为各放大器的功率增益(为指数值，而不是对数值)，全体 NF 的和为 F_t，可由下式求解：

$$F_t = F_1 + \frac{F_2-1}{G_1} + \frac{F_3-1}{G_1 G_2}$$
$$+ \cdots + \frac{F_n-1}{G_1 G_2 \cdots G_n} \tag{5.2}$$

如果初级功率增益 G_1 很大，F_t 基本上是由初级的 NF 决定的。因此，放大器串联连接的时候，减小初级的 NF 是非常必要的，如图 5.6 所示。同样，对于组成初级放大器的元件，也应尽量选择 NF 小的。

现在，在高频放大器中，当使用晶体管和 FET 时，取 NF 的值大约为 1～5dB 左右。一般地讲，当频带越宽、频率越高时，NF 就越坏。在高频段，晶体管的 NF 是不可能变低的，最好为 1.5～2dB 左右。若要求高的话，可使用 FET 和 NF 达到 1～2dB。

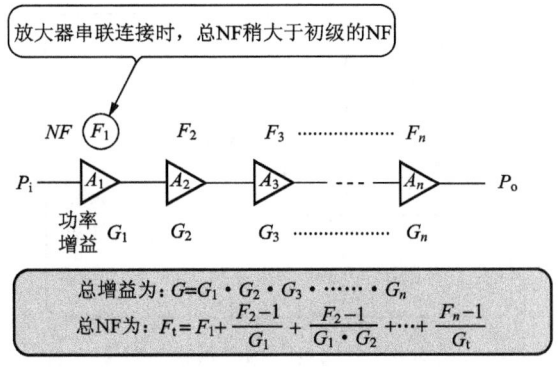

图 5.6 串联连接的放大器的 NF

5.1.5 调制特性的影响

在高频电路中,把不必要的、有害的频率成分称为无线电干扰。如图 5.7 所示。当输入 2 个以上的频率信号到高频放大器中时,会引起相互调制,或者与放大器的非线性引起的高频发生调制,放大器输出端子就会发生无线电干扰。

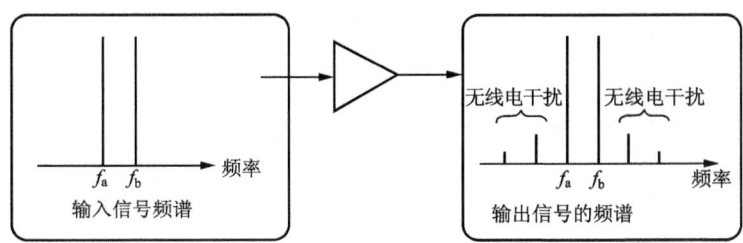

图 5.7 高频放大器的无线电干扰

设放大器输入两个频率不同的 f_1 和 f_2 信号,用下式求解组合频率 f_s。

$$f_s = (n+1)f_1 - nf_2 \tag{5.3}$$

其中,$n = 1, 2, \cdots$。

例如,当放大器接收频率为 4.10MKHz 时,同时会存在 4.11MHz 和 4.12MHz,结果是接收机中会有 4.09MHz、4.10MHz、4.13MHz 和 4.14MHz 等组合频率发生。如果 4.10MHz 很弱,4.10MHz 的组合频率就可能会妨碍信号接收,如图 5.8 所示。

在实际的接收机中,都会有很多信号输入,使接收机内放大器等线性度变坏。因调制等原因会发生很多组合频率,则 SN 比和输入灵敏度等特性会变得恶化。发射机由调制而引起的组合频率,也会对相邻频道造成影响。

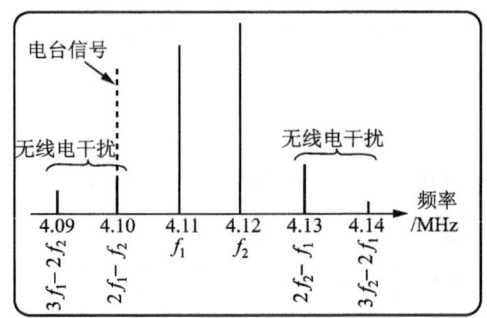

图 5.8 无线电干扰对接收的妨害

5.1.6 调制失真的表示方法

如图 5.9 所示,可以用对电台信号的抑制比(抑制比是有用信号与 3 次调制失真输出的比)来衡量调制失真。但调制失真的电平随着输入信号电平的变化而变化。因此,如果输入电平不同的话,就不能比较调制失真的电平。最好的方法是将输入电平一致,来比较其调制失真,这种方法叫做交叉点法。

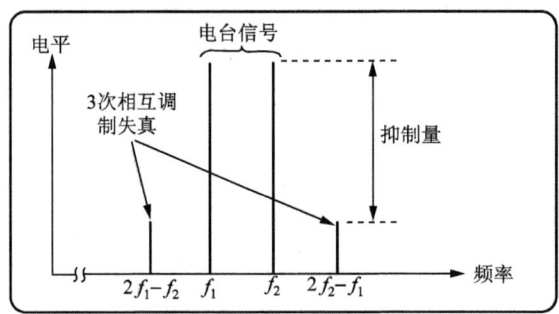

图 5.9 相互调制失真

交叉点指的是电台信号与调制失真的电平相等的理论电平。电台信号输入输出的关系是在放大器(除了放大器以外,混频器等都可应用交叉点的方法)工作范围内成 1∶1 的线性变化。

与此相对,调制失真电平的斜率各有不同,2 次调制失真为 1∶2,3 次调制失真为 1∶3。增加输入会进入输出的饱和领域,因此输出电平不能再大了。这一点称为饱和点。但是,由于通常的输出饱和是渐渐产生的,所以,饱和点不是很清晰,为此,设输入输出为理想的直线,则把输出响应低于 1dB 的点,作为饱和点,称之 1dB 饱和点。

交叉点就是有用信号输入输出的直线与调制失真直线的延长线相交的交点。对于交叉点的电平,用输入电平表示的就称为输入交叉点电平,用输出电平表示就称为输出交叉点电平。在实际的放大器等电路中,由于在交叉点的前面都存在着饱和点,所以,都不会达到交叉点的。交叉点仅是一个表示调制失真好坏的理论电平。交叉点电平越高,调制失真就越少。

5.1.7 交叉点的求解方法

调制输入输出电平和交叉点的实例,如图 5.10 所示。该实例中,2 次调制失真的输出交叉点为 +48dBm,3 次为 +34dBm。交叉点即使不用图 5.10 那样作图,也可通过测定某一点的输入信号电平,或者测定在输出信号电平上调制失真的抑制量,通过下面方程来求解。

$$交叉点 = \frac{S}{N-1} + P \text{ (dBm)} \tag{5.4}$$

式中,P 为输入或输出信号电平(dBm);S 为抑制量(dB);N 为调制失真的次数。

以图 5.10 为例,当输出信号的电平为 0dBm 时,3 次调制失真的抑制量为 68dB,3 次输出的交叉点 IP_3 为:

$$IP_3 = \frac{68}{3-1} = 34 \text{ (dBm)}$$

与作图求解的值相一致。

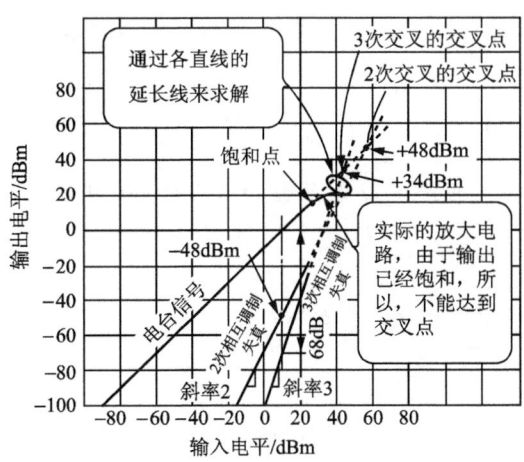

图 5.10 调制的输入输出的电平和交叉点

通常所说的交叉点都是指 3 次调制失真的交叉点。这是因为 3 次调制失真与电台的信号的频率最接近($2f_1-f_2$,$2f_2-f_1$),容易出现问题。

5.1.8 电压驻波比 VSWR

在低频电路中,处理的信号波长与传送的距离相比要长的多。而在高频电路中,如果处理的信号很短,波长与传送距离的关系就不能不考虑了(1kHz 的波长约 30km,1MHz 的波长约 3m)。所以,高频电路必须考虑电气信号的波动。

现在,设传送通道接收端的特性阻抗为 Z_s,信号接收端接地时用 Z_l,如图 5.11(a)所示。在 $Z_s = Z_l$ 的情况下,阻抗匹配,在接收端上不会引起反射,从发送端向接收端的传送通道上只存在进行波。但是,如图 5.11(b)所示,在 $Z_s \neq Z_l$ 的情况下,阻抗不匹配,在接收端上会引起反射,传送通道上进行波和反射波同时存在,相互干涉。此时,产生固定不动的波,称之为驻波。驻波的大小与传送通道的物理位置有关,如图 5.11(c)所示。

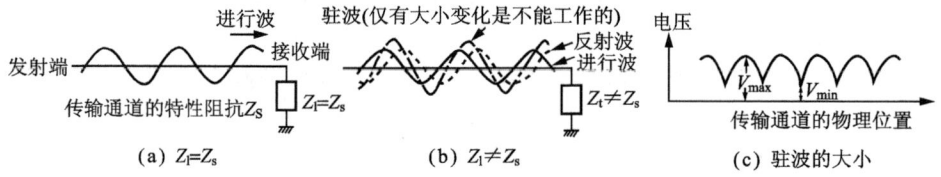

图 5.11 传送通道的驻波

电压驻波比 VSWR(Voltage Standing Wave Ratio),表示驻波发生的程度。设驻波的最小电压为 $V_{\min}$,最大电压为 $V_{\max}$,则定义为

$$\text{VSWR} = \frac{V_{\max}}{V_{\min}} (\geqslant 1) \tag{5.5}$$

另外,令接收端的反射系数为 Γ,VSWR 可以用下式表示:

$$\text{VSWR} = \frac{1+\Gamma}{1-\Gamma} \tag{5.6}$$

还有,Γ 也可用 Z_s,Z_l 表示:

$$\Gamma = \frac{Z_l - Z_s}{Z_l + Z_s} \tag{5.7}$$

将式(5.7)代入式(5.6)中,则 VSWR 得

$$\text{VSWR} = \frac{Z_l}{Z_s} \tag{5.8}$$

其中,式(5.8)在 $Z_l > Z_s$ 的情况下成立。由于 VSWR $\geqslant 1$,当 $Z_l < Z_s$ 时,则下式成立:

$$\text{VSWR} = \frac{Z_s}{Z_1}$$

综上所述,可以依据 VSWR,来判断接收端所发生反射的程度以及传送通道上特性阻抗与接收端阻抗的匹配程度。

5.1.9 处理图像信号的电路特性

如前所述,在放大的频带内,对于处理图像信号的放大器来讲,位相偏移量越大,图像质量就越差。表示这种位相偏移程度的特性称为相频特性。在低频领域中,同相放大器的输入信号与输出信号的位相差为 0°,而反相放大器为 180°。但在高频领域中,放大器的传递函数存在极点,输入输出的相位差与低频有所不同,如图 5.12 所示。图 5.13 给出测定相频特性的实例,对升高高频部分来增大频带的放大器,在相频特性上有很大的差异。

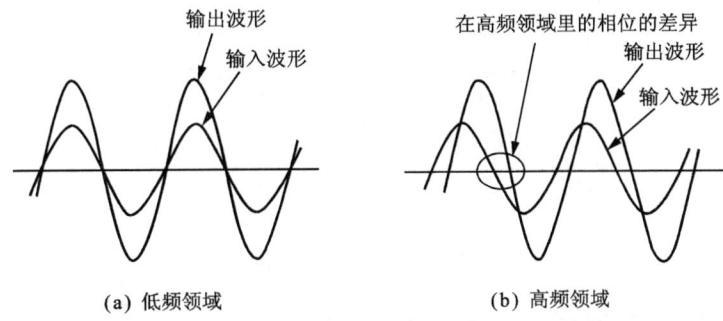

(a) 低频领域　　　　　　　(b) 高频领域

图 5.12　同相放大器的输入信号与输出信号的相位差

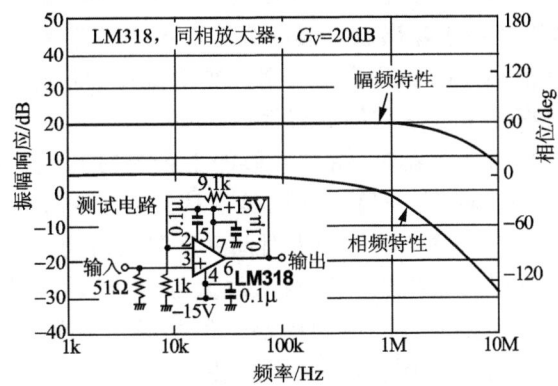

图 5.13　相频特性的实测值

另外,即使有相位偏移,频率变化量与相位的变化量常常也为一定(相位为线性)值,该放大器即使输入的方波也不会畸变(作为图像信号放大器,能完好的输出方波是很重要的)。相对于频率相位的变化量可用群时延特性 GD(Group Delay)来表示,它是相频特性的一阶微分。可由下式求得:

$$GD = \frac{d\Phi}{d\omega} = \frac{1}{2\pi} \cdot \frac{d\Phi}{df} \text{ (s)} \tag{5.9}$$

式中,Φ 为相频特性(rad);ω 为角频率(rad/s);f 为频率(Hz)。

实际测定 GD 时,通过频率的微小变化 Δf 对应于相位微小变化的 $\Delta \Phi$ 来求解 $GD = \Delta\Phi/(2\pi\Delta f)$。图 5.14 就是 GD 测定的实例,该图 GD 用指数表示(−7 的含义为 10^{-7})。

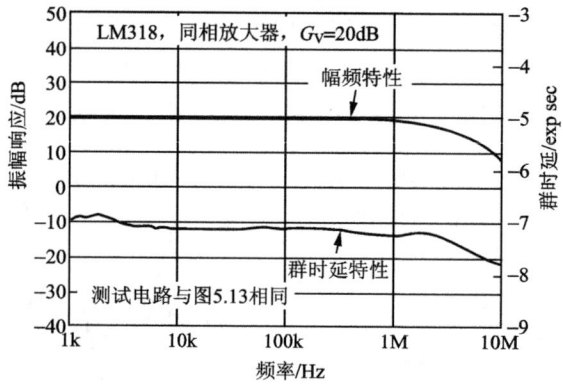

图 5.14 群时延特性的实测值的例子

5.1.10 图像信号的前后沿特性

另外,对图像信号进行数据处理时,用于前级放大器的高速 AD 转换器以及用于输出放大器的高速 DA 转换器等放大器,其上升沿和下降沿的时间以及建立时间是非常重要的指标。用放大器的方波应答好坏来表示它们的特性。

当方波输入放大器时,输出波形的上升沿时间是指从其 10% 到 90% 所需要的时间,下降沿时间是指从其 90% 到 10% 所需要的时间。照片 5.1 为测定的上升沿时间和下降沿时间。

所谓建立时间是指当方波输入放大器时,从输出波形开始变化到回落在阻尼振荡范围内的中心点所需要的时间。图 5.15 为建立时间的概念示意图。如图所示,由 −5V 到 +5V 的 1% 所需要的时间来求得建立时间。

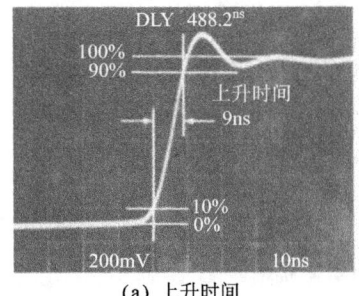 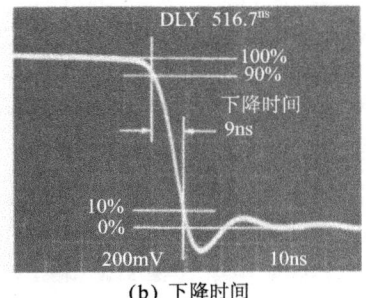

(a) 上升时间　　　　　　　　(b) 下降时间

照片 5.1　用方波应答的波形

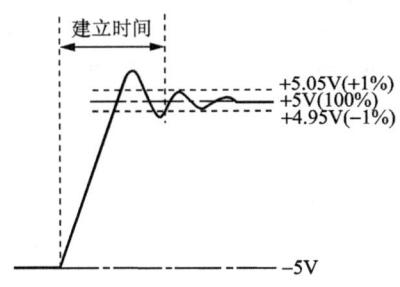

图 5.15　建立时间

专栏

匹配（matching）

OP 放大器的开环增益大，当加入负反馈后，输出阻抗可能会减小。但是，频率越高，开环增益就越小，此时即使加入负反馈，输出阻抗也不会减小，这时可以忽视输出阻抗。对于高频放大器，为了扩大频率特性，开环增益不可能太大。所以，即使加入负反馈，输出阻抗也不会变小，而是保持着该值。

如图 5.A 所示，输出阻抗为 Z_O 的理想放大器 A，给负载 Z_L 提供功率。当放大器 A 的输出电压为 E 时，给负载 Z_L 提供的功率 P_L 可以由下面公式求得：

$$P_L = \left(\frac{E}{Z_O + Z_L}\right)^2 \cdot Z_L = \frac{E^2}{(Z_O^2/Z_L) + Z_L + 2Z_O} \quad (5.A)$$

从式 (5.A) 可知，当分母最小时，P_L 最大。由下面的条件可求得：

$$Z_O = Z_L \quad (5.B)$$

由于

$$\frac{d[(Z_O^2/Z_L) + 2Z_O]}{dZ_L} = -\frac{Z_O^2}{Z_L} + 1 = 0$$

总之，当放大器的输出阻抗和负载阻抗相等时，提供给负载的功率最大。这种状态称为输入输出匹配。对于高频电路，一般 Z_O 和 Z_L 的值为 50Ω 或 75Ω。

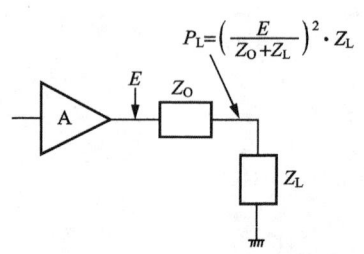

图 5.A　输出阻抗与负载阻抗的匹配

另外，输出部分与负载离开一段距离（例如，机器间的连接等）时，传送信号线路的特性阻抗（根据分布参数，线路所固有的阻抗）与负载阻抗相匹配。如果不这样的话，线路上就会产生驻波，传输功率的一部分被返回（称为反射），传送通道仍保持着频率特性。然而，在高频电路里的电路之间或者设备之间连接时，为了保持负载阻抗等于特性阻抗，则必须使用同心电缆连接。

当输入、输出阻抗与传送通道相匹配时，高频设备之间的连接示意图如图 5.B 所示。

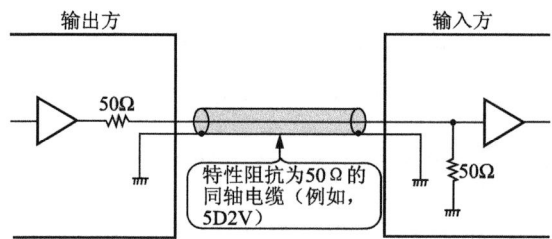

图 5.B　输入输出与传送通道的匹配

5.2　用 IC 制作高频放大电路

5.2.1　宽带高速 OP 放大器

近年来，在处理图像信号的数据或光纤传送用的放大器等领域中，常常使用一个放大器就可处理从直流到高频的宽频带信号。像这样的用法，对于从前的 OP 放大器是不会予以考虑的，而最近，由于使用了宽频带的高速 OP 放大器，使频带得以向高频领域延伸。

被设计的通用 OP 放大器的开环增益增大，在低频领域中，使失真率和直流失调变好，输出阻抗也减小。图 5.16 为通用 OP 放大器 NJM4558D 的开环增益频率特性。

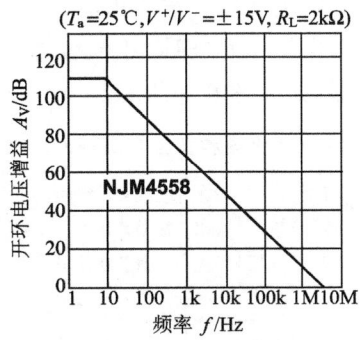

图 5.16 NJM4558 的开环增益的频率特性[12]

OP 放大器在直流领域中,设开环增益为 110dB,制成前述的目标。但是,由于开环增益高,在低频领域(图中在 10Hz)中出现拐点,使高频的开环增益下降,因此,在高频领域里,OP 放大器很难工作。

宽带高速 OP 放大器是指开环增益下降、第 1 个拐点设定在高频领域内、高速且可以在高频工作的 OP 放大器。图 5.17 为高速、宽带 OP 放大器 NE5539 的开环增益的频率特性。第 1 个拐点在 5MHz 左右的位置上,高速宽带是可以实现的。

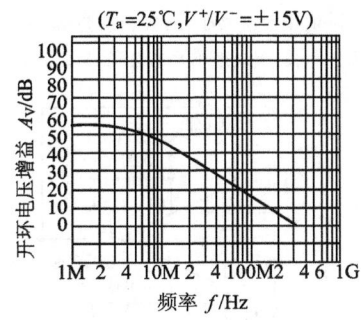

图 5.17 NE5539 的开环增益的频率特性[13]

表 5.1 为主要的宽频带高速 OP 放大器的特性。为了便于比较,通用 OP 放大器 NJN4558 的特性也列在里面。高速宽带 OP 放大器与通用 OP 放大器相比,输入失调电压和输入偏置电流等直流特性略差,频带和转换速率等交流特性变好。

作为高速宽带 OP 放大器的实例,用 HA2539 作为视频信号的放大器,如图 5.18 所示,设计为同相放大器,增益为 10。该电路方波应答信号的波形,如照片 5.2 所示。通过脉冲发生器输入

1MHz、1V$_{P-P}$的方波,用示波器观察输出波形。另外,参考通用OP放大器LM318,在同等条件下(即同相放大器,增益为10)使用时方波应答信号的波形,如照片5.3所示。

表 5.1 通用 OP 放大器和宽频带高速 OP 放大器的特性

型 号	带宽 /MHz	额定功率带宽 /MHz	转换速率 (V/μs)	最大输出电压 /V	最大输出电流 /mA	共模信号抑制比 /dB	开环电压增益 /dB	输入失调电压 /mV	输入偏置电流 /μA	输入阻抗 /kΩ	噪声 /(nW/√Hz)	额定电源电压 /V
NJM4558[1]	3	—	1	±14	—	90	100	0.5	0.05	5×10³	—	±15
SL541B[2]	150	—	175	±3	±6.5	—	70	5	7	—	—	+12 +15 −6 −4
LH0032C[3]	70	10	500	±13	±100	60	70	2	0.5	1×10⁹	12	±15
HA2539[4]	—	9.5	600	±10	±10	60	90	3	5	10	15	±15
NE5539[5]	350	48	600 +3 −2.7	—	—	80	52	2.5	5	100	4	±8
CLC300A[6]	85*	45	3000	±10	±100	88	—	10	5	100	—	±15
CLC220AI[6]	200*	—	7000	±12	±25	80	120	10	1	100	—	±15

*:带宽是指开环增益为 0dB 的频率,而 CLC300A,CLC220AI 为 −3dB 的频率。
1)新日本无线,RC4558 的第二次来源;2)普利西公司 3)国家半导体公司,混合型;
4)美国哈里斯半导体公司;5)美国西格尼蒂公司;6)Comliner 公司,混合电流型。

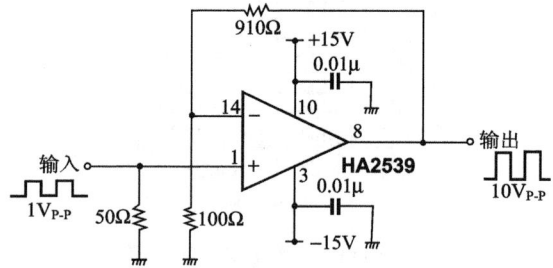

图 5.18 使用 HA2539 作为视频信号用的放大器

从输入与输出波形比较可知,HA2539 的下降沿稍微有点过冲,延伸了高频领域的频率特性。

照片5.4给出输出为10V$_{P-P}$时候的上升沿、下降沿的测试结果。上升沿的时间为13ns,下降沿的时间为15ns。根据上升沿的时间和下降沿的时间来计算转换速率分别为615V/μs(10V×0.8/13ns),533V/μs,可知得到的转换速率非常大。

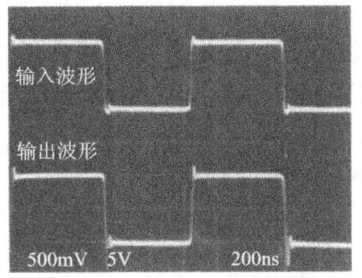
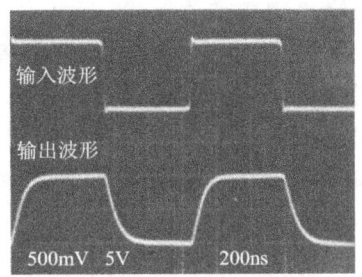

照片 5.2 HA2539 的应答方波波形

照片 5.3 LM318 的应答方波波形

$\begin{pmatrix} \text{同相,增益为 10} \\ \text{上}; X:200\text{ns/div}, Y:0.5\text{V/div} \\ \text{下}; X:200\text{ns/div}, Y:5\text{V/div} \end{pmatrix}$

$\begin{pmatrix} \text{同相,增益为 10} \\ \text{上}; X:200\text{ns/div}, Y:0.5\text{V/div} \\ \text{下}; X:200\text{ns/div}, Y:5\text{V/div} \end{pmatrix}$

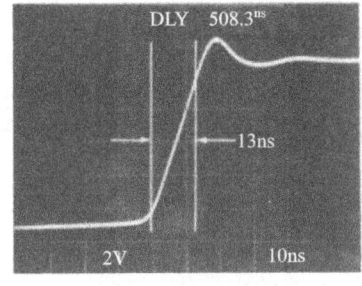
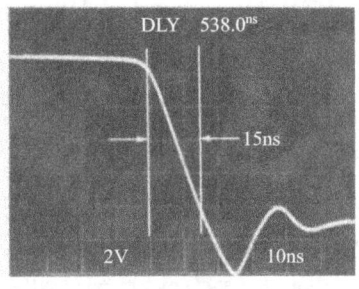

(a) 上升时间   (b) 下降时间

照片 5.4 HA2539 的上升时间和下降时间(同相,增益为 10)

5.2.2 在高频放大中使用 IC 的效果

对于高频电路,设计参数和布置的元件等实际装配参数是很重要的。设计的电路无论希望实现怎样的特性,都要与实际的装配技术有关。使用 IC 高频放大电路的优点,就是使用元件的数量少、成本低以及可靠度高等。即使让性能提高一点点也是有利的。

对于集成放大电路,设计者也必须特别注意 IC 的实际装配。它与用分离元件安装构成的放大器相比,性能要高。

各种各样的 IC 高频放大电路被应用于通用高频放大器、中频放大器以及 FM 检波器等周围电路中。这里,采用最好的 IC,以实际的电路为例加以说明。

5.2.3 通用高频放大器 μPC1658C

使用比较好的通用高频放大器 IC 有 μPC1658C(日本电气制造)。该 IC 在 500MHz 时的增益为 18dB,NF＝3.7dB,可以作为低噪声宽频带放大器。

图 5.19 为 μPC1658C 的等效电路图。Q_1 为发射极接地而获得增益,Q_2 和 Q_3 构成达林顿射极跟随器。当 Q_1 的负载减轻时,输出阻抗也就下降。当加入饱和负反馈时,在 3 脚(输出端)与 6 脚(输入端)之间连接电阻(用串联的电容来耦合直流)。

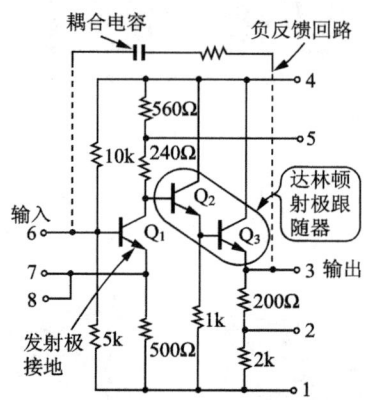

图 5.19 μPC1658C 的等效电路图[15]

同样的内部构成的 IC,还有 μPC1651G～μPC1656C 系列(日本电气制造)和 SL560C 等,都可作为很好的通用高频放大器。

使用 μPC1658C 的低噪声宽带放大器的电路图,如图 5.20 所示。为了提高发射极接地的放大电路的增益,而 NF 下降,在发射极的 7 管脚连接高通电容。在 2 管脚连接 180Ω 的电阻,5 脚连接

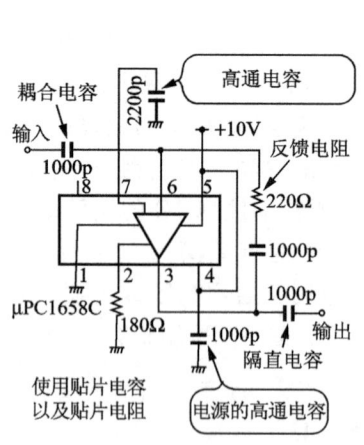

图 5.20 由 μPC1658C 制作的低噪声宽带放大器

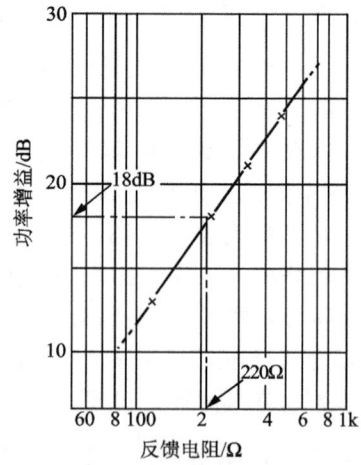

图 5.21 μPC1658C 的功率增益与反馈电阻特性

电源,使各部分的电流增加,输出增大。

对于 µPC1658C,当不接负反馈时,得到 41dB 的增益。为了增大频带,加入 220Ω 的反馈电阻,增益变为 18dB。图 5.21 为功率增益与反馈电阻的特性曲线。另外,图 5.22 为增益与频率的特性曲线。在 500MHz 之前,增益为平坦的。加入反馈后 NF 变差,该电路的 NF=3.7dB(500MHz)(无反馈时,NF=1.5dB)。

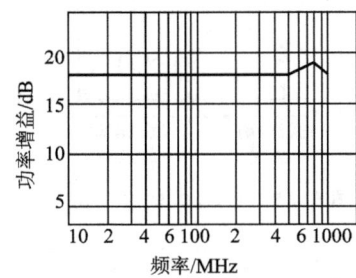

图 5.22 µPC1658C 的增益与频率特性

当输入+8.5dBm、500MHz 和 499MHz 的两个信号时,3 次混合调制失真输出为 0dBm,饱和点变为-43dBm。所以,3 次输出交叉点为:

$$\frac{43\text{dBm}}{3-1}+0\text{dBm}=\pm 21.5\ \text{dBm}$$

可见,NF 和交叉点的值非常好。

5.2.4 FM 中频放大器 TA7302P

µPC1658C 为不超过 500MHz 的通用高频放大器 IC。而稍微低点的频率,例如,FM 收音机的中频放大器(10.7MHz)等,多使用于专用 IC。

TA7302P 为 FM 中频放大用的 IC,其等效电路如图 5.23 所示。简单地说,由两段差动构成,输出端(6 脚)与电源之间连接的负载电阻进行增益调整。作为中频放大器比较好的 IC,还有 TH7060AP、TA7061BP、µPC577H 和 µPC1163H 等,内部结构与 TA7302P 相同,差动放大器从 1 级到 3 级串联连接。

使用 TA7302PFM 收音机的中频放大电路,如图 5.24 所示。在中频放大部分中,改变中频,FM 波的幅值也同样改变,并阻止相邻的部分。因此,为了使 NF 优良而需限制带宽。所以,在放大器与放大器之间插入了高通滤波器。

陶瓷滤波器 SFE10.7MJ 的幅频特性以及 GD 特性,如图

5.25 所示。

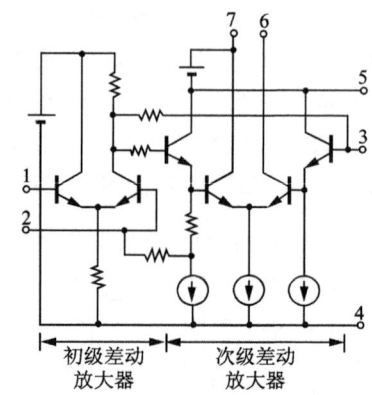

图 5.23　TA7302P 的等效电路

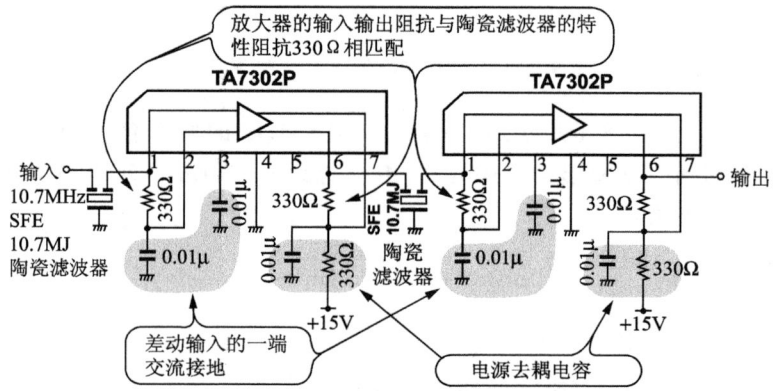

图 5.24　FM 收音机的中频放大部分

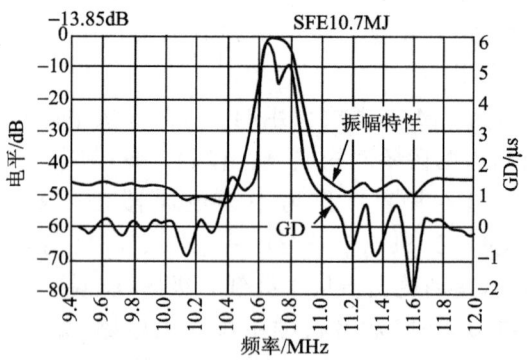

图 5.25　陶瓷滤波器 SFE10.7MJ 的幅频特性以及 GD 特性

为了与陶瓷滤波器匹配，TA7302P 的输入输出阻抗与陶瓷滤波器的特性阻抗相匹配，约为 330Ω。TA7302P 差动输入的一端经电容接地。

专栏

输入输出电平的功率表示

对于高频电路,输入输出电平用功率值来表示。通常,基准功率用对数表示。因为基准功率值大于 1W,所以,可用 1mW(1×10^{-3}) 和 1fW(1×10^{-15})表示。对于 1mW 基准功率电平用对数表示的单位为 dBm,而 1fW 的基准单位为 dBf。例如,电压为 1V 时,阻抗为 50Ω 系列,则基准功率为

$$10\log \frac{\frac{(1V)^2}{50\Omega}}{1\times 10^{-3}W} = +13 \text{ dBm}$$

同样,75Ω 系列为 +11.2dBm。相反地,+11.2dBf 对应于阻抗为 50Ω 系列为 0.8μV,而对应于 75Ω 系列为 1μV。

另外,与 dBm 和 dBf 相近似的单位还有 dBV 和 dBμ。由于用基准对数表示有 dBV 为 1V 和 dBμ 为 1μV,所以,特别要注意功率值的单位不能混淆。

专栏

关于元件的调制失真

晶体管和 FET 等放大元件自身的输入输出特性是非线性的。当放大器作为放大元件时,应用于很小的线性领域内。加入反馈后,输出特性近似于线性。但是,由于非线性的微小电平的存在,而产生各种调制的失真。

放大元件的输出电流 i_o 与输入电压 e_i 的关系,近似为

$$i_o = I_o + Ae_i + Be_i^2 + Ce_i^3$$

(为了简单,仅写到 3 次方)

当输入两个不同频率

$$e_i \alpha \cos\omega_1 t + \beta\cos\omega_2 t$$

的信号时,输出电流为

$$i_o = I_o + \frac{B}{2}(\alpha^2 + \beta^2) \quad \text{直流成分}$$

$$+ \left[A\alpha + \frac{3C\alpha^3}{4} + \frac{3C\alpha\beta^2}{2} \right]\cos\omega_1 t$$

$$+ \left[A\beta + \frac{3C\alpha^2\beta}{2} + \frac{3C\beta^3}{4} \right]\cos\omega_2 t \quad \text{基本成分}$$

$$+ \frac{B\alpha^2}{2}\cos 2\omega_1 t + \frac{B\beta^2}{2}\cos\omega_2 t$$

$$+ B\alpha\beta\cos(\omega_1 \pm \omega_2)t \quad \text{第 2 项成分}$$

$$\left.\begin{aligned}&+\frac{C\alpha^3}{4}\cos3\omega_1 t+\frac{C\beta^3}{4}\cos3\omega_2 t\\&+\frac{3C\alpha^2\beta}{4}\cos(2\omega_1\pm\omega_2)t\\&+\frac{3C\alpha\beta^2}{4}\cos(2\omega_2\pm\omega_1)t\end{aligned}\right\} \text{第 3 项成分}$$

该式子中的第 2 项成分为 2 次调制失真,第 3 项成分为 3 次调制失真。

由于第 2 项成分的系数是输入信号振幅 α、β 的 2 次方幂,第 3 项成分的系数是输入信号振幅 α、β 的 3 次方幂,所以,输入电平与调制输出的电平为 1∶2(斜率 2)和 1∶3(斜率 3)的关系。

还有,在它的失真成分里,$2\omega_1\pm\omega_2$、$2\omega_2\pm\omega_1$(第 3 项成分)与 ω_1、ω_2 的频率最相近。当接近有用信号时而产生的无线电干扰,滤波器是不能滤掉的,所以,一般 3 次调制失真将成为问题。

另外,第 2 项成分里 e_i^2 的系数全部为 B,第 3 项成分里的 e_i^3 的系数全部为 C。例如,由于 FET 的漏极电流 I_D 和栅极电压 V_G 的关系为:

$$I_D = I_{DSS}\left(1+\frac{V_G}{V_P}\right)^2$$

式中,I_{DSS} 为漏极电流;V_P 为夹断电压。

所以,没有 V_G^3 项。理论上讲,FET 不会发生 3 次调制失真。对于晶体管,由于输入输出特性为指数函数,所以,将发生 3 次调制失真。实际上,FET 的 3 次调制失真很少发生,所以,它被广泛应用于高频放大器和频率混合器中。

第6章
高频放大电路的基本设计

我们知道,高频电路的集成化是从低频逐渐发展起来的。目前,包含振荡电路和滤波电路在内的所有电路暂时还没有集成化。特别频率在 UHF 以上频带的领域里,集成化进展更为迟缓。而高频电路集成化比起用分离器件设计的电路,在电气性能以及价格方面具有很多优点。在设计实用的高频电路时,我们试图通过对晶体管和 FET 驱动器件的理解,有效的加以运用。

这里,首先介绍设计高频电路中主要驱动电路的各种参数,然后,用分离器件制作高频放大电路并说明具体的设计方法。

6.1 对高频晶体管工作原理的理解

6.1.1 电路参数与器件参数

各种封装的高频晶体管,如照片 6.1 所示。

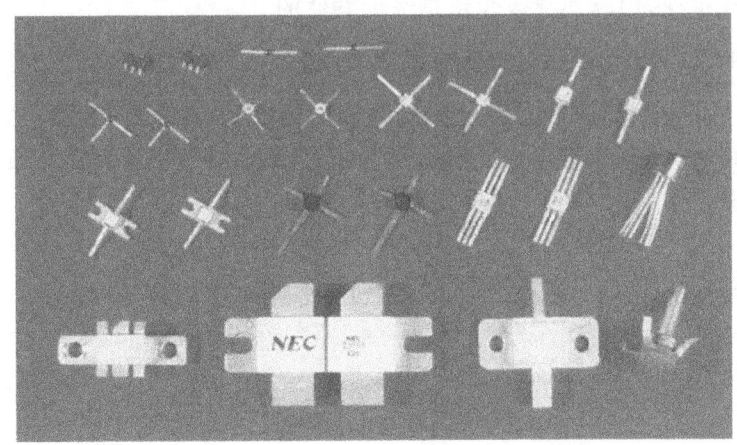

照片 6.1 各种高频用的器件(上面 3 排为小信号,最下面为功率放大器)(日本电气制造)

用于低频和高频的晶体管和 FET，因用途要求的不同，其特性是不同的。让我们分别予以考虑。

由于低频晶体管器件自身低频领域的频率特性，它有很好的抵御作用（当低频晶体管的 h_{FE} 为 1 时，转换频率 f_T 超过 MHz），所以，对频率特性没有太多要求。还要重视 h_{FE} 值要大（越大越容易使用）、在低频领域里的噪声要小以及输入输出的线性（放大器的高次谐波失真的关系）等的特性。另一方面，由于多数被使用在高频晶体管自身频率特性的上限，所以，也非常重视其频率特性。

我们知道，在低频电路中可以忽视寄生电容和残留电感，而在高频领域它们是不能被忽视的。因此，在低频电路中，可以对电路参数（h 参数等）取其绝对值来计算电路特性（准确地说，即使不用电路参数，也可以粗略地计算）；而在高频领域中，寄生电容和残留电感就不能不考虑。如果不用复数（$j\omega$ 的关系）来表示电路参数，就不能计算电路特性。所以，当设计高频电路时，器件的电路参数（器件的特性）是非常重要的。

表示晶体管和 FET 特性的参数，如输入电容和反馈电容这样对应于器件内部工作结构的器件参数，类似于 h 参数和 Y 参数，不能用四端网络表示，而要用矩阵的传输函数来表示。无论哪种参数都可画出器件的数据表格。

根据驱动参数的等效电路，需用电阻和电容等执行器件与电压源、电流源等驱动器件表示。各种各样的参数与实际器件的结构有关，从等效电路可以直观地知道其特性。因此，考虑到电路的工作情况，用驱动参数表示是最为方便的。

6.1.2 双极性晶体管的等效电路

双极性晶体管混合 π 型的等效电路，如图 6.1 所示。从这个电路可知，基极电阻 $r_{bb'}$ 和基极与发射极间电容 $C_{b'e}$ 构成低通滤波器。

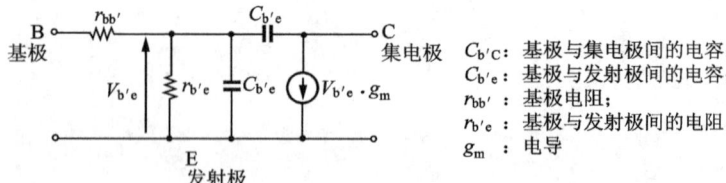

图 6.1 晶体管的混合 π 型的等效电路

可以认为基极与发射极间电容 $C_{b'e}$ 是从集电极到基极的内部

附加的反馈电容。从基极看进去，由于镜像效果，$C_{b'c}$ 为增益倍。然而，这个电容与 $r_{bb'}$ 构成低通滤波器，使高频特性变差，如图 6.2 所示。

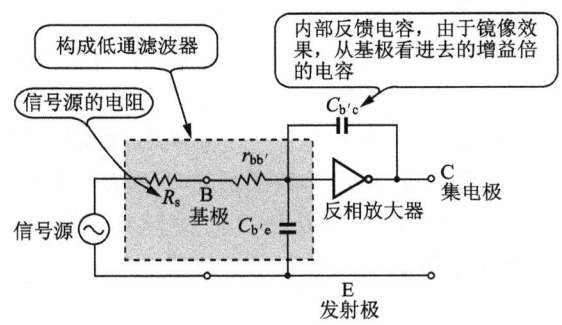

图 6.2 预防晶体管的频率特性的要素

如果 $r_{bb'}$ 减小，$C_{b'e}$ 和 $C_{b'c}$ 也减小的话，晶体管的高频特性就会变好。晶体管数据表是用 $C_{b'c}$ 与 $r_{bb'}$ 的积来记录的（$C_{b'c} \cdot r_{bb'}$ 积的单位为(s)）。前面已述，$C_{b'c} \cdot r_{bb'}$ 的积越小，高频特性表现得越好。一般用于低频的晶体管为数十 ps 至百 ps 左右，用于高频的晶体管为数 ps 至数十 ps 左右。

6.1.3 上限频率功率增益的获得方法

当设计高频放大器的时候，在频率的上限无论希望获得怎样的功率增益，选择器件都是非常重要的。最大可用增益 MAG（Maximum Available Gain）是评价该放大器件功率增益的特性之一。

如图 6.3(a)所示，通过信号源阻抗 Z_S 驱动放大器件，从负载阻抗输出。如图 6.3(b)所示，由于放大器件的输入阻抗 Z_i 和输出阻抗 Z_o 的存在，则当 $Z_s = Z_i$ 时，信号源供给放大器件的功率最大；当 $Z_o = Z_L$ 时，放大器的输出功率最大。$Z_s = Z_i$、$Z_o = Z_L$ 称为匹配。MAG 是指当放大器件的输入输出匹配时，获得的最大功率增益。

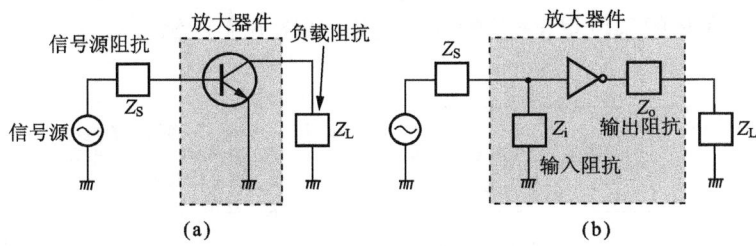

图 6.3 放大电路的匹配

当用外部电路抵消因 $C_{b'c}$ 引起的内部反馈(称为中和)时,用 $C_{b'c}$ 与 $r_{bb'}$ 近似求解晶体管的 MAG:

$$\text{MAG} \approx 10\log\left[\frac{f_T}{8\pi f^2 C_{b'c} \cdot r_{bb'}}\right] \text{(dB)} \tag{6.1}$$

其中,f_T 为转换频率(h_{FE} 为 1 的频率)(dB);f 为进行放大的频率(Hz)。

从这个式子可知,f_T 越高,$C_{b'c} \cdot r_{bb'}$ 越小,可获得较大功率增益。当 MAG 等于 0dB 时,能够放大的频率称为上限频率,或称为界限放大频率 f_{max}(在振荡电路里,可以起振的频率称为上限频率,也可称为最高起振频率),可由下式求解:

$$f_{max} \approx \sqrt{\frac{f_T}{8\pi r_{bb'} \cdot C_{b'c}}} \text{ (Hz)} \tag{6.2}$$

这里,用具体的数值代入方程计算。高频放大器采用晶体管 2SC2995(东芝公司制造),当 100MHz 时,求 MAG。

$$\text{MAG} \approx 10\log\left(\frac{350 \times 10^6}{8\pi \times (100 \times 10^6)^2 \times 15 \times 10^{-12}}\right)$$

$$\approx 19.7 \text{ (dB)} \tag{6.3}$$

当 f_{max} 为:

$$f_{max} \approx \sqrt{\frac{350 \times 10^6}{8\pi \times 15 \times 10^{-12}}}$$

$$\approx 960 \text{ (MHz)} \tag{6.4}$$

MAG 是指输入输出阻抗完全匹配且进行完全中和时可以实现的增益。但是,对于实际放大器件的参数,由于频率、偏置条件、输入输出电平以及周围温度的变化等因素的影响,是不能实现前面所述的条件的。因此 MAG 值在实际中是不能实现的,只是作为在评价器件时的重要特性之一。

6.1.4 FET 的等效电路

在高频领域里 FET 的等效电路,如图 6.4 所示。

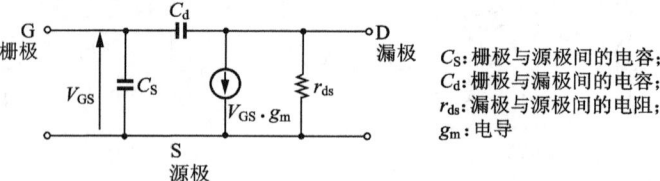

图 6.4 FET 的等效电路

FET 与晶体管相同,栅极与源极之间的电容 C_S 以及栅极与漏极之间的电容 C_d 妨碍了高频特性,如图 6.5 所示。驱动 FET 信号源的内阻 R_s 与 C_s 构成低通滤波器,而且,因镜像效果增益倍的 C_d,使高频特性变差。

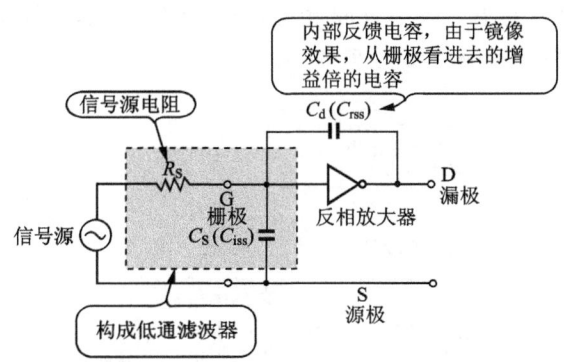

图 6.5 妨碍 FET 的频率特性的原因

在 FET 的数据表中的 C_S 表示为输入电容 C_{iss}(源极接地,漏极与源极之间交流短路时的栅极与源极间的电容)。另外,C_d 作为反馈电容 C_{rss}(源极接地,漏极与源极之间交流短路时的栅极与漏极间的电容)被记录。

通常,C_{iss} 为 1 至数 pF、C_{rss} 为 0.1 至零点几 pF 左右的数值。当然,可以认为 C_{iss} 和 C_{rss} 越小,器件的高频特性越好。因镜像效果,反馈电容 C_{rss} 的作用很大,是重要参数之一。

6.1.5 减小反馈电容的方法——串联连接

减小反馈电容 C_{rss} 的方法,如图 6.6 所示,是在内部使用 FET (如 2SK241 等)的串联连接,还使用双栅极 FET 的串联连接。

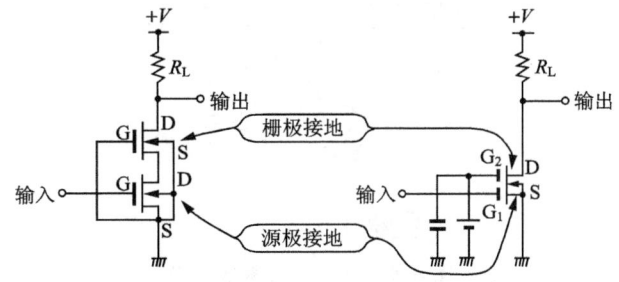

(a) 在元件的内部串联连接　(b) 双栅极 MOS FET 的串联连接

图 6.6 FET 的串联连接

串联连接的原理图，如图 6.7 所示。串联连接可以认为源极接地放大电路和栅极接地放大电路的纵向连接。源极接地的负载电阻变成下一个栅极接地的输入阻抗。由于栅极接地的输入阻抗非常小，源极接地的增益也非常小。如果增益小，根据镜像效果，C_{rss} 的影响也变小。另一方面，因为只有输出接地，栅极接地的 C_{rss} 对频率特性的影响就变得非常小。

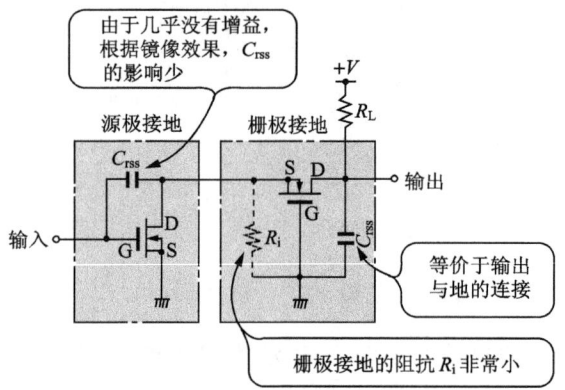

图 6.7　串联连接的原理

总之，当串联连接时，源极接地并没有改变增益，只有阻抗变换，而用栅极接地，却获得不受 C_{rss} 影响的增益。根据串联连接，C_{rss} 可以等价为 0.01 至零点零几 pF 左右。如果 C_{rss} 在这个范围内，就不必要进行中和了。

当然，串联连接也可由晶体管构成，如图 6.8 所示。这时，发射极接地与基极接地的纵向连接，得到与 FET 一样的效果。

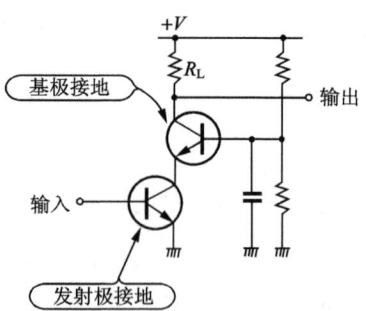

图 6.8　晶体管的串联连接

6.2 电路设计方法(1)——使用 y 参数

因为用四端网络来考虑放大器件,所以,电路参数的等效电路与器件构造的各种参数没有一点关系。但是,用电路参数就不能用器件的工作原理来考虑,只有进行电路网络计算,计算出电路特性,而这在设计电路时是非常有益的。另外,用方框来表示器件,晶体管、FET、IC 都可等同在一个等效电路中,容易进行各种比较,从而获得各自的长处。

一般地讲,对于低频电路,用 h 参数表示。但是,对于高频电路,电路参数采用复数表示,由于必须考虑电容和电感成分,所以,不能使用 h 参数(通常, h 参数不是复数而是绝对值)。对于高频电路,使用 y(导纳)参数和 S(分布)参数来表示参数的复数。

6.2.1 根据 y 参数的电路表示方法

根据 y 参数的电路表示方法,如图 6.9 所示。

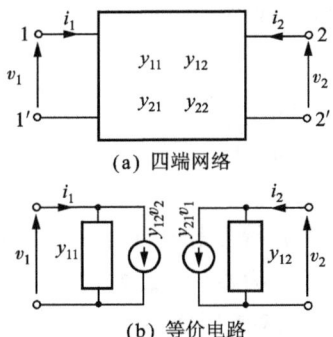

(a) 四端网络

(b) 等价电路

图 6.9 用 y 参数表示的电路

器件的 y 参数用方框表示,所有的晶体管、FET 和 IC 都如图 6.9(b)所示用等效电路表示。根据图 6.9(b)的设定,四端网络的电流、电压以及输入输出电流电压的关系用下式表示:

$$\begin{bmatrix} i_1 \\ i_2 \end{bmatrix} = \begin{bmatrix} y_{11} & y_{12} \\ y_{21} & y_{22} \end{bmatrix} \begin{bmatrix} v_1 \\ v_2 \end{bmatrix} = \begin{bmatrix} y_i & y_r \\ y_f & y_o \end{bmatrix} \begin{bmatrix} v_1 \\ v_2 \end{bmatrix} \quad (6.5)$$

与 $\begin{bmatrix} i_1 = y_i v_1 + y_r v_2 \\ i_2 = y_f v_1 + y_o v_2 \end{bmatrix}$ 等价

在使用晶体管和 FET 的情况下, y 参数用复数表示,它随频率而变化,并且随器件工作点的变化而变化。另外,根据接地方式的不同,可在 i、r、f、o 后面加入接地端符号,如果发射极接地加 e;如果基极接地加 b;如果源极接地加 s(例如,y_{fe},y_{fs} 等)。

6.2.2　y 参数的含义

y 参数是导纳,单位为 S,它的物理意义为

y_i 为输入导纳:当 $v_2=0$(如图 6.9(a)所示,2-2′ 间交流短路)时,$y_i=i_1/v_1$。

y_r 为反向传输导纳:当 $v_1=0$(如图 6.9(a)所示,1-1′ 间交流短路)时,$y_r=i_1/v_2$。

y_f 为正向传输导纳:当 $v_2=0$ 时,$y_f=i_2/v_1$。

y_o 为输出导纳:当 $v_1=0$ 时,$y_o=i_2/v_2$。

一般这些参数为复数。所以,在放大元件的数据表格中,也可以用极坐标表示,如 $y=g+jb$ 用电导和电纳来表示,如 $y=g+j\omega C$ 用电导和等价电容来表示,如 $y=|y|e^{j\phi}$ 用电导的绝对值。下式为 y 参数一般的表示方法:

$$y_i = g_i + jb_i = g_i + j\omega C_i \tag{6.6}$$

$$y_r = g_r + jb_r = |y_r|e^{j\Phi_r}$$

$$(\text{其中},|y_r|=\sqrt{g_r^2+b_r^2}) \tag{6.7}$$

$$y_f = g_f + jb_f = |y_f|e^{j\Phi_f} \tag{6.8}$$

$$y_o = g_o + jb_o = g_o + j\omega C_o \tag{6.9}$$

这些参数的物理意义如下:

g_i 为输入电导。$1/g_i$ 等于输入电阻 r_i,在高频领域里,晶体管的 r_i 为数十 Ω,FET 的 r_i 为数十 kΩ 左右。

C_i 为输入电容。与频率无关,为定值。

$|y_r|$ 为反向传输导纳的绝对值。表示输出到输入的内部反馈的绝对值,其值越小,元件越稳定。

$|y_f|$ 为正向传输导纳的绝对值。相当于 FET 的 g_m(互导)与元件的增益成比例,与 $|y_r|$ 相反,该值越大,稳定性越好。

g_o 为输出电导。$1/g_o$ 等于输出电阻 r_o,用于高频领域的晶体管和 FET,$r_o=1$kΩ 至数 kΩ 左右。

C_o 为输出电容。与频率无关,为定值。特别要指出,基极接地的 C_o,称为集电极电容 C_{ob}。其值越小,器件的高频特性越好。

6.2.3　根据 y 参数获得最大可用增益的计算方法

用这些 y 参数,根据下列方程可以求解最大可用增益 MAG。

$$MAG = 10\log\left(\frac{|y_f|^2}{4g_ig_o}\right) \text{(dB)} \quad (6.10)$$

用该方程,可求解具体放大器件的 MAG。

用 N 沟道 MOS 型 FET 的 2SK241(东芝公司制造)作为 VHF 频带放大,其各种特性如图 6.10 所示。从图 6.10(a)可得 $|y_{fs}| = 7\text{mA}$(假定图中 $f=1\text{kHz}$ 的值与在 100MHz 里的值是相同的),从图 6.10(b)可得 $g_{is} = 0.13\text{mS}$,$g_{os} = 0.08\text{mS}$,当 $I_{DSS} = 3\text{mA}$、$V_{DS} = 10\text{V}$ 时,可以求得 100MHz 的 MAG 为:

$$MAG \approx 10\log\left[\frac{(7\times 10^{-3})^2}{4\times 0.13\times 10^{-3}\times 0.18\times 10^{-3}}\right]$$

$$\approx 30.7 \text{ (dB)} \quad (6.11)$$

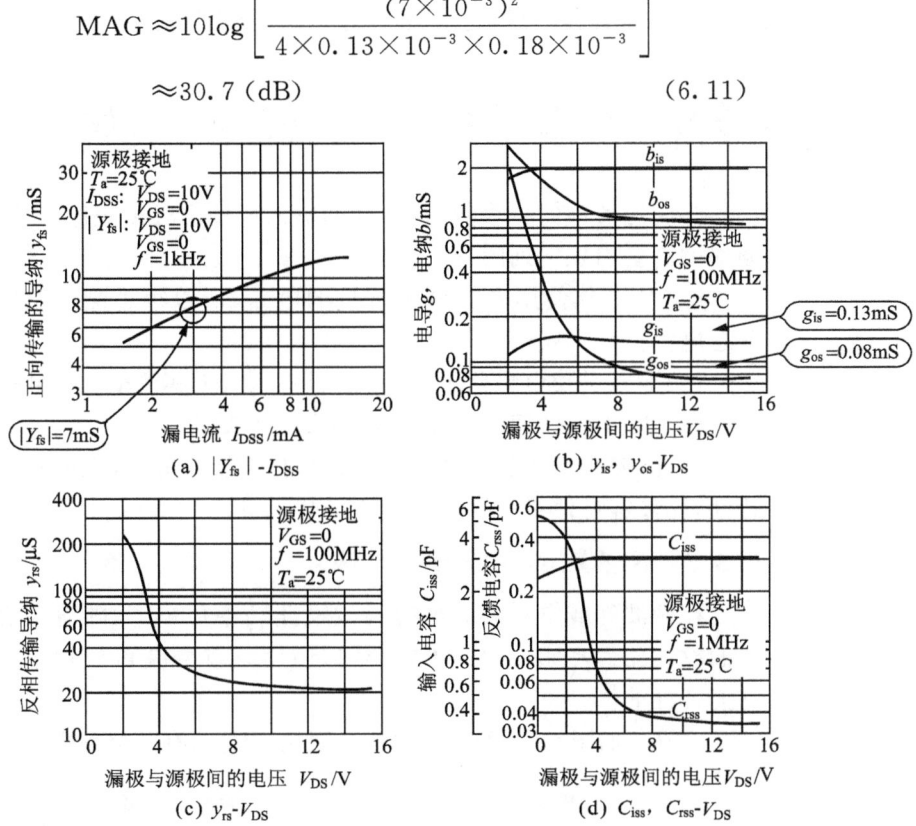

图 6.10 2SK241 的各种参数[2]

6.2.4 实际稳定的增益 G_{PS}

前面所述的 MAG 值是不能实现的。在实际情况中,要考虑电路以及放大器件的振荡因素,用稳定增益来标称其稳定度。稳定增益 G_{PS} 等于单个放大器件的稳定系数 s 与 MAG 之积,如下列方程表示(其中,电路的输入输出负载不含有电阻成分)。

$$G_{PS} = s \cdot MAG = \frac{2}{1+\cos(\Phi_r + \Phi_f)} \times \frac{g_i \cdot g_o}{|y_r||y_f|} \times \frac{y_f^2}{4g_i \cdot g_o}$$

具有代表的晶体管以及 FET 的 MAG、s、G_{PS}，如表 6.1 所示。

表 6.1　典型的晶体管，FET 的稳定增益[2]

		MAG/dB	s	G_{PS}/dB
双极型晶体管	2SC1923	34.9	0.030	19.6
J FET	2SK192A	26.4	0.023	10.5
	2SK161	36.4	0.265	20.7
MOS FET	2SK241	34.0	0.120	24.82
	SK73	28.6	0.690	27.0

6.3　电路设计的考虑方法(2)——使用 S 参数

当测定器件的 y 参数时，器件的输入或输出必须短路。所以，频率增高会引发下列问题。

(1) 因必须使用具有分布常数的电路，所以很难测量总电压和总电流。

(2) 因受残留电感和寄生电容的影响，故很难做到输入输出短路。

(3) 晶体管和 FET 等进行短路会发生振荡。

因此，使用 S 参数在数百 MHz 以上的领域里，可以通过阻抗特性，比较容易地测定终端输入输出的状态。

6.3.1　S 参数的电路表示方法

在微波管或空心共振器等微波电路功率传输下，随着最近制造的放大器件高频特性的不断改善，使用 S 参数是可以用来表示它们特性的。

现在，如图 6.11 所示，用特性阻抗 Z 驱动有 4 个系数的四端

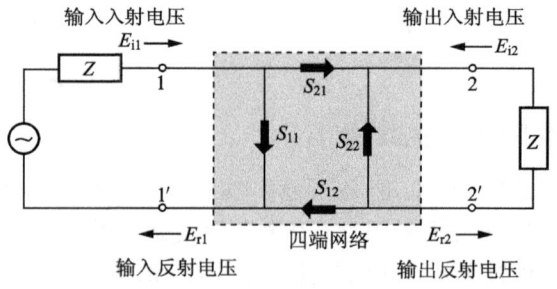

图 6.11　S 参数

网络输入,用 Z 为终端输出。在传输的通道上,输入一侧和输出一侧存在入射电压 E_{i1}、E_{i2} 以及反射电压 E_{r1} 和 E_{r2}。

6.3.2　S 参数的含义

四端网络 4 个系数的含义为:

S_{11} 为输入反射系数。当输出端有负载 Z 时,$S_{11} = E_{r1}/E_{i1}$。
S_{12} 为反向传输系数。当输入端有负载 Z 时,$S_{12} = E_{r1}/E_{i2}$。
S_{21} 为正向传输系数。当输出端有负载 Z 时,$S_{21} = E_{r2}/E_{i1}$。
S_{22} 为输出反射系数。当输入端有负载 Z 时,$S_{22} = E_{r2}/E_{i2}$。

当考虑 E_{r1} 时,通过输入 E_{i1} 被反射,四端网络输入一侧表现为 E_{i2},E_{r1} 由下列方程求得:

$$E_{r1} = S_{11} E_{i1} + S_{12} E_{i2}$$

同样,E_{r2} 由下列方程求得:

$$E_{r2} = S_{21} E_{i1} + S_{22} E_{i2}$$

这个关系用矩阵表示,如下式表示:

$$\begin{bmatrix} E_{r1} \\ E_{r2} \end{bmatrix} = \begin{bmatrix} S_{11} & S_{12} \\ S_{21} & S_{22} \end{bmatrix} \begin{bmatrix} E_{i1} \\ E_{i2} \end{bmatrix} \tag{6.12}$$

该方程的系数称之为 S 参数。S 参数为四端网络的入射电压(进行波)与反射电压(反射波)的关系参数。

这里,为了得到入射电压以及反射电压与功率的关系,将式(6.12)的两边同时除以电路的特性阻抗的平方根 $\sqrt{Z}$,则

$$\begin{bmatrix} \dfrac{E_{r1}}{\sqrt{Z}} \\ \dfrac{E_{r2}}{\sqrt{Z}} \end{bmatrix} = \begin{bmatrix} S_{11} & S_{12} \\ S_{21} & S_{22} \end{bmatrix} \begin{bmatrix} \dfrac{E_{i1}}{\sqrt{Z}} \\ \dfrac{E_{i2}}{\sqrt{Z}} \end{bmatrix} \tag{6.13}$$

令 $a_1 = \dfrac{E_{i1}}{\sqrt{Z}}$, $a_2 = \dfrac{E_{i2}}{\sqrt{Z}}$

$b_1 = \dfrac{E_{r1}}{\sqrt{Z}}$, $b_2 = \dfrac{E_{r2}}{\sqrt{Z}}$

则式(6.13)可写为

$$\begin{bmatrix} b_1 \\ b_2 \end{bmatrix} = \begin{bmatrix} S_{11} & S_{12} \\ S_{21} & S_{22} \end{bmatrix} \begin{bmatrix} a_1 \\ a_2 \end{bmatrix} \tag{6.14}$$

这里,a_1,a_2 称为入射量,b_1,b_2 称为反射量。

6.3.3　S 参数的功率表示

入射量 a 以及反射量 b 的单位为 $(V/\sqrt{\Omega})$,即可认为等于功

率的平方根($\sqrt{W}$)。所以，用 a 或 b 的特性阻抗 Z 来表示额定功率(即功率的平方根)。

因此，输入功率 P_i 以及输出功率 P_o 为：

$$P_i = |a_1|^2, \quad P_o = |a_2|^2 \tag{6.15}$$

输入反射功率 P_{ir} 以及输出反射功率 P_{or} 为：

$$P_{ir} = |b_1|^2, \quad P_{or} = |b_2|^2 \tag{6.16}$$

另外，供给 1-1′ 端的功率 P_1 为 P_i 与 P_{ir} 的差，用下列方程表示：

$$\begin{aligned} P_1 &= P_i - P_{ir} = |a_1|^2 - |b_1|^2 \\ &= |a_1|^2 - |S_{11}a_1 + S_{12}a_2|^2 \end{aligned} \tag{6.17}$$

一般地讲，从放大电路的输出端是不能提供功率的。所以，$a_2 = 0$，式(6.17)就变为

$$P_1 = |a_1|^2 - |a_1|^2|S_{11}|^2 \tag{6.18}$$

另一方面，供给 2-2′ 端的功率 P_2 为 P_o 与 P_{or} 的差，则

$$\begin{aligned} P_2 &= P_o - P_{or} = |a_2|^2 - |b_2|^2 \\ &= |a_2|^2 - |S_{21}a_1 + S_{22}a_2|^2 \end{aligned} \tag{6.19}$$

由于 $a_2 = 0$，式(6.19)变为

$$P_2 = -|a_1|^2|S_{21}|^2 \tag{6.20}$$

式(6.20)的负号是指功率的方向，而不是负功率的大小。P_2 值的大小，则用 P_2 的绝对值表示。

$$|P_2| = |a_1|^2|S_{21}|^2 \tag{6.21}$$

所以，可以采用下列方程来求解用 S 参数表示的放大电路的功率增益 G_P。

$$\begin{aligned} G_P &= 10\log\frac{|P_2|}{|P_1|} = 10\log\frac{|a_1|^2 \cdot |S_{21}|^2}{|a_1|^2 - |a_1|^2 \cdot |S_{11}|^2} \\ &= 10\log\frac{|S_{21}|^2}{1-|S_{11}|^2} \end{aligned} \tag{6.22}$$

特别需要指出，当 $S_{11} = 0$ 时的功率增益称为正向传输增益，用下列方程表示：

$$\begin{aligned} \text{正向传输增益} &= 10\log|S_{21}|^2 \\ &= 20\log|S_{21}| \quad (\text{dB}) \end{aligned} \tag{6.23}$$

S 参数与 h 参数、y 参数同样是随着频率和设定偏置的变化而变化的。它也随不同的接地方式而变化，所以，用添写字母的方式表示接地方式(如发射极接地加 e，栅极接地加 s)，如 S_{21e}、S_{21s} 表示。例如，UHF～C 范围低噪声放大用晶体管 2SC3011 的 S 参数，如图 6.12 所示。

6.3 电路设计的考虑方法(2)——使用 S 参数

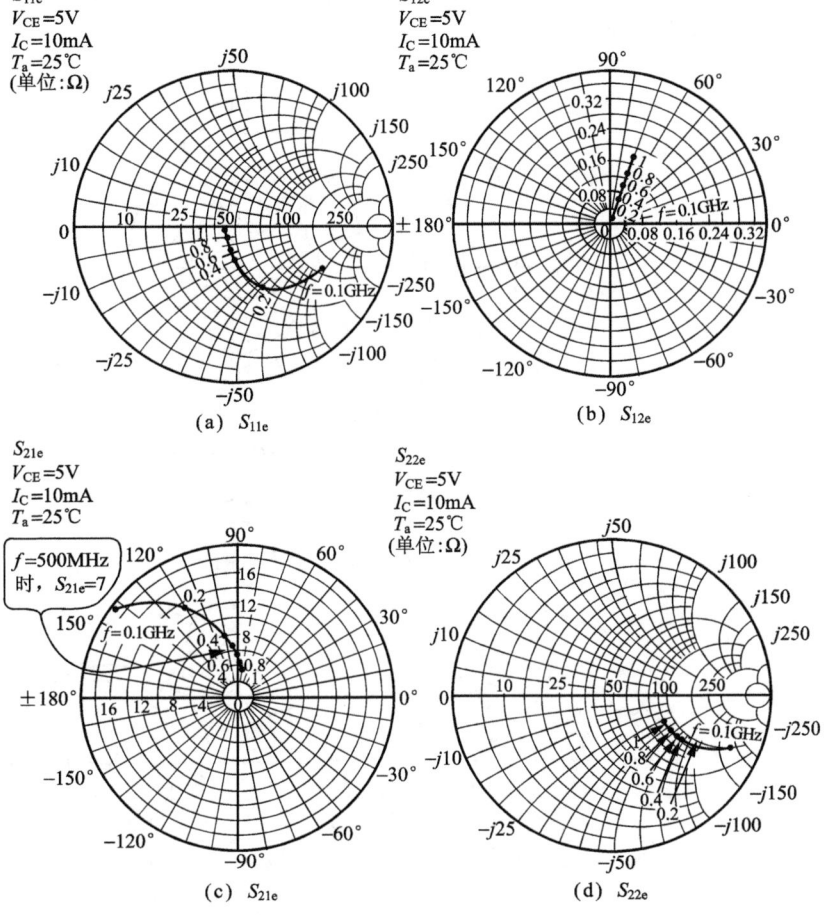

图 6.12　2SC3011 的 S 参数[2]

6.3.4　史密斯图与 S 参数

S_{11} 和 S_{22} 表示输入输出的反射系数,一般用史密斯图表示。史密斯图是指传输通道的反射系数和归一化阻抗(传输特性阻抗)关系的图表。图 6.13 为史密斯图。设电路的阻抗为 Z,横坐标轴为特性阻抗 Z_0,表示归一化后 Z 的实部(r/Z_0),圆周上的值为 Z_0,表示归一化后 Z 的虚数(x/Z_0)。

从画有 S_{11}、S_{22} 的史密斯图上,可知道输入输出阻抗的值,阻抗是容性还是感性,是什么样的等效电路。

图 6.14 表示在由 L、C、R 组合电路在史密斯图上的频率轨迹。从图可知,在史密斯图的上半圆中,电路呈感性;在下半圆中,电路呈现容性。参见图 6.12 的 S_{11e}、S_{22e} 的曲线,阻抗为容性,如图

6.14(a)可知其等效电路（S_{11e} 的图表表示输入阻抗，S_{22e} 的图表表示输出阻抗）。

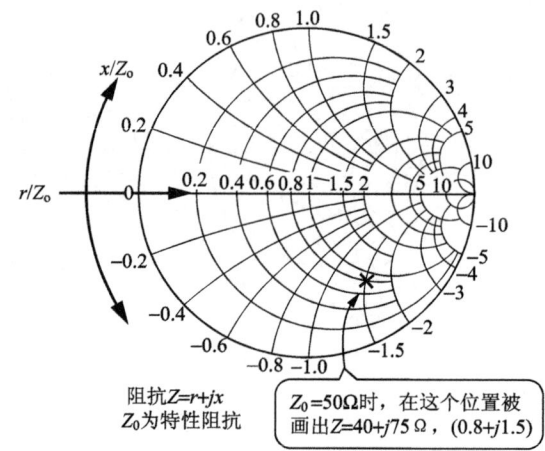

阻抗$Z=r+jx$
Z_0为特性阻抗

Z_0=50Ω时，在这个位置被画出$Z=40+j75$Ω，(0.8+j1.5)

图 6.13 史密斯图

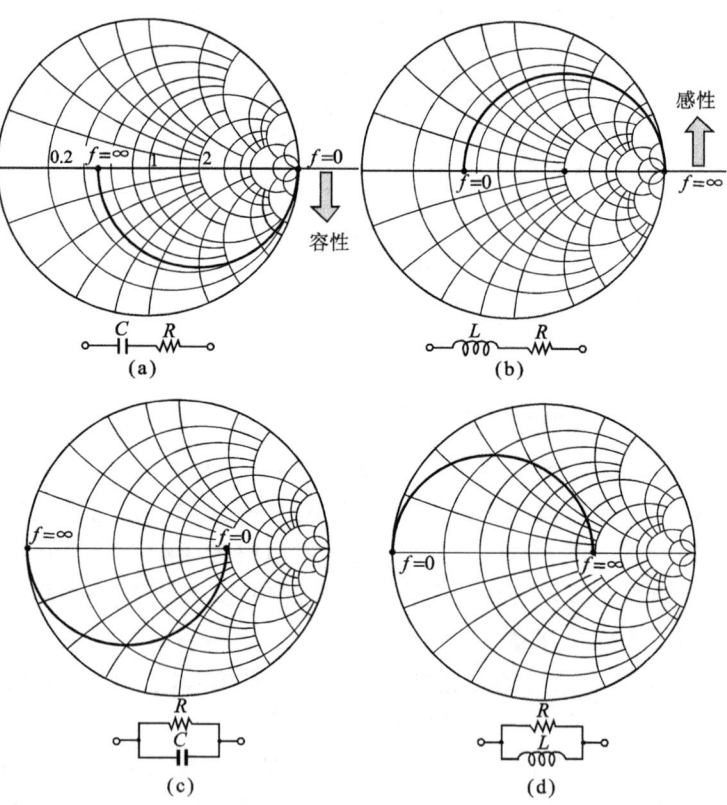

图 6.14 LCR 电路的频率轨迹

特别要参见 S_{11e} 的图表。随着频率增大,电路的阻抗特性接近 $50+j0\Omega$,在 1GHz 附近,需要输入端有良好匹配的元件(通常,史密斯图在归一化阻抗标有刻度,注意图 6.12 中阻抗值的刻度)。

6.3.5　S 参数与极坐标表示

S_{21} 为正向传输系数,从式(6.23)可知,它表示器件的增益。S_{12} 为反向传输系数,表示从输出端到输入端结合的程度。由于这些参数的绝对值与相位角变得非常重要,所以采用极坐标来表示。

请看图 6.12(c),频率越高,S_{21e} 的绝对值(到原点的距离)就越小,相位接近为 0°。当发射极接地(对于 FET,栅极接地)时,对于低频领域输入输出的相位相反,S_{21e} 的相位角为 180°。但是,如图 6.12(c)所示,高频领域的相位旋转在 180°以下,像宽带放大器,使用加反馈电路的器件,应尽可能地选择相位旋转少的(相位为 0°为正反馈,产生振荡)。

如图 6.12(b)所示,与 S_{21e} 相反,当频率增高时,S_{12e} 的绝对值变大。这里表示频率越高,输出到输入的内部反馈量越多。S_{12e} 的绝对值越小,器件越容易使用。

6.3.6　使用 S 参数宽带放大器的设计例子

以使用 S 参数的设计为例,使用 2SC3011 的宽带放大器,如图 6.15 所示。该电路在 500MHz 时,将获得 14dB 的功率增益。当设计放大器所选择的元件在频带的上限时,将获得大于希望增益的功率增益。以 2SC3011 为例,在 500MHz 时,$S_{21e}=7$,而且有 17dB($\approx 20\log 7$)的功率增益,满足了前述的条件。

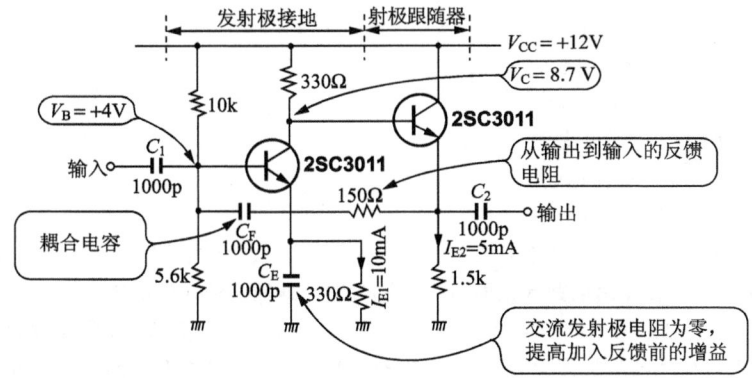

图 6.15　使用 2SC3011 的宽带放大器

专栏

消除内部反馈因数——中和

对于高频放大器,放大输出的一部分会通过放大器件反馈到输入端。对于晶体管,通过基极-集电极间的电容为 $C_{b'c}$;而对于 FET,通过栅极-漏极间的电容 C_d,都会从输出到输入发生反馈。因此,放大器发生振荡,工作不稳定。那么,在设计放大器的外部反馈电路时,应该采用不小于相位而产生的反电压,来抵消器件的内部反馈,这被称为中和。进行中和,就不能再有输出到输入的反馈。从输入端到输出端进行传输(不能从输出端到输入端传输),称之为单向化。

现在,如图 6.A 所示,设中和电路的导纳为 y_n,4 端网络的所有 y 参数写成下列方程。

$$\begin{bmatrix} Y_i & Y_r \\ Y_f & Y_o \end{bmatrix} = \begin{bmatrix} y_i + y_r & y_r + y_n \\ y_f - y_n & y_o - y_n \end{bmatrix} \tag{6.A}$$

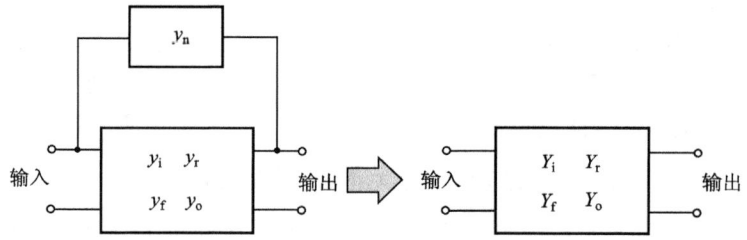

图 6.A 用 y 参数表示中和电路

用 y 参数表示从输出到输入的反馈参数为 Y_r,当 $Y_r = 0$ 时,就可实现单向化。所以,根据中和条件 $Y_r = y_r + y_n = 0$,则

$$y_n = -y_r$$

反向传输导纳 y_r 表示为:

$$y_r = g_r + j\omega C_r$$

与晶体管和 FET 的

$$y_r \approx j\omega C_r$$

很相似。所以,如果

$$y_n = -j\omega C_r$$

时,就可以进行中和。

在实际电路中,采用桥式接法即:电感作为 y_n 的虚部,与 C_r 并联共振以忽视 C_r,或在输出端并入线圈,取出反向信号,返回到输入的电容上。

通过电感来中和的电路,如图 6.B 所示。L_n 和 C_r 并联共振,共振时的基极-集电极间的阻抗为无穷大(C_r 可以忽略)。但是,完全中和的频率仅有共振频率(注意:中和条件为 ω 的函数)。

如图 6.C 所示的用线圈取出反向信号并通过电容返回到输入的桥式接

法,与用电感的方法不同。从理论上讲,所有的频率都可以中和(中和条件与 ω 的函数无关)。

但是,在实际进行中和时,由于放大器件和驱动元件等产生的误差,所以必须进行滤波、"与"和放大的过程。

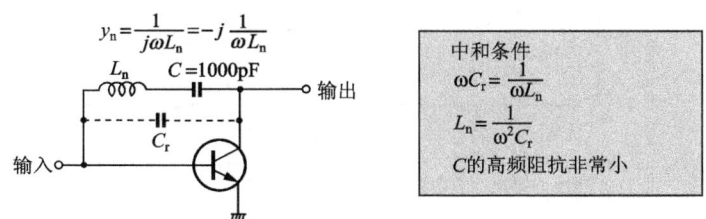

图 6.B 通过电感来中和

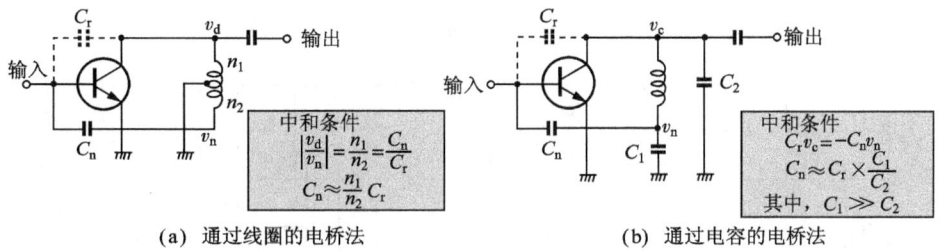

(a) 通过线圈的电桥法　　　　　(b) 通过电容的电桥法

图 6.C 通过电容中和

6.4　高频晶体管的噪声特性

高频电路是指必须获取高频率微弱电平信号的电路。例如,无线收音机从天线接收的信号电平为 μV 级。像这样的电路,器件的噪声特性就变得非常重要。

6.4.1　双极性晶体管的噪声指数

晶体管噪声指数 NF 的频率特性,如图 6.16 所示。关于噪声,对于低频领域,表面现象是受闪烁噪声支配,而高频领域是受热噪声、散粒噪声和分配噪声等支配。

特别要指出,由于分配噪声与 f^2 成比例,所以 NF 相对于频率以 6dB/oct 的斜率上升。然而,要使在高频领域的 NF 减小,应选择 f_α(基极接地,放大电流倍数 α 变为 1/2 的频率)高的晶体管。

以 2SC3011(东芝公司制造)的各种特性,如图 6.17 所示。从图 6.17(a)可知,随着频率增高,由于分配噪声而使 NF 变差。

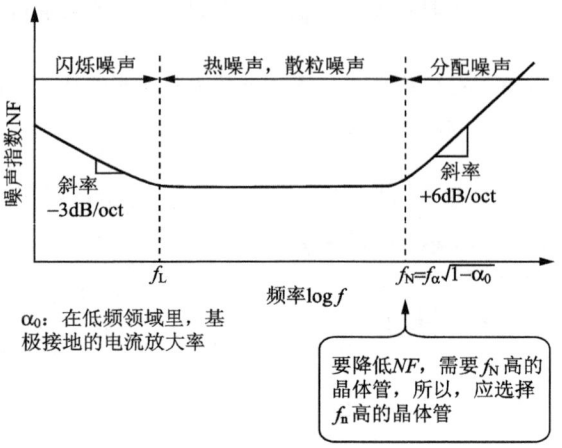

图 6.16 晶体管的 NF

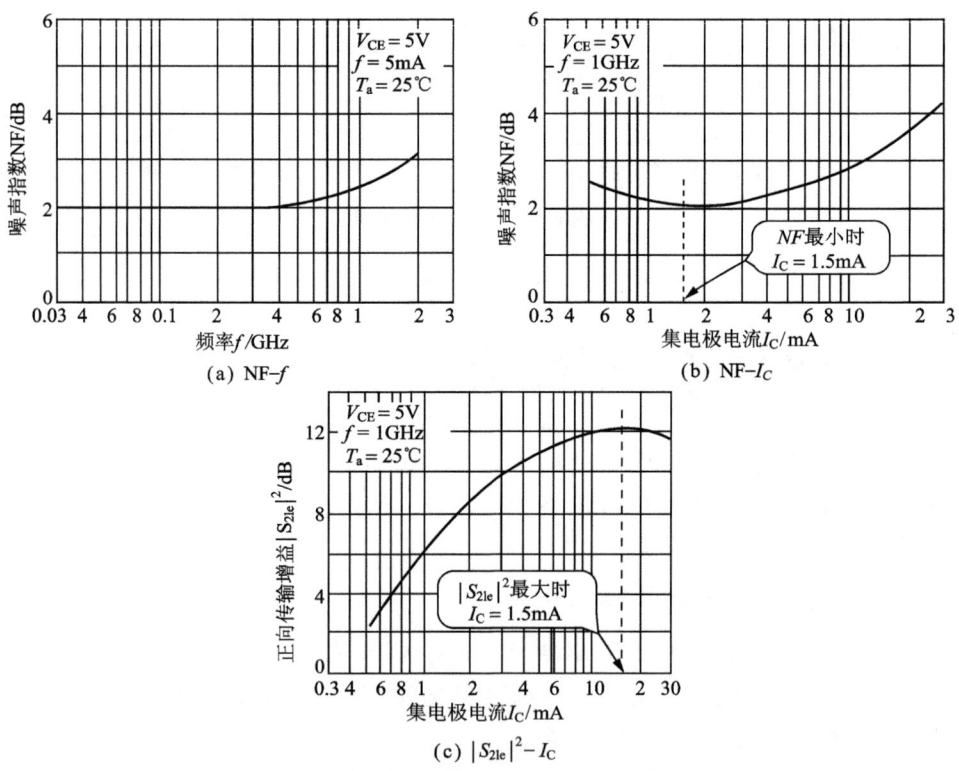

图 6.17 2SC3011 的各种特性[2]

当设计高频放大器等电路时,选择设计目标低于在频带内的 NF 值(最近,即使使用 IC,在 500MHz 获得 3～4dB 左右的 NF,前置的初级部分等由分离元件组合时,也要求在 NF 以下)。NF 随着工作点(线圈电流)的变化而变化,如图 6.17(b)所示。

当 $I_C=1.5\text{mA}$ 时,NF 为最小。但是,当 $I_C=15\text{mA}$ 时,正向传输增益变为最大,如图 6.17(c)所示。通常,由于 NF 最小的工作点与功率增益最大的工作点是不同的,所以,无论 NF 还是功率增益所决定的工作点都应得到重视。

例如,使用 2SC3011 的 100MHz 前置放大器电路,如图 6.18 所示。在这个电路中,设发射极的阻抗 R_E 为 2.7kΩ,则 $I_E=1.5\text{mA}$。这时候的 NF 为 2.5dB,功率增益为 7dB。另外,设 R_E 为 270Ω,则 $I_E=15\text{mA}$,NF 为 4dB,功率增益为 12dB。所以,当希望 NF 小时,$R_E=2.7\text{kΩ}$;当希望功率增益大时,$R_E=270\text{Ω}$。还有,如果取 R_E 值在 270Ω~2.7kΩ 之间,可以根据 NF 和功率增益的调和点来设定偏置。

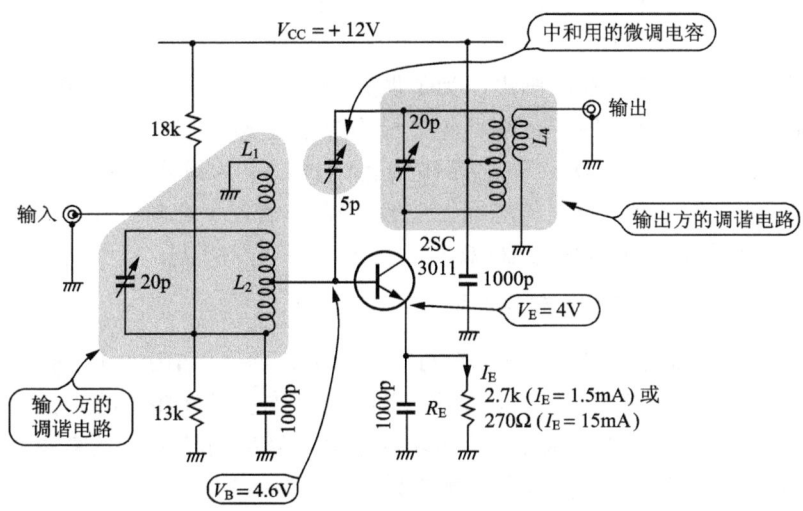

图 6.18 100MHz 的前置放大器

6.4.2 FET 的噪声指数

在高频领域中,是由热噪声、散粒噪声引起栅极的噪声来支配 FET 噪声的,即 FET 的 NF。一般 FET 的 NF 可以用下式表示:

$$\text{NF}=10\log\left[1+\frac{g_i}{g_s}+\frac{g_n}{g_s}(g_s+g_i)^2\right]\text{(Hz)} \qquad (6.24)$$

式中,g_i 为器件的输入电导;g_s 为信号源的电导(信号源阻抗的倒数);R_n 为等价噪声电阻,仅考虑热噪声,与电阻值置换的器件噪声。

根据上式,设 NF 为最小,信号源电导$(g_s)_{OPT}$满足:

$$\frac{\partial \text{NF}}{\partial g_s}=0 \tag{6.25}$$

由下式求得：

$$(g_s)_{\text{OPT}}=\sqrt{g_i\left(g_i+\frac{1}{R_n}\right)} \tag{6.26}$$

（变为$(g_s)_{\text{OPT}}>g_i$的关系）

为了得到最大可用增益 MAG，器件的输入输出阻抗必须进行匹配处理。总之，g_s必须等于g_i。为使 NF 最小，根据式(6.26)，必须$(g_s)_{\text{OPT}}>g_i$成立。NF 最小的点g_s与获得 MAG 的g_s值是不同的。

现在，设$g_s=g_i$，则：

$$\text{NF}=10\log(2+4R_n g_i) \tag{6.27}$$

假定器件产生噪声为零($R_n=0$)，则

$$\text{NF}=10\log 2\approx 3\ (\text{Hz}) \tag{6.28}$$

所以，3dB 以下就没有画出。为了做到 NF 为 3dB 以下，则使用$g_s>g_i$。一般当 FET 用于高频时，NF 最小时信号源的电阻值为 1kΩ 左右[$(g_s)_{\text{OPT}}=1/1\text{k}\Omega$]。即使晶体管也同样，NF 为最小时存在一个$g_s$，与获得 MAG 的$g_s$值不同。一般，当晶体管用于高频时，NF 为最小时信号源的电阻值为 100Ω 左右[$(g_s)_{\text{OPT}}=1/100\Omega$]。

6.4.3 实际的噪声指数

各种晶体管、FET 的 NF 与频率的关系曲线，如图 6.19 所示。由图可知，高频领域的 NF 值和 FET 比晶体管要好些。特别因为 GaAs FET（即砷化镓 FET）的功率增益与频率的特性以及高频领域的 NF 要好些，所以，多用于 VHF 以上的频带。

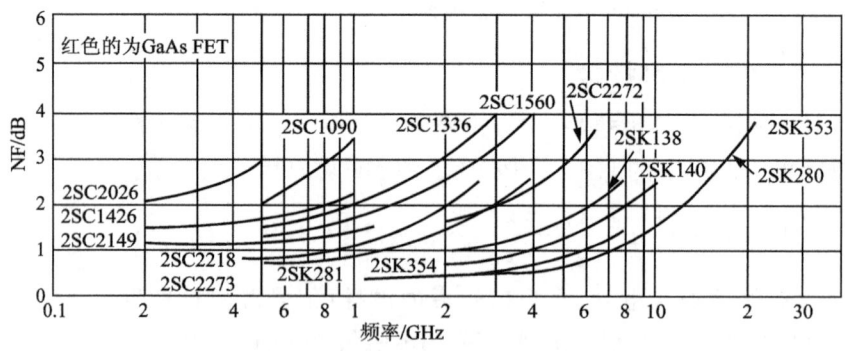

图 6.19　各种晶体管、FET 的 NF[2]

专 栏

话说 dB(杜比)

在电子学里,用来表示器件和电路的各种特性(如增益、S/N、噪声指数、通道分离、绝缘、交调失真等)的单位为 dB(分贝)。与 V、A、Ω、W 等的电气单位不同,它是用对数表示电压与电压、电流与电流、功率与功率等的比。例如,电压增益、电流增益、功率增益变换用 dB 表示,如下式所示:

电压增益 $=20\log A_v=20\log$ 输出电压/输入电压(dB)　　　(6.B)

电流增益 $=20\log A_i=20\log$ 输出电流/输入电流(dB)　　　(6.C)

功率增益 $=10\log A_p=10\log$ 输出功率/输入功率(dB)　　　(6.D)

请注意,电压或者电流的比,取常用对数的 20 倍,而功率的比,则取常用对数的 10 倍。

像这样使用 dB 来表示电气特性,给处理电子线路带来了各种各样的方便。由于是指数的对数,那么,用 dB 表示就相当于大的数值被压缩,小的数值被延伸。因此,也可以用少量位数的数值来表示非常大的数值,表现出数值很小的感觉。

例如,100 000 倍可以表示为 100dB($=20\log 100\,000$)

0.000 001 倍可以表示为 -120dB($=20\log 0.000\,001$)

另外,求解纵向连接的多级放大器的总增益,如图 6.D 所示。当各种各样的放大器的增益用指数表示时,每个放大器的增益必须相乘;而用 dB 表示增益时,则为各个增益简单地相加。

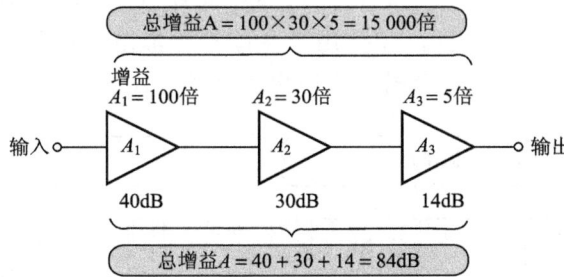

图 6.D　纵向连接放大器的增益

	电压、电流的情况	功率的情况
1 倍	0dB	0dB
$\sqrt{2}$(≈ 1.4 倍)	3dB	1.5dB
$1/\sqrt{2}$(≈ 0.7 倍)	-3dB	-1.5dB
2 倍	6dB	3dB
1/2 倍	-6dB	-3dB
3 倍	10dB	5dB
1/10 倍	-20dB	-10dB
5 倍	14dB	7dB
10 倍	20dB	10dB

最近，由于便携式计算器的普及，从指数到对数或从对数到指数的转换变得更为简便。下面给出记录大小变换表，数值越大作图就越方便。

6.5 使用 AGC 电路

6.5.1 所谓 AGC 电路

AGC(Automatic Gain Control，自动增益控制)电路是指对应输入信号而控制电路的增益而常常使输出保持一定的电路。AGC 常用于 AM/FM 收音机和电视的前后端。在用于晶体管和 FET 放大电路中，安装 AGC 有两种方法：正向 AGC 和反向 AGC。正向 AGC 是指根据增加放大器的偏置电流，从而减小功率增益的控制方式，适合于在晶体管电路里使用。反向 AGC 是指通过放大器件的偏置电流减少、进行控制功率增益也减少的方式，适合于在 FET 电路里使用。

当使用 AGC 电路的放大器件时，根据偏置电流的变化，容易改变功率增益的特性。

6.5.2 正相 AGC 电路

当正向 AGC 用于晶体管时，高频晶体管的 h_{FE} 与 I_C 的特性，如图 6.20 所示。正向 AGC 用于晶体管当集电极电流增大、使得 h_{FE} 降低、交流增益降低时所表现出的特性方面。

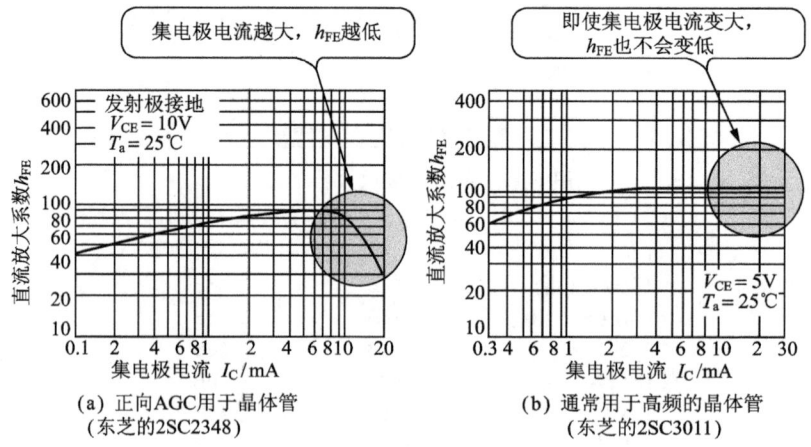

(a) 正向 AGC 用于晶体管 　　　　(b) 通常用于高频的晶体管
　　（东芝的 2SC2348）　　　　　　　　（东芝的 2SC3011）

图 6.20　晶体管的 h_{FE} 与 I_C [2]

正向 AGC 用于晶体管的功率增益与 AGC 电压的曲线，如图 6.21(b) 所示。与图 (a) 的电路相同，该图表示当 AGC 的电压 V_{AGC} 变化时（随着 V_{AGC} 增大，集电极电流增大）的功率增益。由此可知，在 $V_{AGC}=3\sim5V$ 的范围内，可以改变线性的功率增益。

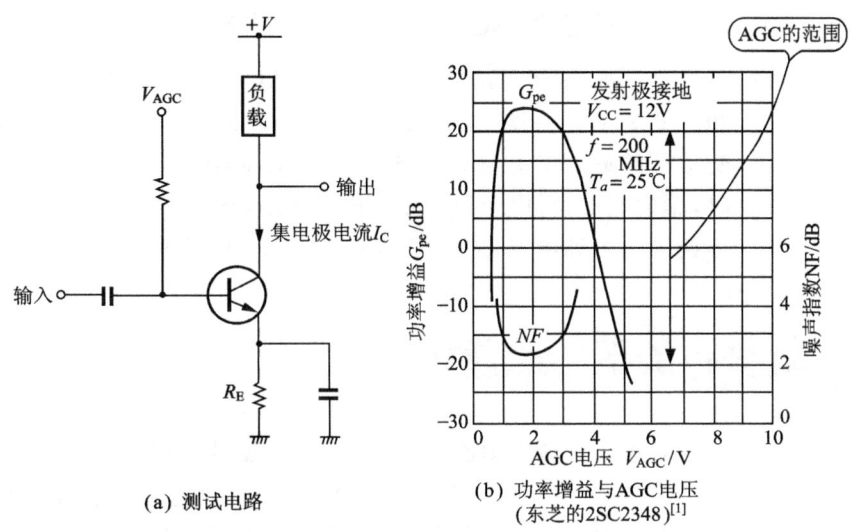

(a) 测试电路　　(b) 功率增益与AGC电压
　　　　　　　　（东芝的2SC2348）[1]

图 6.21　正向 AGC 用于晶体管的功率增益与 AGC 电压

6.5.3　反相 AGC 电路

双栅极 MOSFET 的功率增益与 AGC 电压的曲线，如图

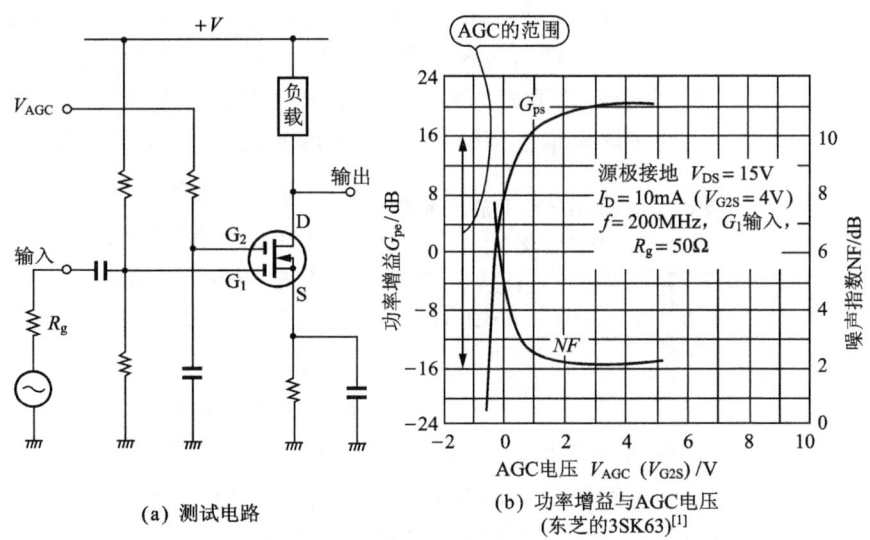

(a) 测试电路　　(b) 功率增益与AGC电压
　　　　　　　　（东芝的3SK63）[1]

图 6.22　正向 AGC 用于 FET 的功率增益与 AGC 电压

6.22(b)所示。用双栅极 FET 的 AGC 电路,与图 6.22(a)同样,一方面,信号输入到栅极,另一方面,AGC 电压加到栅极上。随着 AGC 电压减少(漏极电流减少),功率增益降低(反向 AGC)。由此可知,在 $V_{AGC}=0.5 \sim -0.5V$ 的范围内,可以大大地改变增益。

6.5.4 适合于 AGC 放大器件的选定

当选择 AGC 用的器件时,不管 AGC 的方式如何,在图 6.21 和图 6.22 的功率增益与 AGC 电压的曲线中,选择 AGC 范围(可变范围的最大增益与最小增益之差)大的器件。另外,当改变增益时,希望它的特性尽可能地不变。所以,根据输入输出导纳 y_i、y_o 等偏置电压和电流,应选择尽可能变化小的器件。

6.6 高频放大电路的设计

对于高频放大电路,即使是由分离器件组成的电路,由于电路过于简单(如一个晶体管发射极接地的放大电路),设计本身是不太难的。但是,对于高频电路有几点特别要注意的方面。

在这里,试图通过具体的设计例子来加以说明。如何选择实现基本特性的放大元件以及其电路的实际安装方法。

6.6.1 150MHz 频带的调谐放大电路的设计

一般来讲,对于无线通讯等,为了设计多通道,各个通道的频带都限制在窄频率范围内使用。根据用途,可利用 LC 共振电路的调谐特性,用调谐放大器尽可能放大窄频率范围。

为了限定窄范围的频带,使用调谐放大器,在稳定的状态下可以获得大的增益。另外,由于限定了频率范围,使等价的噪声功率减小,从而实现了低噪化。

在这里,以调谐放大电路为例,设计频带为 150MHz 的前置放大器如表 6.2 所示。

表 6.2 150MHz 前置放大器的设计规格

增益	15dB 以上
频带	150MHz±20MHz 以内
最大输出	0dBm
输入阻抗	50Ω

▶ 放大器件的选择及工作点的设定

本电路的构成,如图 6.23 所示。在放大电路的前后设计了 LC 调谐电路,从而限制了频带。根据表 6.2 参数设计的 150MHz 的前置放大器电路,如图 6.24 所示。

首先，选择放大器件。由于自身的高频放大电路简单，所以使用器件的性能就等于整个电路的特性。因此，放大器件的选择和其工作点的设定就变得十分必要了。

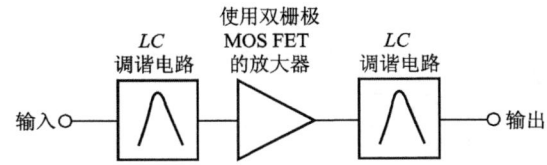

图 6.23 调谐放大电路的电路构成

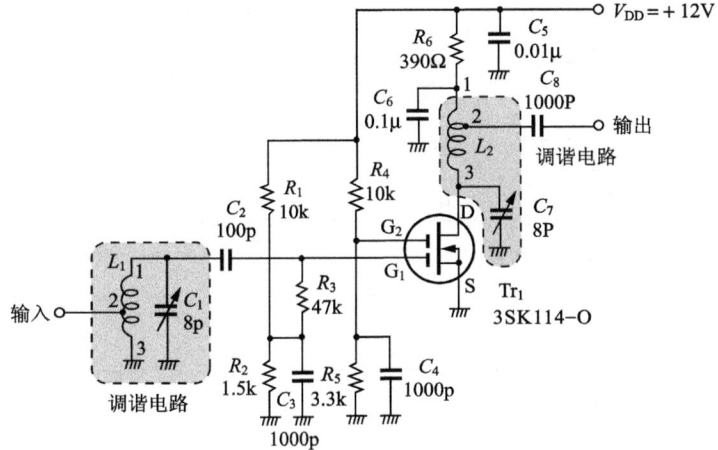

L_1：直径为1.6mm的铜线，线圈的内径为10mm，70nH (1-3之间)，1-3之间为3匝，2-3之间为1匝

L_2：直径为1.6mm的铜线，线圈的内径为10mm，70nH (1-3之间)，1-3之间为3匝，2-3之间为2匝

图 6.24 150MHz 的前置放大器

对于 150MHz 左右的频率，放大器件无论使用晶体管还是使用 FET 都能获得同等程度的性能（当要求数百 MHz 以上且要求低噪声时，可用 GaAs FET 或 HSMT 等的 FET）。

这里，由于在 150MHz 的功率增益 G_P 为 15dB 以上，故使用双栅极 MOS FET 的 3SK114（东芝公司制造）。3SK114 的最大额定值以及电气特性，如表 6.3 所示。图 6.25 给出各种特性参数。根据栅极-源极间电压 V_{G1S}、V_{G2S} 以及漏极-源极间电压 V_{DS}，如何设定漏极电流 I_D，如图 6.25(a)、(b) 所示，双栅极 MOS FET 的 G_P 和 NF 等都有大的变化。

由于这里使用 3SK114 的 I_{DSS} 为 O 类（0～2mA），根据图 6.26(a) 所示，假定 V_{G2S}（栅极 2 与源极间电压）=3V，当 I_D = 20mA

左右时，$|Y_{fs}|$ 为最大（即增益最大），由此选定 $V_{G2S}=3V$，$I_D=20mA$。

表 6.3　3SK114 的最大额定值以及电气特性[3]

(a)最大额定值($T_a=25℃$)

参　数	符　号	额定值	单　位
漏极-源极间的电压	V_{DS}	15	V
栅极 1-源极间的电压	V_{G1S}	9	V
栅极 2-源极间的电压	V_{G2S}	9	V
漏极电流	I_D	30	mA
允许损耗	P_D	200	mW
沟道温度	T_{ch}	125	℃

(b)电气特性($T_a=25℃$)

参　数	符　号	测定条件	min	typ	max	单位
漏极-源极间的电压	$V_{(BR)DSX}$	$V_{G1S}=-4V$，$V_{G2S}=-4V$　$I_D=100\mu A$	15	—	—	V
漏极电流	I_{DSS}	$V_{DS}=6V$，$V_{G1S}=0$，$V_{G2S}=3V$	0	—	6	mA
栅极 1-源极间的夹断电压	$V_{G1S(OFF)}$	$V_{DS}=6V$，$V_{G2S}=3V$　$I_P=100\mu A$	-1	—	1	V
栅极 2-源极间的夹断电压	$V_{G2S(OFF)}$	$V_{DS}=6V$，$V_{G1S}=3V$　$I_D=10mA$	-0.5	—	1	V
正向传输导纳	$|Y_{fs}|$	$V_{DS}=6V$，$V_{G2S}=3V$　$I_D=10mA$，$f=1MHz$	13	20	—	ms
输入电容	C_{iss}	$V_{DS}=6V$，$V_{G2S}=3V$　$I_D=10mA$	—	4.25	5.5	pF
反馈电容	C_{rss}	$f=1MHz$	—	0.03	0.05	pF
功率增益	C_{ps}	$V_{DS}=6V$，$V_{G2S}=3V$	20	25	—	dB
噪声指数	NF	$I_D=10mA$，$f=200MHz$	—	1.4	2.8	dB

I_{DSS} 的分类：$O:0\sim2mA$，$Y:1\sim6mA$。

另外，由图 6.25(b)可知，因为 V_{GS} 越大，G_{PS}（源极接地的 G_P）就越大而 NF 就越小，所以，希望 V_{DS} 应尽可能地大。当周围温度小于 75℃ 左右，由图 6.25(c)可知，P_D 必须控制为 80mW 左右。由此，V_{DS} 为：

$$V_{DS}=\frac{P_D}{I_D}=\frac{80mW}{20mA}=4 (V)$$

其次，根据图 6.25(d)，当 V_{G2S}（栅极 2 与源极间电压）$=3V$ 时，$I_D=20mA$，则 V_{G1S}（栅极 1 与源极间电压）$=1.5V$（图中，根据 I_{DSS} 为 0mA 和 4.2mA 的器件数据，取中间值）。

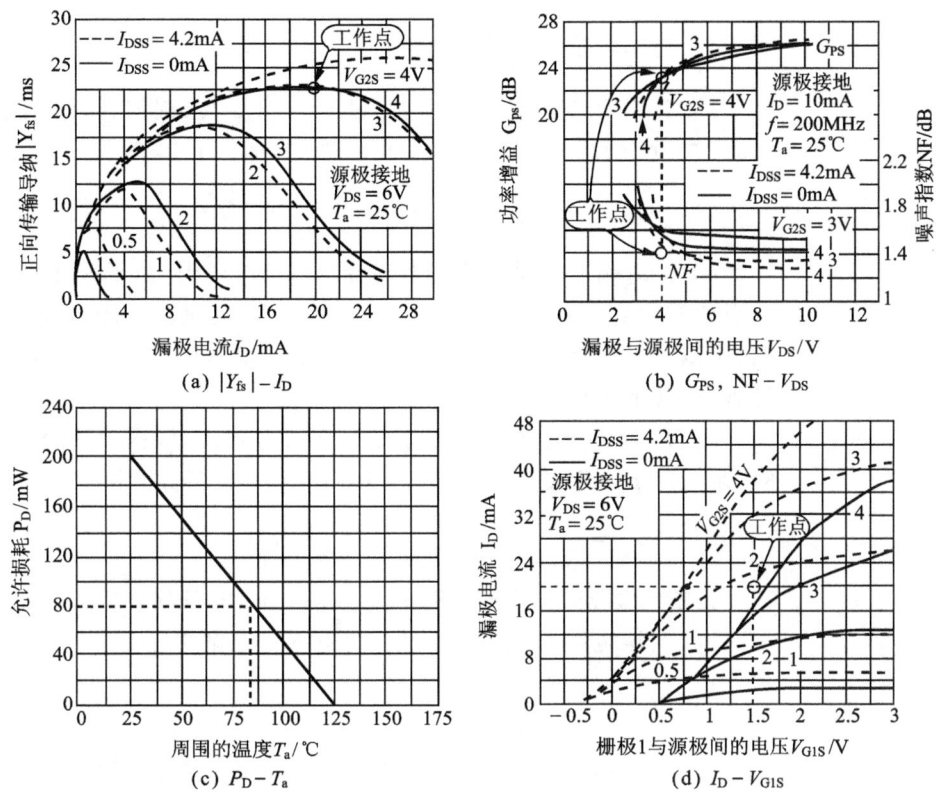

(a) $|Y_{fs}| - I_D$
(b) G_{PS}, $NF - V_{DS}$
(c) $P_D - T_a$
(d) $I_D - V_{G1S}$

图 6.25　3SK114 的各种特性[1]

▶ 电路参数的计算

本电路直流电位的关系,如图 6.26 所示。

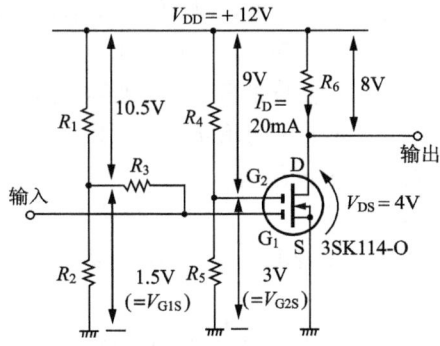

图 6.26　直流电位的关系

考虑到电源电压为 V_{DS} 和其他电路提供电源,所以,$V_{DD}=12V$。设 $V_{DS}=4V$,$I_D=20mA$,则 R_6 为:

$$R_6 = \frac{12\text{V} - 4\text{V}}{20\text{mA}} \approx 390 \, \Omega$$

R_1、R_2作为V_{G1S}的偏置电路,设$V_{G1S} = 1.5\text{V}$,根据R_2的电压降 1.5V 来设定 R_1、R_2值。这里,$R_1 = 10\text{k}\Omega$,$R_2 = 1.5\text{k}\Omega$,则

$$V_{G1S} = \frac{1.5\text{k}\Omega}{10\text{k}\Omega + 1.5\text{k}\Omega} \times 12\text{V} \approx 1.5 \, \text{V}$$

R_3为G_1端子提供直流偏置电压(V_{G1S})的电阻,由于R_1和R_2的中点通过电容接地,如果R_3值太小,电路的交流输入阻抗受到影响,所以,取$R_3 = 47\text{k}\Omega$(因为 MOS FET 的输入阻抗很大,所以,流过R_3的电流非常小)。

R_4、R_5作为V_{G2S}的偏置电路,由于$V_{G2S} = 3\text{V}$,根据R_5的电压降 3V 来设定 R_4、R_5值。这里,$R_4 = 10\text{k}\Omega$,$R_5 = 3.3\text{k}\Omega$,则

$$V_{G2S} = \frac{3.3\text{k}\Omega}{10\text{k}\Omega + 3.3\text{k}\Omega} \times 12\text{V} \approx 3 \, \text{V}$$

设输入输出的调谐电路的 $L_1 = L_2 = 70\text{nH}$,$C_1 = C_2 = 8\text{pF}$。LC 并联共振电路的调谐频率为f_0,由下式求解得:

$$f_0 = \frac{1}{2\pi\sqrt{LC}} \, (\text{Hz}) \tag{6.29}$$

将$L = 70\text{nH}$,$C = 8\text{pF}$代入式(6.29),则$f_0 \approx 210\text{MHz}$。受栅极输入电容和布线寄生电容的影响,$f_0$为 150MHz。其中,$C_1$、$C_7$为微调电容,可以微调调谐频率。

由于输入阻抗以及输出阻抗的调整,而设计L_1、L_2的接头(调整后,L_1接头的阻抗为 50Ω,L_2接头的阻抗为 50Ω)。

C_2、C_8为截止电容,为了使输入端阻抗增高,使$C_2 = 100\text{pF}$。考虑输出接 50Ω 的负载,设定$C_8 = 1000\text{pF}$。

C_3、C_4为栅极偏置电路的高频接地电容,设定$C_3 = C_4 = 1000\text{pF}$(在 150MHz,1000pF 的阻抗约为 1Ω)。

C_5、C_6为电源的滤波电容,取$C_5 = C_6 = 0.01\mu\text{F}$。

▶ 器件的安装方法

器件的装配如照片 6.2 所示。在照片中,为了调整栅极偏置,R_4、R_5为可调电位器。

附着铜印制板,利用大面积的铜作为地,使电路的地阻抗下降。作为特殊的器件,C_5、C_6为接地电容,C_3、C_4为裸露的圆盘电容,进行理想地接地。另外,使用间隙微调电容C_1、C_7来满足良好的调谐频率的温度稳定度。

该电路安装时要注意,输入方的调谐电路和输出方的调谐电

路不能通过电气而连接。在照片 6.2 中,为了防止输入方的线圈和输出方的线圈在方向上的变化(通过磁通正交),则在输入调谐电路与输出调谐电路之间可立着放一块屏蔽板。照片 6.2 的整个电路没有用屏蔽,但是,当本电路作为前置放大器放入仪器内安装时,整个电路必须要安装屏蔽。

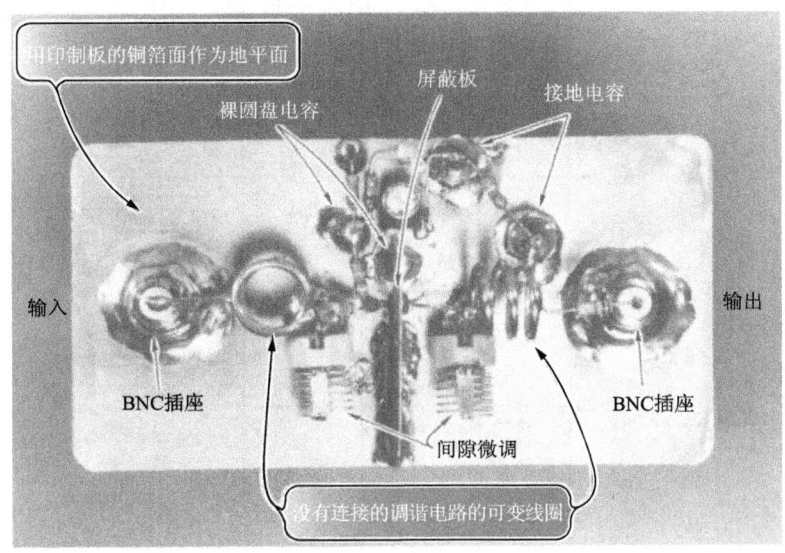

照片 6.2 150MHz 的前置放大器的安装方法

▶ 设计电路的特性

功率增益 G_P 与频率的特性,如图 6.27 所示。在 150MHz 的 G_P 为 18.5dB,满足频带在 +20MHz、−15MHz 的范围内工作。但是,从 3SK114 的性能考虑,G_P 也应该有少许(5~6dB)增加。考虑到输入方的 VSWR 为 1.2(实测值),说明其阻抗匹配得比较好。输出的阻抗匹配差是导致 G_P 下降的原因。然而,改变 L_2 的接头位置,输出阻抗匹配为 50Ω,G_P 也会有少许增加。

150MHz 的输入输出特性以及用频谱分析仪来测定调制失真,如图 6.28 所示。为了设定大的漏极电流(I_D = 20mA),获得 1dB 的饱和点不小于 +12dBm。

另外,当输出为 −1.5dBm 点时,相互调制失真的抑制量分别为 39.5dB 和 64dB,则 2 次以及 3 次的输出交叉点 IP_2、IP_3 分别为:

$$IP_2 = \frac{39.5}{2+1} + (-1.5) = 38 \text{ (dBm)}$$

$$IP_3 = \frac{64}{3-1} + (-1.5) = 30.5 \text{ (dBm)}$$

可见,获得的 IP_2、IP_3 非常大。

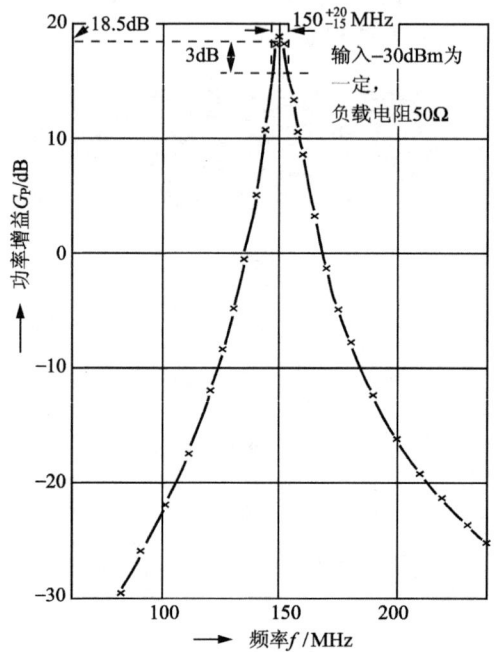

图 6.27　功率增益与频率的特性

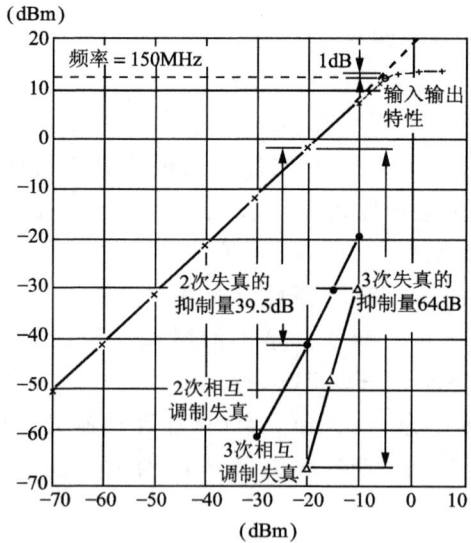

图 6.28　输入输出特性以及调制失真

6.6.2 400MHz 宽带放大电路的设计

当我们不知道输入信号的频率（如测试仪的前置放大等）时，以及在需设计很宽的频带信号放大（如视频放大器）时的情况下，都使用宽频带放大电路。

关于窄频带放大电路（如调谐放大电路），或许可以通过限定窄频带来设定频率的特性和增益。但是，在宽频带放大电路中，在宽频率范围内设定的增益和输入阻抗必须为定值。另外，由于宽频带很容易发生振荡，所以安装时必须特别加以注意。

最近，高频带放大电路通过集成化后可以得到非常好的性能。可以最大限度的利用器件的性能，并且具有自由设定电气参数（如频带、增益和 NF）等优点。但是，用分离元件来设计宽频带放大电路的场合也很多。由此背景出发，在这里，我们还是用分离器件来设计宽频带放大电路。表 6.4 给出设计宽带放大电路的目标和参数。

表 6.4 宽频带放大电路的设计参数

增益	15dB 以上
频带	10～300MHz 以内
最大输出	0dBm
输入阻抗	50Ω

▶ **晶体管的选择及工作点的设定**

本电路的构成，如图 6.29 所示。电路的一部分用晶体管作为放大器件，附加局部反馈、发射极接地的放大电路，以获得 15dB 的增益；另一部分考虑到输出到外部，采用射极跟随器（当作为仪器内部的前置放大器时，就没有必要加射极跟随器）。

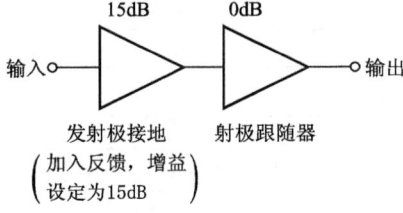

图 6.29 宽频带放大电路的电路构成

根据表 6.4 的参数，来设计的宽频带放大电路的原理图，如图 6.30 所示。

使用晶体管作为放大器，通常选择在应用频带内获得增益为好（对于低噪声放大电路，也必须考虑 NF 的大小）。当本电路附加了反馈时，电路的净增益比加入反馈后的增益要大（净增益的一部分增益作为反馈量）。因此，使用适合于微波低噪声放大的晶体管 2SC3584(日本电器制造)器件。

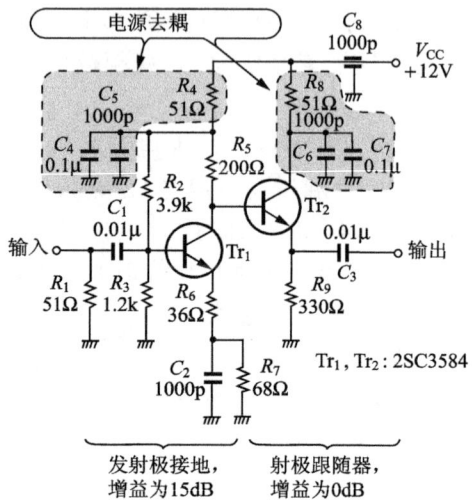

图 6.30 宽频带放大电路

2SC3584 的最大额定值以及电气特性,如表 6.5 所示。从图

表 6.5 2SC3584 的最大额定值以及电气特性[1]

(a) 最大额定值 ($T_a=25℃$)

参 数	符 号	额定值	单 位
集电极-基极间的电压	V_{CBO}	20	V
集电极-发射极间的电压	V_{CEO}	10	V
发射极-基极间的电压	V_{EBO}	1.5	V
集电极电流	I_C	65	mA
总损耗	$P_T(T_a=25℃)$	250	mW
结合温度	T_j	150	℃

(b) 电气特性 ($T_a=25℃$)

参 数	符号	测定条件	min	typ	max	单位
直流电流放大系数	h_{FE}	$V_{CE}=8V, I_C=20mA$	50	100	250	
噪声系数	NF	$V_{CE}=8V, I_C=7mA,$ $f=1.0GHz$		1.2	2.5	dB
正向传输增益	$|S_{21e}|^2$	$V_{CE}=8V, I_C=20mA,$ $f=1.0GHz$	13	15		dB
最大可用功率增益	MAG	$V_{CE}=8V, I_C=20mA,$ $f=1.0GHz$		17		dB
反馈电容	C_{re}	$V_{CE}=10V, I_E=0,$ $f=1MHz$		0.25	0.8	pF
增益带宽	f_T	$V_{CE}=8V, I_C=20mA$		9		GHz

6.31 给出了各种特性。图 6.31(e) 可知,在 300MHz(频带参数的上限)时, S_{21e} 为 18,获得正向传输增益为 25dB($\approx 10\log 18^2$),满足了前述的要求。另外,本电路在选择负反馈放大器的晶体管时,不

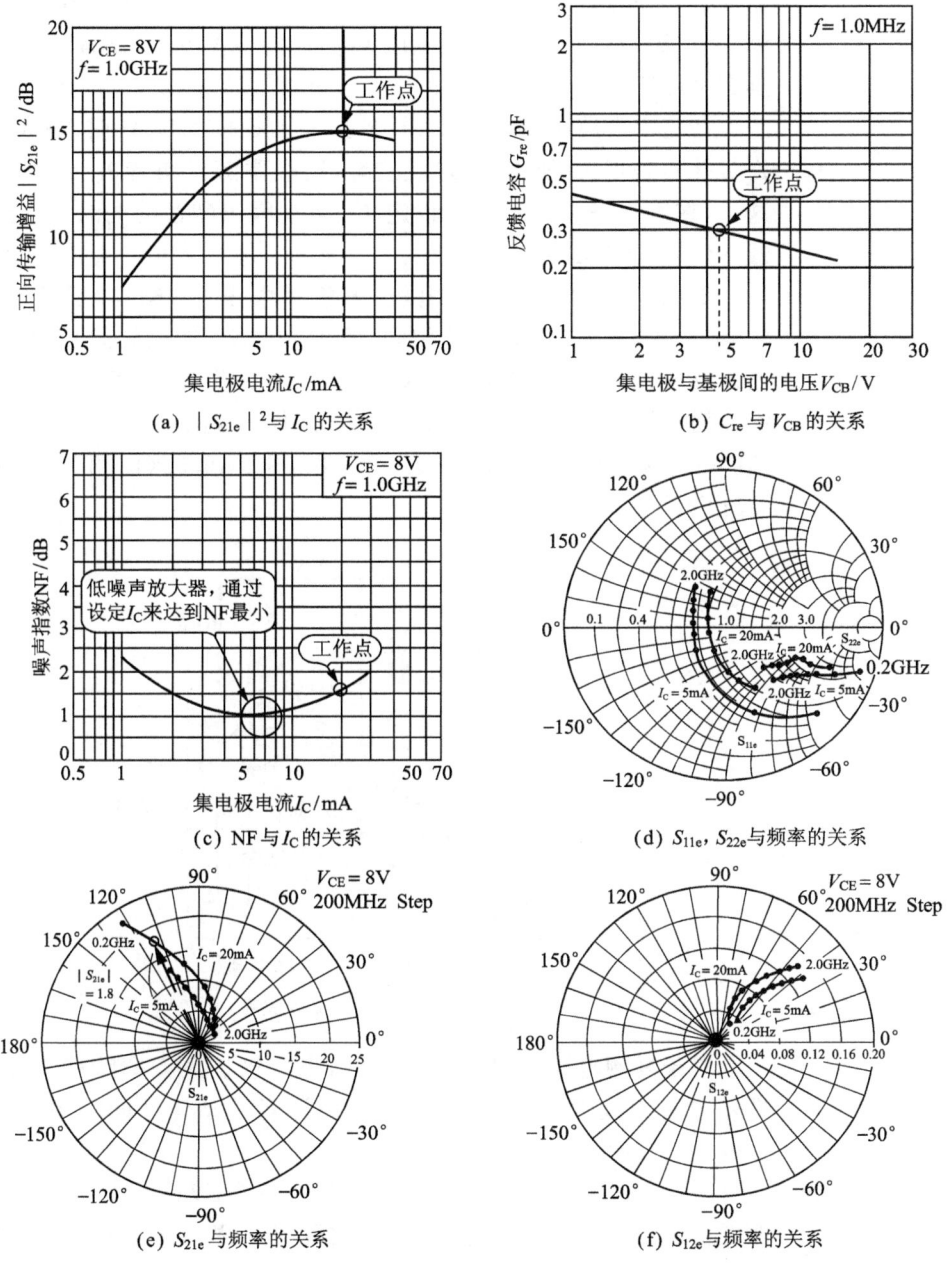

图 6.31 2SC3584 的各种特性

仅 S_{21e} 的绝对值,而且它的相位旋转也要小(在理想状态下,S_{21e} 的相位角为 180°,当接近 0°并且附加反馈时,也变得不稳定)。

根据前面叙述的狭窄放大电路设计的项目,特别要注意驱动器件的工作点设定。对于晶体管来说,要考虑如何设定集电极电流 I_C 与集电极-发射极间的电压 V_{CE},才能像图 6.31 那样,各特性具有大的变化。

在这个电路中,由于 $|S_{21e}|^2$ 最大为 15dB(1GHz),而 NF 值为 1.6,并不是很大,所以,发射极接地,射极跟随器均有 $I_C = 20\text{mA}$。这里,在重视 $|S_{21e}|^2$ 的同时设定 I_C,重视噪声特性的同时,设定最低 NF 为 6~7dB 左右。

如图 6.32(b)所示,集电极-基极间电压 V_{CB} 越高,反馈电容 C_{re} 越小(与变容二极管原理相同,因为在基极-集电极间的 PN 结加入反向偏置)。从基极端子看进去,由于镜像效果,所以,频率特性以增益倍变差,故 C_{re} 必须尽可能地小。这里,令 $V_{CE} = 5\text{V}$,则 $V_{CB} = 4.4\text{V}(= V_{CE} - V_{BE} = 5\text{V} - 0.6\text{V})$,由图 6.35(b)可知,$C_{re}$ 为 0.3pF。

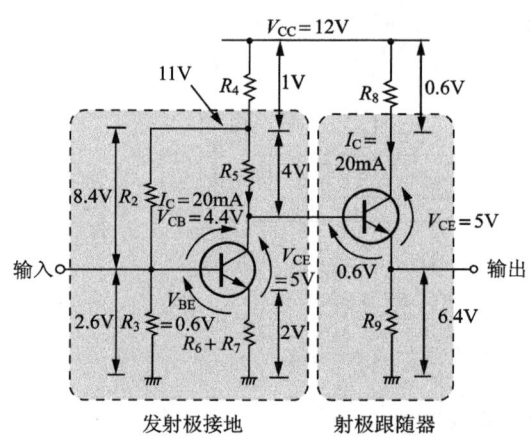

图 6.32 直流电位的关系

对于高频电路,即使小信号电路也应该扩展频率特性。虽然最好要有比较大的电流流动,但不应注意驱动元件的功率损耗。本电路的功率损耗 P_C 为:

$$P_C = V_{CE} \cdot I_C = 5\text{V} \times 20\text{mA} = 100 \text{ (mW)}$$

即低于最大额定参数的允许损耗(实际可从周围温度的图表中来判断 P_C)。

▶ 电路参数的计算

本电路直流电位的关系,如图 6.32 所示。考虑到 V_{CE} 和各段的负载电阻(R_5,R_9)的电压降,则设定电源电压 $V_{CC}=+12V$。发射极接地的电压分配,$V_{CE}=5V$;用于电源去耦的电阻 R_4 的电压降为 1V;考虑到温度稳定性,发射极的电阻 R_6+R_7 的电压降为 2V,负载电阻 R_5 的电压降为 4V。设定 $I_C=20mA$,忽视偏置电路(R_2,R_3)的电流和基极电流,则 R_4、R_5 和 R_6+R_7 分别为:

$$R_4 = \frac{1V}{20mA} \approx 51\,\Omega$$

$$R_5 = \frac{4V}{20mA} \approx 200\,\Omega$$

$$R_6+R_7 = \frac{2V}{200mA} \approx 100\,\Omega$$

如图 6.33 所示,发射极的电阻 $R_6+R_7=100\Omega$,二者分配为 $R_6=36\Omega$,$R_7=68\Omega$,由于 R_6 接电容后接地,所以,发射极的交流阻抗值为 36Ω,设定增益为 15dB($\approx 20\log(200/36)$)。

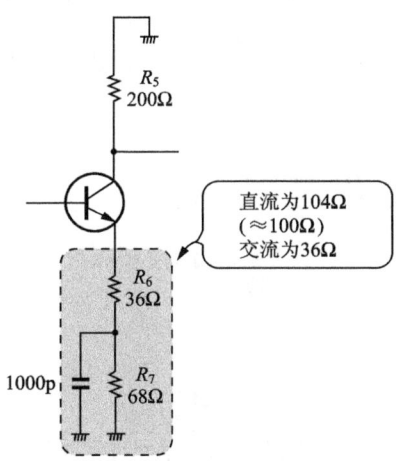

图 6.33 发射极接地的交流电路图

偏置电路 R_2、R_3,假定 $V_{BE}=0.6V$,则基极端子为 2.6V($=2V+0.6V$)。又,如果电阻值 R_2、R_3 设定大了,频率特性就会变差,故 $R_2+R_3=5k\Omega$ 左右。则 R_2、R_3 为:

$$R_2 = \frac{11V-2.6V}{11V} \times 5k\Omega \approx 3.9\,k\Omega$$

$$R_3 = \frac{2.6V}{11V} \times 5k\Omega \approx 1.2\,k\Omega$$

由于发射极直接对地连接,所以,射极跟随器的基极电位为7V。设 $V_{BE}=0.6V$,则 R_9 的电位下降为6.4V,又令 $I_C=20mA$,则

$$R_9 = \frac{6.4V}{20mA} \approx 330\,\Omega$$

设 $V_{CE}=5V$,则电源去耦用的电阻 R_8 的电压降为 0.6V($=12V-5V-6.4V$),由此,R_8 为:

$$R_8 = \frac{0.6V}{20mA} \approx 33\,\Omega$$

R_1 是决定输入阻抗的电阻,实际的交流输入阻抗不仅仅由 R_1 决定,如图 6.34 所示。如图 6.35(d)所示,特别由于 S_{11e} 保持着频率特性,所以,整个宽频带进行阻抗匹配是很困难的(所以,在宽频带放大电路中,必须选择随着频率而 S_{11e} 变化小的晶体管)。这里,由于电路简单,忽视 R_1 以外因素的影响,为了输入阻抗达到 50Ω,选择 $R_1=51\Omega$。

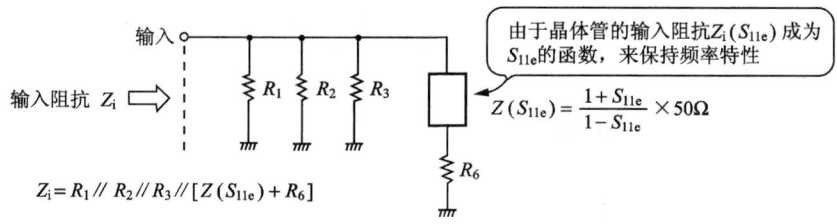

图 6.34　交流的输入阻抗

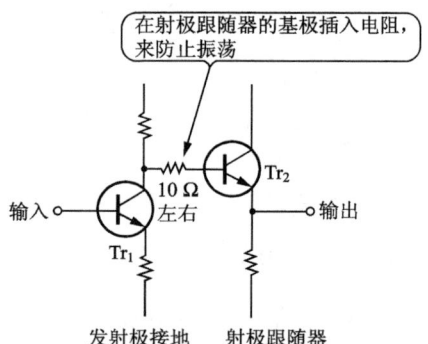

图 6.35　防止射极跟随器的振荡

C_1、C_3 为输入输出的耦合电容,C_2 为使发射极电阻在高频时接地的电容。这些电容在放大器的频带范围内,阻抗必须非常低。在这里,$C_1=C_3=0.01\mu F$,$C_2=1000pF$。

C_4、C_5、C_6、C_7 为电源去耦电容,$C_4=C_7=0.1\mu F$,$C_5=C_6=$

1000pF，采用两种不同类型的电容，是为了降低在宽频带范围内电源的交流阻抗。

C_8 是为了防止从外部通过电源线引入的噪声，反之，也防止高频噪声输出到外部的电容，这里，使用 $C_8=1000\mathrm{pF}$ 的穿芯电容。

▶ **元器件的装配方法**

电路装配图如照片 6.3 所示。

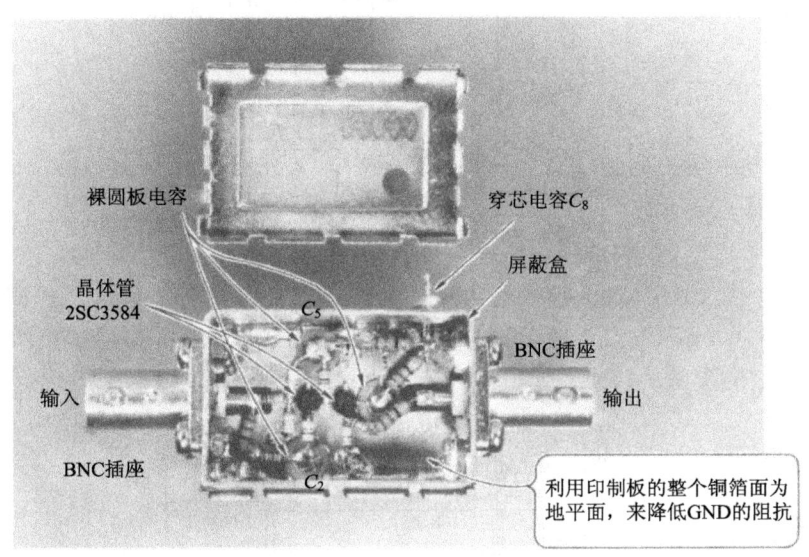

照片 6.3　宽频带放大电路的安装方法

像这样的高频宽带放大电路，是把全部电路都放入屏蔽盒里以隔断外部电气的影响。另外，输入输出端的 BNC 插座安装在屏蔽盒上，降低了输入输出间的高频接地阻抗。还有，为了降低接地阻抗，印制板的附铜板面应全部接地，而电路元器件应安放在附铜板面的上方。

为了降低电感成分，连接各元器件的导线应尽可能地缩短。对于特殊的元器件，C_2、C_5、C_6 为裸圆盘电容，C_8 为穿芯电容。使用了这些电容，就可以认为是理想接地。

在本电路中，在发射极接地的后段，连接了射极跟随器，由于射极跟随器容易发生振荡（源极跟随器也同样），所以，采用降低电源的高频阻抗、输入和输出不能靠得太近等方法装配是非常重要的。如果还不能阻止振荡，可如图 6.35 所示，在发射极与基极之间插入一个电阻，这样做也是很有效果的。

▶ **设计电路的特性**

功率增益与频率的特性曲线，如图 6.36 所示。特性曲线平坦

部分的 G_P 为 15dB，截止频率 f_c（即增益下降 3dB 的点）为 400MHz，无论什么情况都能满足工作要求。

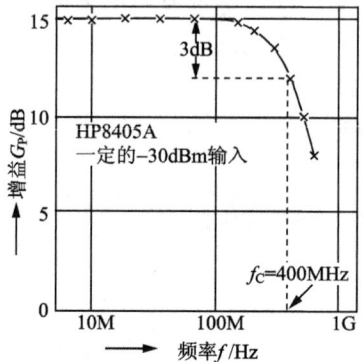

图 6.36 功率增益与频率的特性

在 100MHz 的输入输出特性曲线以及用频谱分析仪测定的调制失真，如图 6.37 所示。1dB 的饱和点为 +15dBm，满足了最大输出的参数。

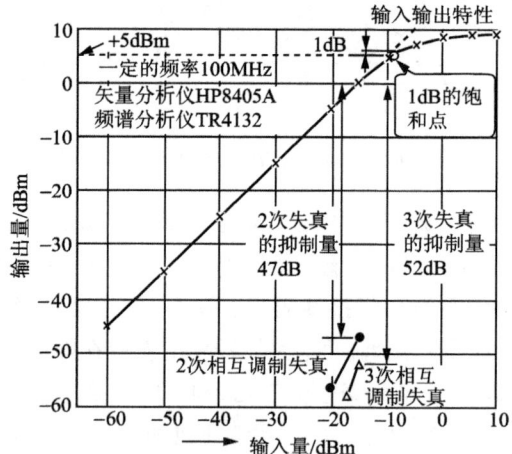

图 6.37 输入输出特性与调制失真

另外，输出为 0dBm 点的调制失真的抑制量为 47dB，则 52dB 的 2 次以及 3 次的输出交叉点 IP_2、IP_3 分别为：

$$IP_2 = \frac{47}{2-1} + 0 = +47 \text{（dBm）}$$

$$IP_3 = \frac{52}{3-1} + 0 = 26 \text{（dBm）}$$

由于电路组成的不同,不可能统一比较,这里只对前项为设计的调谐放大电路(电源电压相同)进行比较。本电路使用晶体管的 IP_2 要大些,而使用 FET 放大电路的 IP_3 要大些。对于 FET,从理论上讲,是不会发生奇数次失真,与用晶体管的电路相比,一般,IP_3 要大些(使用 FET,很少发生 3 次失真)。

6.6.3 用 IC 设计的宽频带放大电路

当设计窄带放大器或低噪声放大器时,若没有合适的 IC(指性能和价格方面),在现实中都可以采用分离元件来组成电路。但是,有了宽带放大器 IC 之后,性能将被大大改善,而且使用也更为方便。

随着高频放大器集成化的发展,不仅安装变得容易,而且,根据不同的安装方法,引起变化的因素减少了,电气性能的重复性(不管是谁来做,都能获得相同的性能)也提高了。另外,随着集成化的发展,CR 等无源元件变得小型化;随着配线距离的缩短,频率特性变得更好。

关于高频放大器用的 IC,起初多采用混合型。最近,多采用单片式,也出现了 3GHz 带宽的 IC(日本电气制造的 NEPA1001)。这里,以宽带放大器为例,使用 IC 来设计 TV 上 RF 信号的放大器。

表 6.6 给出放大器的参数。考虑到 VHF 和 UHF 的兼顾,频率带宽为 10~800MHz,最大输出为 -6dBm 左右(负载阻抗为 50Ω,约为 100mV)。

表 6.6 用于 TV 的放大器的设计参数

增益	18dB 以上
频带	10MHz~800MHz 以上
最大输出	-6dBm 以上
NF	6dB 以上
输入输出阻抗	50Ω

▶ IC 的选择

各公司制成各种各样的用于小信号、功率放大的 IC。在这里,从日本电气制造的微波单片式 IC(MMIC),μPC16×× 系列中来选择高频放大用的 IC。

μPC16×× 系列的电气特性,如表 6.7 所示。这些通用高频放大的 IC 多用于卫星播送、光通讯、CATV 和频率计数的前置放大器。这次,从该系列中选择即能满足电气特性工作且封装又小的 μPC1651G。

表 6.7　通用高频宽带放大器用 IC（日本电气制造）

型号	V_{CC}/V	I_{CC}/mA	带宽 B.W./GHz	G_V/dB	S_{11}/dB	S_{22}/dB	NF/dB	最大输出 V_{OM}/dBm	封装
μPC1651G	5	20	1.2	19	−15	−10	5.2	+5	圆盘型
μPC1652G	5	20	1.2	18.5	−20	−15	5.0	+5	8脚微小扁平型
μPC1653A	5	20	1.3	19	−23	−16	5.0	+5	TO-72
μPC1654A	10	45	1.1	19	−18	−12	5.1	+10.5	TO-33
μPC1655C	5	20	0.9	18	−18	−13	5.5	+5	8脚 DIP
μPC1656C	10	45	0.85	20	−20	−7	5.2	+10.5	8脚 DIP
μPC1659A	10	21	0.6～2.3	21	−9	−6	6.0	+5	TO-72
μPC1659B	10	21	0.6～2.3	23	−16	−9	6.0	+5	陶瓷
μPC1659C	10	21	0.8～1.8	26	−20	−12	6.0	+5	8脚微小扁平型

μPC1651G 的最大额定值以及电气特性，如表 6.8 所示。频率特性以及输入输出的曲线，如图 6.38 所示。电源采用＋5V 的单电源。在高频领域里，频率特性虽有小的脉冲，但还是确保约有 1GHz 以上的频带是平坦的。功率增益为 19dB（典型值），满足了工作要求。

表 6.8　μPC1651G 的最大额定值以及电气特性[1]

(a) 最大额定值（$T_a = 25℃$）

参　数	符　号	额定值	单　位
电源电压	V_{CC}	6	V
总损耗	P_T	250	mW
工作温度范围	T_{opt}	−20～+75	℃
保存温度范围	T_{stg}	−40～+125	℃

(b) 电气特性（$T_a = 25℃$，$V_{CC} = 5V$）

参　数	符　号	测定条件	min	typ	max	单位
电源电流	I_{CC}	无信号时	15	20	25	mA
功率增益	G_P	$f = 500MHz$	16	19	21	dB
噪声指数	NF	$f = 500MHz$		5.5	6.5	dB
频率带宽	BW	3dB down	1,000	1,200		MHz
绝缘	I_{SO}	$f = 500MHz$	20	24		dB
输入端的反射损耗	$|S_{11}|$	$f = 500MHz$	12	15		dB
输出端的反射损耗	$|S_{22}|$	$f = 500MHz$	7	10		dB
最大输出	P_O	$f = 500MHz$	3	5		dBm

μPC1651G 的内部等效电路，如图 6.39 所示。从总体上讲，是由 2 级串联连接的发射极接地的放大电路。从第 2 级的发射极到初级的基极上加入负反馈。另外，从第 2 级的集电极到初级插入射极跟随器，作为负反馈（称为多重反馈），从而，获得稳定的增

6.6 高频放大电路的设计 143

益和较宽的带宽。

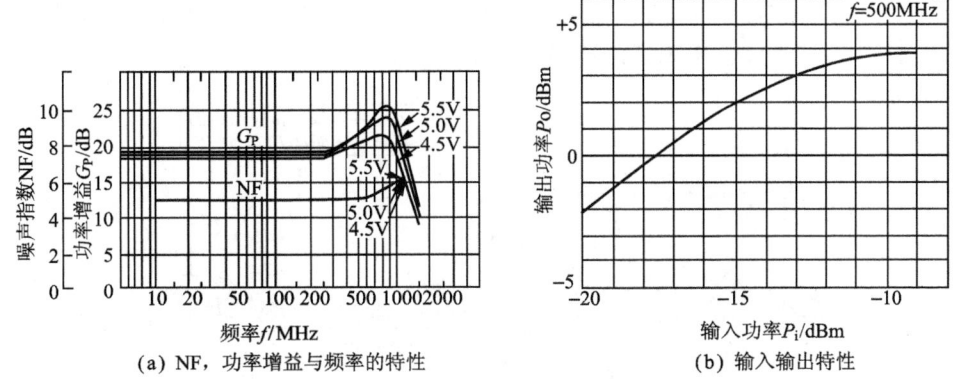

(a) NF，功率增益与频率的特性　　(b) 输入输出特性

图 6.38　μPC1651G 的特性[1]

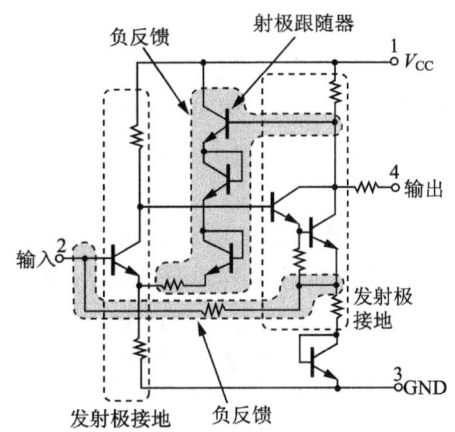

图 6.39　μPC1651G 的等效电路

▶ **电路设计**

设计的电路如图 6.40 所示。由于使用了 IC，所以，外围电路变得非常少。

该电路的特征是电源端子与输出端子被兼用。为了尽量接近天线而另外设计电源端子，就会增长配线，所以，实际放大器通过信号电缆与电源的配线是兼用的。电源与输出端子的分离是根据电感进行的（因为直流时阻抗为零，高频时保持有阻抗）。这里，取 $L_1 = 2.2 \mu H$。L_1 在 100MHz 时的阻抗约为 $1.4 k\Omega$，比传输通道上的特性阻抗 75Ω（TV 是 75Ω 系列）要高得多，即使在输出端叠加了直流成分，也可以驱动 μPC1651G 的传输通道（即同轴电缆）。

接收也同样,借助 2.2μH 的电感给传输通道提供+5V 的电源。如果电感线圈的匝数太多,其电感绕线间的电容,会降低作为高频耦合电源与传输通道的阻抗。所以,电感 L_1 为用铁氧体磁芯制作的,这样线圈的匝数比较少。

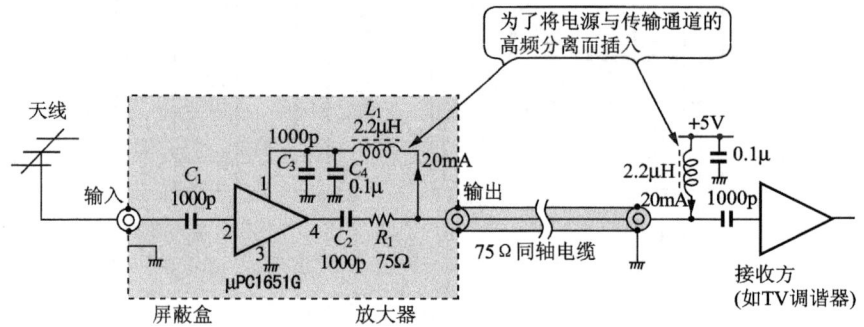

图 6.40 TV 用的放大器

C_3、C_4 为电源的去耦电容,$C_3=100\text{pF}$,$C_4=0.1\mu\text{F}$。C_1、C_2 为阻止直流成分的隔直电容,$C_1=C_2=1000\text{pF}$。

R_1 是决定输出阻抗的电阻,为了与特性阻抗为 75Ω 的传输通道阻抗匹配,取 $R_1=75\Omega$。

电路的实际安装如照片 6.4 所示。由于 μPC1651G 的封装小,外围电路也少,可以安装像这样屏蔽盒(做成终端阻抗或衰减器是很好用的)内。在实际安装时应该注意,当布置元件时,信号应从输入端到输出端为一条直线通过(输入信号与输出信号太近会发生振荡)。

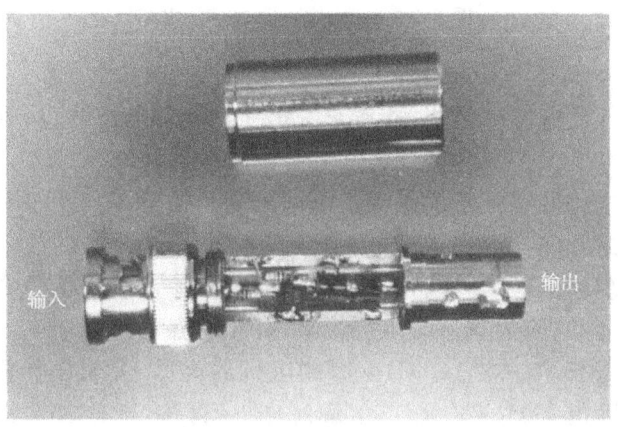

照片 6.4 TV 用的放大器

▶ 设计电路的特性

功率增益与频率的特性曲线如图 6.41 所示。与图 6.42(a)给出单个 μPC1651G 的特性近似等同,并且增益以及带宽都满足工作要求。由于受隔直电容 C_1、C_2 的影响,低频时的增益低,C_1 和 C_2 的值越大(1000pF→0.01μF 左右)引起灵敏度小幅下低。

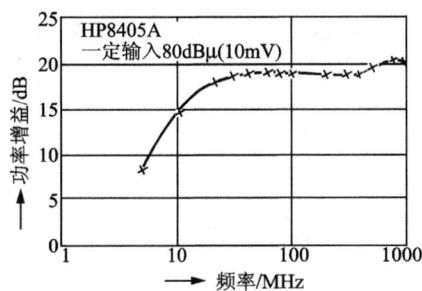

图 6.41 功率增益与频率的特性曲线

在 100MHz 的输入输出特性以及用频谱分析仪测定调制失真,如图 6.42 所示。在 −2.5dBm(输出方),1dB 的饱和点满足最大输出的参数(−6dBm)。输出为 −9dBm 的点的 3 次调制失真的抑制量为 42dB,则 3 次输出交叉点 IP_3 为:

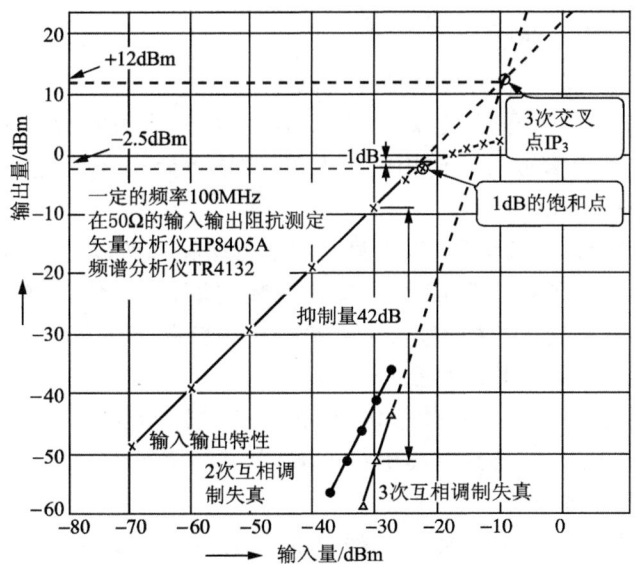

图 6.42 输入输出特性以及调制失真

$$IP_3 = \frac{42}{3-1} + (-9) = +12 \text{ (dBm)}$$

根据曲线作图求解可知,$IP_3 = +12\text{dBm}$。

然而,μPC1651G 的输入阻抗为 50Ω 与输入一方为 75Ω 的传输通道不能匹配。但是,这时的 VSWR 为 $1.5(=75\Omega/50\Omega)$,作为 TV 用的放大器,实际上是没有什么问题的。阻抗匹配的方法分为插入电阻方式和用互感器方式(也有用微波传输线),如图 6.43 所示。但是,必须要注意的是,像图 6.43(a)的插入电阻方式虽然简单,但通过串联电阻会发生损耗。

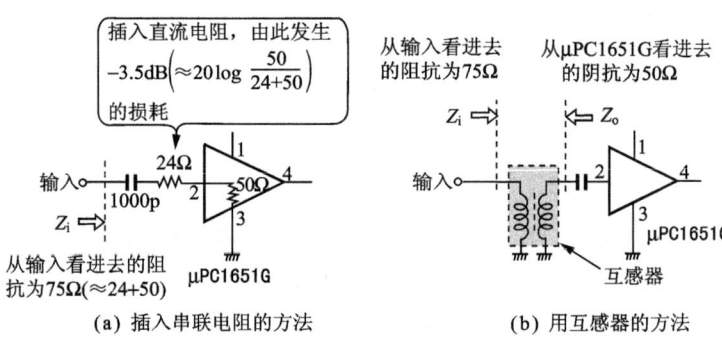

图 6.43 75Ω 系列的传输通道与 μPC1651G 的阻抗匹配

6.6.4 电路设计二例

▶ 分离器件组成的视频信号放大器

关于视频信号放大器,如图 6.44 所示。作为视频信号用的 AD 转换器前置放大器使用的放大器,其增益为 6dB,带宽为 DC~100MHz(-3dB)。

初级为差动放大器,该级只是为获得增益。所以,为了降低输出阻抗,附加了射极跟随器。放大级数的增加,会使其净增益上升,但会引发复数的极值点,对频率特性和稳定性等方面不利。像这个电路,放大级数应尽量少。

在初级里使用的晶体管,选择那些 f_T(转换频率:h_{FE} 为 1 的频率)高、使工作点(特别是集电极电流)以及频率特性成为最好的晶体管是非常重要的。

在图中的电路中,初级工作电流为 10mA,末级为 50mA。由于末级流过 50mA 的空载电流,在 A 级工作的输出电流不大于 ± 50mA(关于该电路的设计方法,请参见文献(16))。

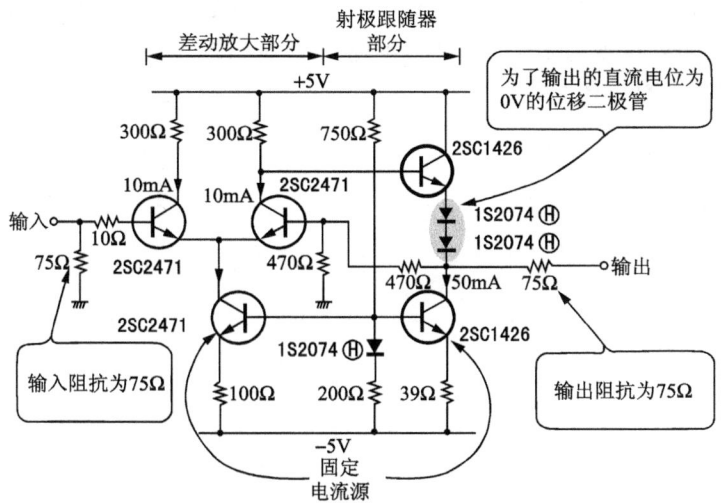

图 6.44 视频信号放大器

▶ **分离器件组成的低噪声宽带放大器**

如图 6.45 所示的是。低噪声宽频带放大器的电路。与 IC 相比,设计该电路是以获得良好的 NF 为目标的。增益为 15dB,带宽为 500MHz(-3dB),NF 为 3dB(500MHz)。电路组成与 μPC1658C 相同,在放大段的发射极接地,附加射极跟随器。

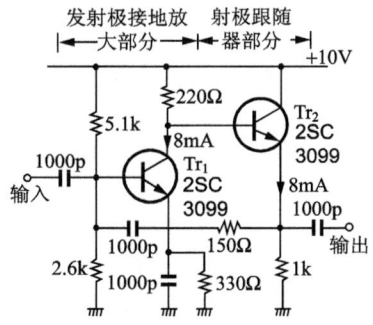

图 6.45 低噪声宽带放大器

当设计低噪声且宽频带放大器的时候,必须注意选择放大器件。首先,以器件的增益(通常用 S 参数表示 $20\log|S_{21}|$)为目标,在放大带宽的上限上选择优于设计目标值的值,且以低 NF 为条件。

考虑到增益、NF 以及容易获得等因素,图 6.45 的电路使用

2SC3099。这个电路的 NF 要求很低，Tr_1 和 Tr_2 为 NF 较小的晶体管。如果更换为 2SC3355（日本电气制造）或 2SC3358（日本电气制造）等效果还会好些。

第7章
接收机滤波器的制作

在我们日常生活中应用的 AM/FM 收音机和电视机等接收机中,使用了各种各样的滤波器。图 7.1 是利用滤波原理而实现的 FM 接收机的框图(AM/FM 收音机和电视的各部分结构相同而频率不同)。在前端和末端使用的滤波器,为夹断特性比较缓慢的带通滤波器,其作用是除去不需要的高频成分,只选择有用信号。在中频放大电路中使用的滤波器,是以中间频率为中心频率的带通滤波器,为了除去干扰信号,它具有陡峭的夹断特性。在解调电路中使用的滤波器是除去高频成分,只让声音信号通过的低通滤波器。称为陶瓷滤波器和 SAW 滤波器的高频滤波器是高频滤波器所特有的滤波器。

本章着重介绍在高频电路中各种滤波器的工作原理以及滤波电路的设计方法。

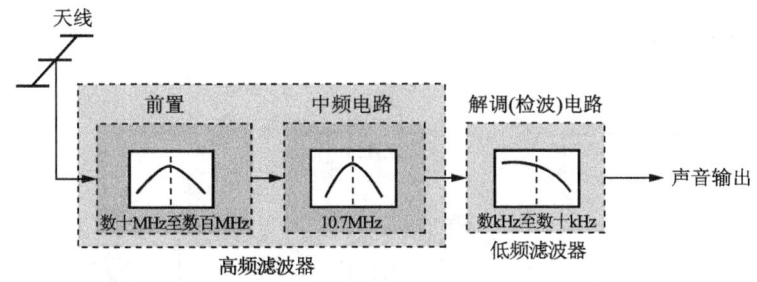

图 7.1 FM 接收机的框图

7.1　在高频电路中使用的各种滤波器

在高频电路中使用的各种滤波器,如图 7.2 所示。其中的分布参数型,使用微波传输线,通过分布参数来保持滤波特性,被用于 UHF 以上的频带;而集中参数型,与低频电路使用滤波器相同,通过

LCR 的组成获得滤波特性(利用物理振动的陶瓷滤波器和 SAW 滤波器,可以等价置换 LCR 的集中参数),多被用于 VHF 以下的频带。

图 7.2　高频电路使用的各种滤波器

一般多采用集中参数型的高频滤波器。下面介绍其工作原理和特性。

7.1.1　LC 滤波器

LC 滤波器是利用电感和电容串联或并联产生的谐振来作为调谐电路的滤波器。

由于 LC 滤波器设计简单且价格便宜,直到 10 年前都被广泛应用于高频电路。但是,由于同步因数、价格、调整工序等方面都不如陶瓷滤波器和 SAW 滤波器,因此,它们多被用于高频电路中,如前后级滤波器、IF 电路耦合的地方以及混频输出的调谐电路等。

各种 LC 滤波器,如图 7.3 所示。图 7.3(a)为带通滤波器(BPF),应用于调谐放大等电路中,以便更好地限制频率。图 7.3(b)和(c)为带通阻塞滤波器,用来除去不必要的频带,被称为陷波(trap)。

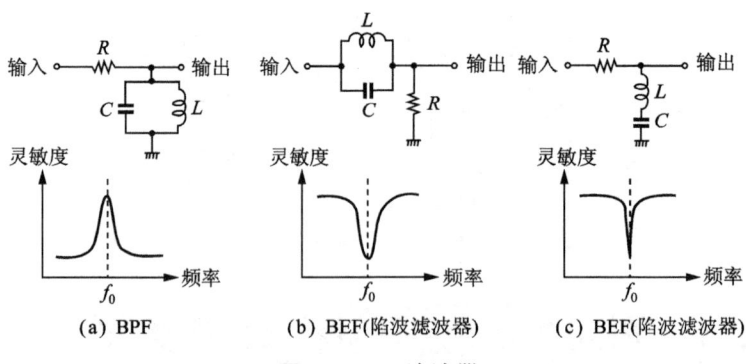

(a) BPF　　　　(b) BEF(陷波滤波器)　　　　(c) BEF(陷波滤波器)

图 7.3　LC 滤波器

各种带通滤波器,如图 7.4 所示。图 7.4(a)和图 7.4(b)是单电路、单调谐滤波器的调谐电路。输入输出端的取出方法有的从线圈设计 L 抽头,有的从副绕线取出。在实际的电路中,谐振电路与电阻并联,通过适当的阻尼达到调谐电路的 Q(表示谐振的灵敏指数)值(通常即使无阻尼的 Q 值以及敏感的谐振,也不能保证带宽和相位特性)。

图 7.4(c)的电路有 2 个调谐电路,被称为多调谐滤波器。该电路随着改变调谐电路的 Q 值和互感 M,就可实现振幅的平坦特性(例如使用巴特沃斯滤波器)和相位的平坦特性(例如使用贝塞尔函数)。

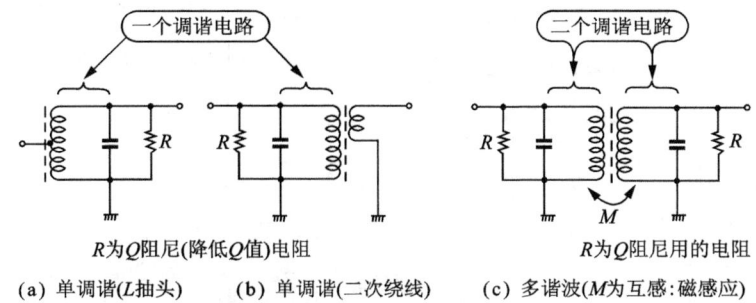

(a) 单调谐(L抽头)　　(b) 单调谐(二次绕线)　　(c) 多谐波(M为互感:磁感应)

图 7.4　带通滤波器的方式

使用 FM 收音机的 IF 电路的单调谐电路的幅频特性以及群时延特性(Group delay:相位特性对频率的微分来表示相位的变化量),如图 7.5 所示。

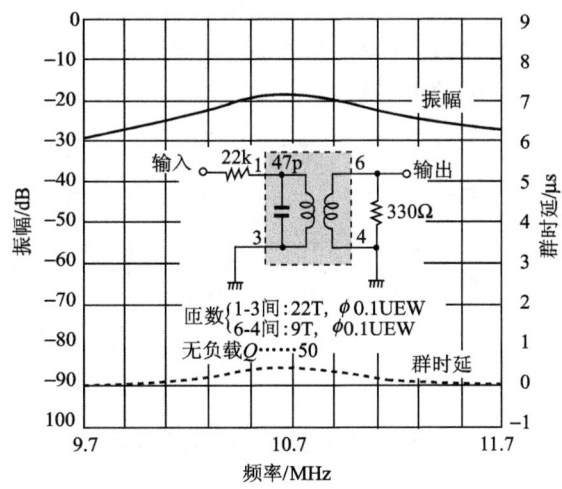

图 7.5　单调谐滤波器的特性

当带通特性的中心频率为 10.7MHz(FM 的 IF 电路的频率),因使用有抽头的 Q 值,故夹断特性变宽(即缓慢)。

图 7.6 为使用 LC 滤波器的 FM 收音机的混频电路。RF 信号与本机振荡器的输出信号混合（进行乘法运算），合成为 10.7MHz 的 IF 频率。从图中的电路可知，单调谐电路为混频的负载，只获取 10.7MHz 的信号。

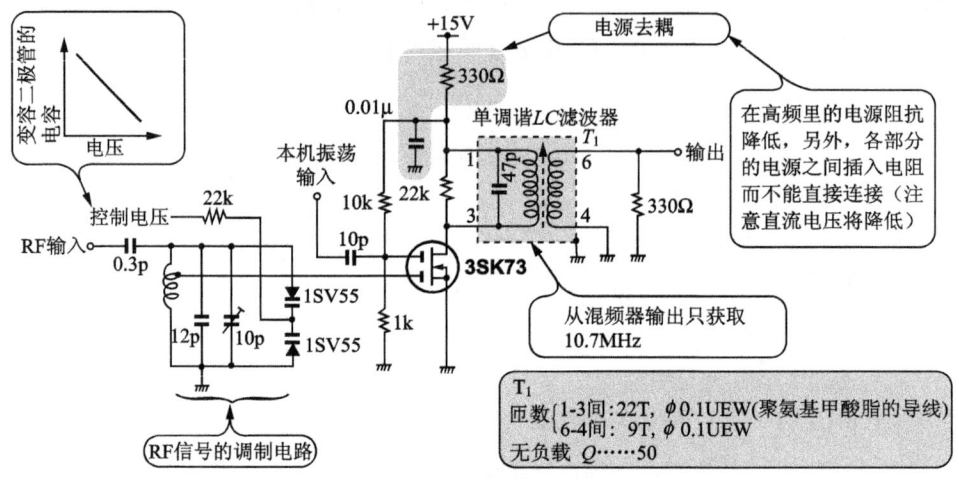

图 7.6 混频电路

7.1.2 陶瓷滤波器

在高压静电极化的陶瓷上设计输入输出电极以及接地电极的陶瓷滤波器，如图 7.7 所示。从一端的电极输入电信号，根据压电效应陶瓷产生机械谐振（发生固态波），根据压电效应，将振动变换为电信号从另一端的电极输出。

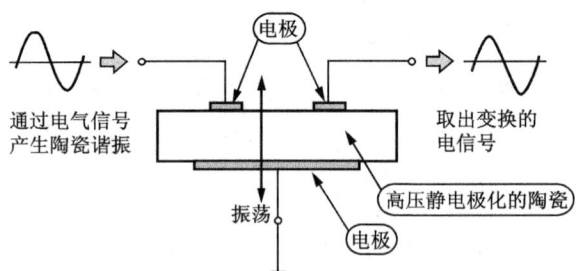

图 7.7 陶瓷滤波器的构造（截面图）

随着陶瓷的压电率、机械的长短以及电极形状等变化，就可以自由设定谐振频率和 Q 值，从而制作出可以应用的带通滤波器。

由于开发出锆钛酸铅系列的高压静电极化的陶瓷，从而大大改善了作为振子的特性以及稳定度。如今将其取代了 LC 滤波器,被广泛应用于数百 kHz 至数十 MHz 的频带。特别指出,AM 和 FM 收音机的 IF 的滤波器,几乎都是采用陶瓷滤波器。

▶ 关于陶瓷滤波器的 IF 电路的应用实例

应用窄带滤波器 SFE10.7MJ(村田制作所制造)的 FM 收音机的 IF 电路的幅频特性和群时延特性,如图 7.8 所示。与图 7.5 的 LC 滤波器比较可知,夹断特性非常好。

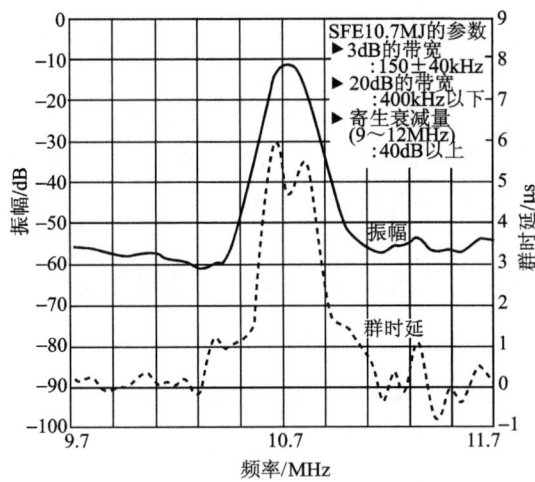

图 7.8　陶瓷滤波器 SFE10.7MJ 的特性[26]

使用陶瓷滤波器 FM 收音机的简单 IF 电路的实例,如图 7.9 所示。采用两个陶瓷滤波器和两个 IC,来构成 IF 电路和 FM 解调

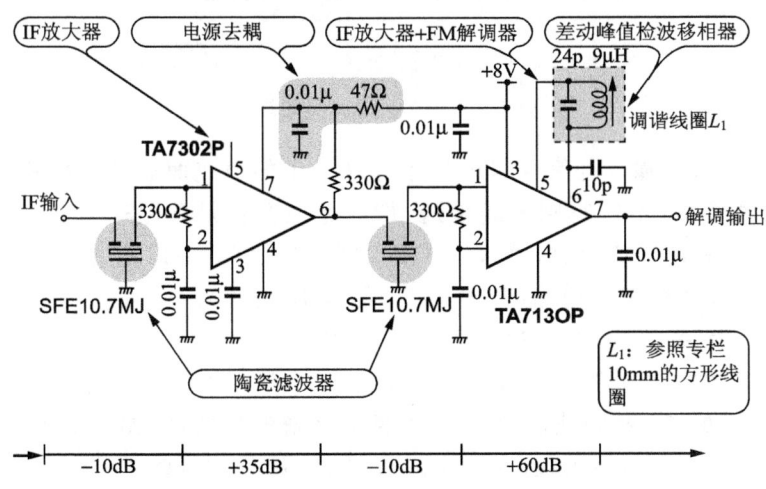

图 7.9　用于 FM 的 IF 电路的陶瓷滤波器

电路（TA7130P 内藏 IF 放大器和 FM 解调器）。

LC 滤波器要得到同样的特性，必须有 3～6 个滤波器。所以，使用陶瓷滤波器可以大大减少器件的数量。另外，对 LC 滤波器的调谐频率和其特性必须进行微调，而陶瓷滤波器就不需要做此调整，从而可以降低调整成本。

7.1.3 SAW 滤波器

SAW 滤波器是利用声表面波（SAW：Surface Acoustic Waves）传输特性的滤波器。

ASW 滤波器如图 7.10 所示。声表面波的激励振荡，在压电体上形成 2 组用于受振动的对指形电极。从一端电极输入电信号，根据压电效应，对指形电极的间隔 λ_0，发生 1 个周期的振荡，这个振荡变成为声表面波，传送到另一个对指形电极，变成电信号输出。可以通过压电体的压电率和对指形电极的间隔 λ_0 等来改变声表面波的频率 f_0。

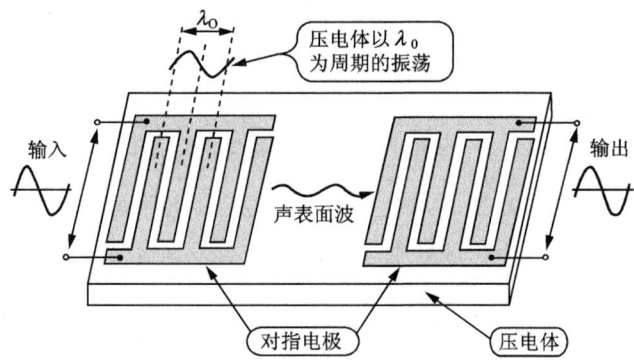

图 7.10　SAW 滤波器的结构

总之，输入电信号与对指形电极产生的声表面波的频率相同才能传送，不同时则不能传送，带通滤波器就是利用这一点工作的。现在，SAW 滤波器被用于数 MHz 至数百 MHz，特别多被用于电视机的 PIF 电路（Picture IF，图像 IF 电路）。

▶关于 ASW 滤波器图像 IF 电路的应用

图像载波频率为 58.75MHz 的 PIF，使用 F1031A（东芝公司制造）的 ASW 滤波器，其幅频特性以及群时延特性，如图 7.11 所示。从幅频特性可知，在截止区获得 60dB 以上的衰减量，具有非常好的夹断特性。

如果用 LC 滤波器得到同样特性的话，必须要用数个线圈。

另外，它还有一个非常好的优点，即不需要调整就可得到像这样的特性。还有，由于图像信号多含有方波成分，所以要使用良好的群时延特性来处理 PIF 电路的滤波器和视频信号（为了有较好的方波传输特性，必须有平坦的群时延特性）。

由于 SAW 滤波器分别设定了振幅特性以及群时延特性，所以，只有确保振幅特性，才能实现如图 7.11(b)那样好的群时延特性。

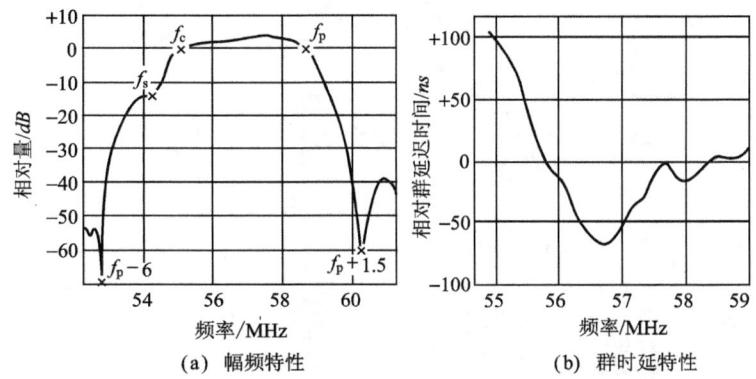

	项 目	最小	标准	最大	单位
衰减器	$f_p-6.0$ (52.75MHz)	—	-45	-39	dB
	$f_p-4.5$ (54.25MHz)	-15.5	-13.0	-10.5	dB
	$f_p-3.58$ (55.17MHz)	—	0	—	dB
	$f_p-2.0$ (56.75MHz)	2.7	4.0	5.3	dB
	f_p (58.75MHz)	—	0	—	dB
	$f_p-1.5$ (60.25MHz)	—	-45	-39	dB
频带内交流声(p-p)			0.15	0.3	dB
频率温度系数 ($-20\sim70$℃)			-18	-25	ppm/℃
频带外干扰				-30	dB

(c)电气特性($T_a=25$℃)

(1ppm 等于 10^{-6})

图 7.11 SAW 滤波器 F1031A 的特性[23]

图 7.12 为用于电视机的 PIF、SIF(Sound IF，声音的 IF 电路)的 SAW 滤波器。是由 1 个 SAW 滤波器构成 PIF 电路的滤波器。在匹配状态下，由于频带内交流声（在通频带内，幅频特性的波动）以及群时延的交流声的增加，所以输入输出电极间发生电反射。但图 7.12 中的 F1031A 特性阻抗没有被匹配。

156　第7章　接收机滤波器的制作

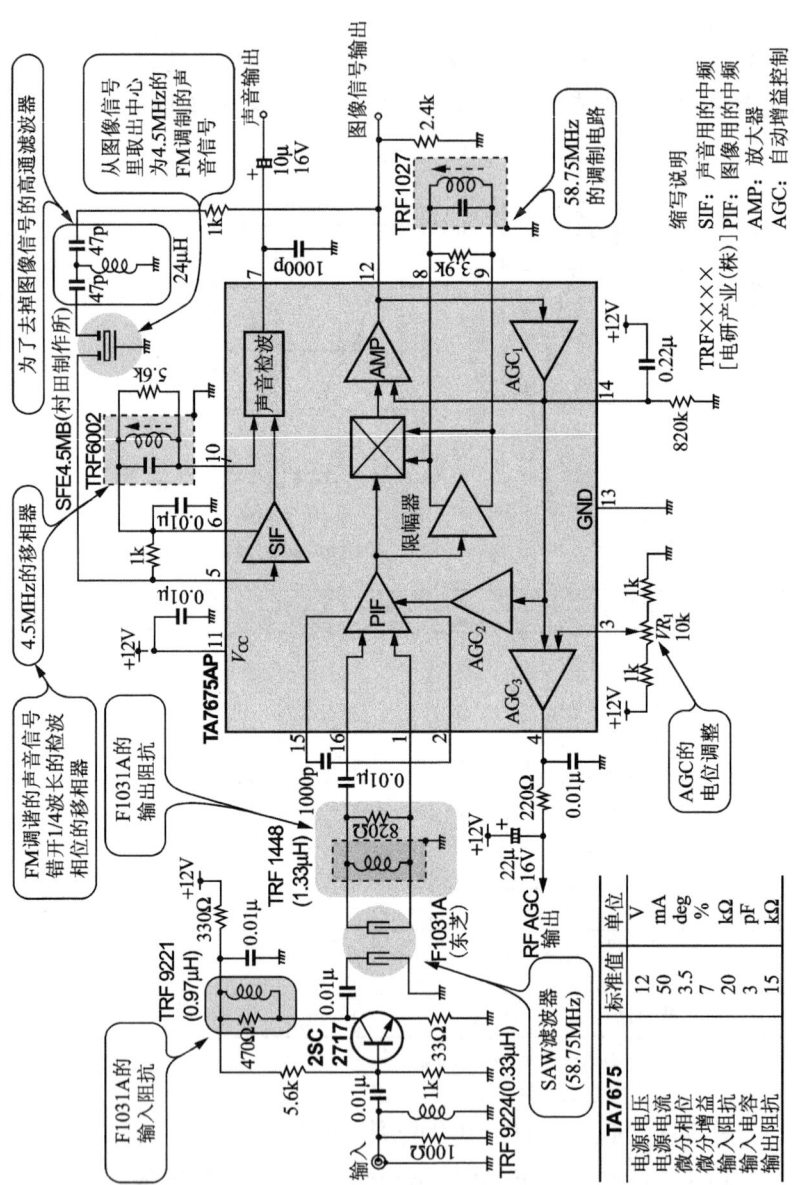

图7.12　用于电视机的PIF电路的SAW滤波器

专栏
电感的制作方法

各种方型线圈的内部构造，如照片 7.A 所示。照片的左边称为螺旋磁芯，中间与右边的称为帽形磁芯。随着铁氧体磁芯在线圈内的进出，来改变线圈的电感值。

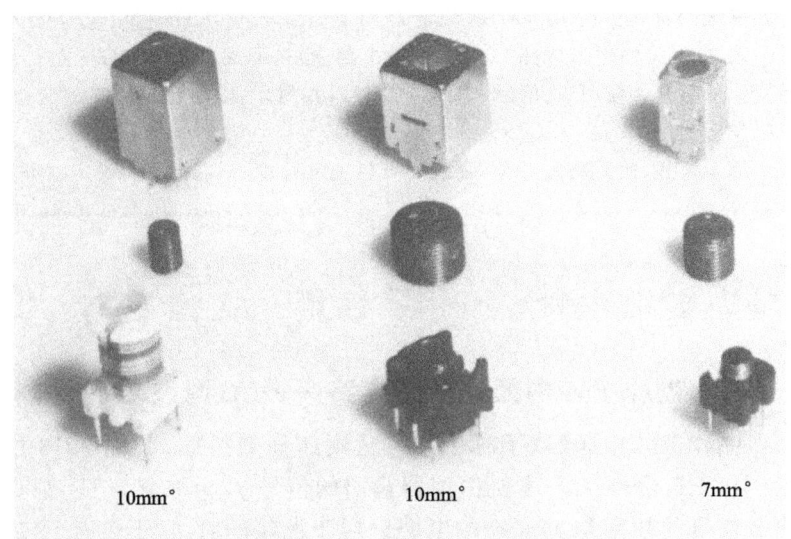

照片 7.A 用于测试的线圈的外观

现在，使用照片右边的 7mm 方型线圈骨架，用聚氨基甲酸脂的导线（用聚氨基甲酸脂橡胶为绝缘的导线，简称 UEW）绕 20 匝，来测定电感 L 和 Q 值。

线圈的绕线方法有各种各样，这里，采用常用的方法，朝同一方向旋转绕制而成。

改变导线直径与磁芯材料所得的 L 和 Q 的实测值，如表 7.A 所示。测定磁芯插入最深（L 为最大）和磁芯全部取出（L 为最小）的 L 和 Q 值。不管导线的直径，L 变化范围的中心为 $10\mu H$ 左右。所以，7mm 的方形线圈骨架

表 7.A 随着导线的直径与磁芯的材料变化的线圈特性

(a) Φ0.06UEW，磁芯材料 Q_{1B}(TDK)

测定频率	电感 $L/\mu H$	Q 值
450kHz	13.4～8.1	25～17
10.7MHz	14.0～9.9	13～15

(b) Φ0.12UEW，磁芯材料 Q_{1B}(TDK)

测定频率	电感 $L/\mu H$	Q 值
450kHz	14.0～8.4	61～46
10.7MHz	14.5～8.5	10～9

(c) Φ0.12UEW，磁芯材料 M_9(TDK)

测定频率	电感 $L/\mu H$	Q 值
450kHz	13.1～7.3	76～49
10.7MHz	17.0～8.3	64～69

绕 20 匝导线的话，获得电感为 $10\mu H$ 左右（当然，骨架的直径与磁芯的磁导率不同的话，L 值也要变化）。其中，Q 为线圈电感的交流阻抗 ωL 与等价串联电阻 R 的比（$Q=\omega L/R$），从表 7.A(a) 与表 7.A(b) 比较可知，如果导线的直径太小，等价串联电阻就会变小，则 Q 值增高。另外，磁芯材料要使用在频率范围内。频率越高，磁芯材料的损耗系数 $\tan\delta$（Q 的倒数）就越大（具体的说，$\tan\delta$ 除以交流初透磁率 μ_{iac} 等于相对损失系数 $\tan\delta/\mu_{iac}$，变大）。

表 7.A(a) 和 (b) 的磁芯材料 Q_{1B}（TDK 公司制造）是 $\tan\delta$ 从 1MHz 左右开始变大的材料。在 10.7MHz 测定 Q 的实测值与 450KHz 相比，Q 值要小些。表 7.A(c) 的磁芯材料 M_9（TDK 公司制造）是 $\tan\delta$ 从数十 MHz 左右开始变大的材料。使用 M_9 的磁芯材料，如表 7.A 所示，随着测定频率的变化，Q 值没有变化。

综上所述，匝数决定 L 值，导线的直径决定 Q 值，磁芯的材料决定频率。

7.2 实际滤波器的设计

7.2.1 制作 FM 中频的混频电路——LC 滤波器

制作 FM 中频（以下称 IF）的混频部分的组成，如图 7.13 所示。由 RF 信号 f_1 与本机振荡器输出的信号 f_2 相乘变为 IF，只取出 2 信号的频率差 f_1-f_2 的电路。对于混频的输出，不仅有 IF 成分，而且有 2 信号的频率和 f_1+f_2 和 f_1 与 f_2 的泄漏成分，所以，仅取出 IF 就必须选择带通滤波器。

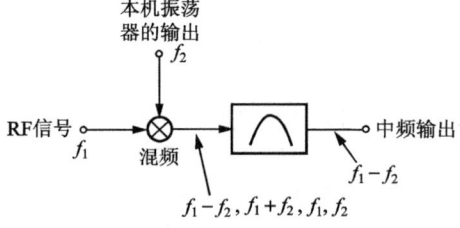

图 7.13 混频部分的组成

通常的混频电路，像图 7.6 那样采用 MOS FET 或晶体管，漏极或集电极连接 LC 滤波器负载，保持着带通特性（由于 LC 滤波器，在调谐时的阻抗变高，所以，混频的增益可能变大）。在这里，假定 FM 收音机的 IF=10.7MHz，来设计混频输出的 LC 滤波器。

图 7.14 为滤波器的结构，调谐方式为单调谐，是一种从次级线圈提取输出的方式。

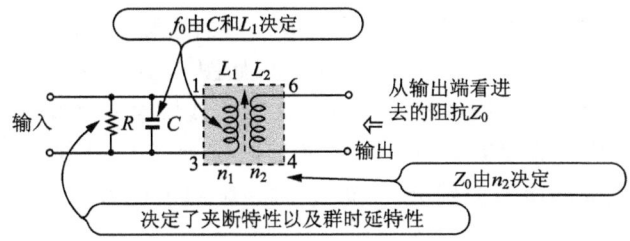

图 7.14 设计滤波器的组成

设单调谐时的频率(带通滤波器的中心频率)为 f_0,由下式可以求解：

$$f_0 = \frac{1}{2\pi\sqrt{LC}} \tag{7.1}$$

在本电路中,作为 $f_0=10.7\text{MHz}$,如果能由 C 和 L_1 来决定就太理想了。因为 C 太大,就要减少初级线圈的匝数,使 L_1 变小,所以,次级匝数就不能确保了(将在后面叙述)。反之,C 变小,f_0 容易受寄生电容的影响。

在这里,设 $C=47\text{pF}$,代入式(7.1)得

$$L_1 = \frac{1}{(2\pi \times 10.7\text{MHZ})^2 \times 47\text{pF}} \approx 5\,\mu\text{H} \tag{7.2}$$

用 7mm 的方型骨架,初级线圈的匝数 n_1 为 14 匝(使用 Φ0.1UEW),获得 $L_1=5\mu\text{H}$。

当 R 变化时的滤波器,所有幅频特性以及群时延特性,如图 7.15 所示。幅频特性的衰减度的大小,不会使群时延特性变坏(群时延特性趋于平坦而变好),这里,$R=10\text{k}\Omega$。

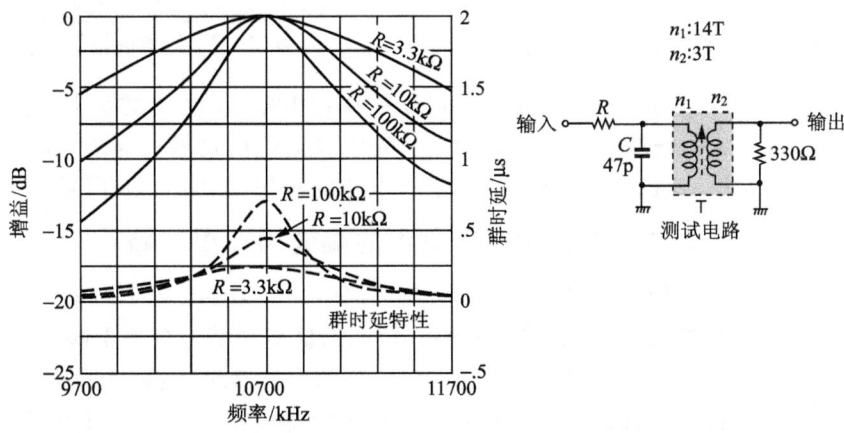

图 7.15 滤波器的频率特性以及群时延特性

根据阻抗匹配的条件,求得次级线圈的匝数 n_2(为了滤波器的接入损耗变小)。变压器的阻抗匹配,如图 7.16 所示。设连接初级的阻抗为 Z_1,次级的阻抗为 Z_2,从初级线圈看进去时的匹配阻抗为 Z_1,从次级线圈看进去时的匹配阻抗为 Z_2。现在,变压器的初级和次级的匝数分别为 n_1 和 n_2,则匹配的条件为

$$\frac{n_2}{n_1} = \sqrt{\frac{Z_2}{Z_1}} \tag{7.3}$$

在本电路中,次级连接陶瓷滤波器,其阻抗为 330Ω,代入式(7.3),得

$$n_2 = \sqrt{\frac{330\Omega}{10\text{k}\Omega}} \times 14 \approx 3$$

关于线圈的绕制方法,如图 7.17 所示。初级、次级的线圈绕制方向相反,而且相邻(不能重叠)。另外,初级、次级线圈的相邻引出线(本电路的 1,4 端子)接地(电源或交流接地),以便在初级、次级的线圈不结合寄生电容。

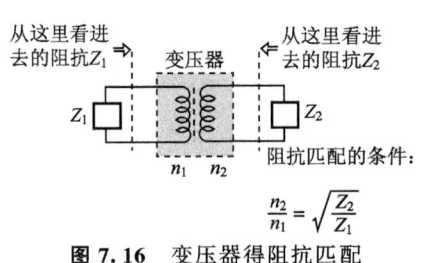

图 7.16 变压器得阻抗匹配

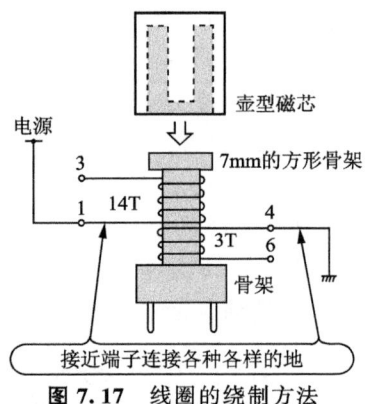

图 7.17 线圈的绕制方法

如图 7.15($R = 10\text{k}\Omega$ 的曲线)所示,设计滤波器的特性为 1MHz 失调点的衰减度为 10dB,群时延的最差值为 0.4μs 左右。

使用 LC 滤波器的混频电路的实例,如图 7.18 所示。

7.2.2 在 AM 收音机中的陶瓷滤波器电路

最近的 AM 收音机,几乎都由一个集成电路 IC 和一个陶瓷滤波器的 IF 电路构成。接收性能的优劣大部分取决于陶瓷滤波器。

当设计 AM 收音机 IF 电路的滤波器时,最重要的是决定接收机选择性的范围。所以,IF 电路的滤波特性体现了接收机所有的选择性。所谓选择性,就是从干扰信号中选择出有用信号的能力。

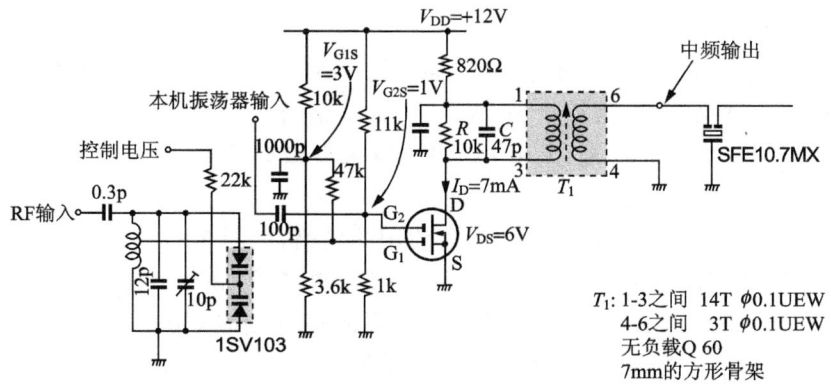

图 7.18 混频电路

在日本,AM 收音机的电台的间隔为 9kHz。关键问题在于如何降低邻近电台的信号。

对于 AM 收音机,设定 9kHz 失调点的选择性为 40~60dB 左右。这里,设计为 40dB 以上。

对于 IF 电路的滤波器来说,选择从中心频率离开 9kHz 点的衰减量为 40dB 以上。这里,AM 立体声选择用陶瓷滤波器 SFP450G(村田制作所制造)。SFP450G 的幅频特性,如图 7.19 所示。滤波器的中心频率为 450kHz(AM 的 IF 电路的中心频率采用 450kHz 或 455kHz),获得 9kHz 失调点的衰减量为 40dB 以上(9kHz 时为 40dB,—9kHz 时为 50dB)。

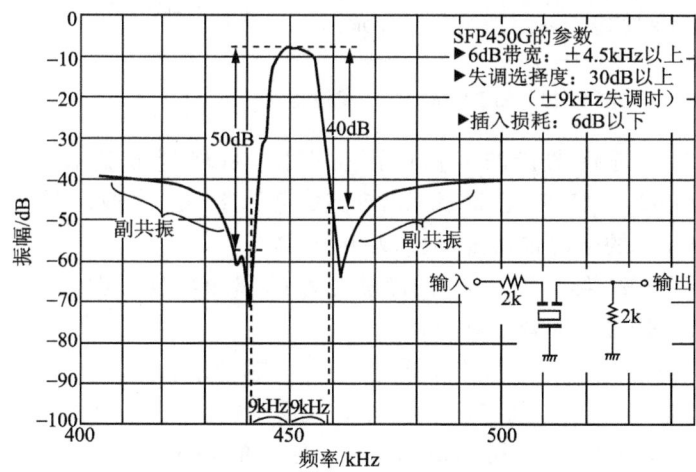

图 7.19 SFP450G 的幅频特性

▶ 抑制副谐振

但采用于陶瓷滤波器,会发生振幅特性的反冲现象,这种现象被称为副谐振(参见图 7.19 所示)。由于副谐振点的衰减量减小,故会引起串台。通常,采用 LC 滤波器来衰减副谐振,故将陶瓷滤波器与 LC 滤波器组合在一起使用。

SFP450G 与 LC 滤波器组合使用的电路,如图 7.20 所示。在这里,使用的滤波器为单调谐。调谐(并联谐振)在 450kHz 取决于初级的 C 和 L,通过适当的电阻实现阻尼的 Q 值(阻尼不足,带通特性变差;阻尼过大,副共振的衰减量变少)。这里,调谐电容 $C=180\text{pF}$,阻尼电阻 $R=47\text{k}\Omega$。另外,初级的抽头输出与中间抽头信号输入相比,插入损耗小。

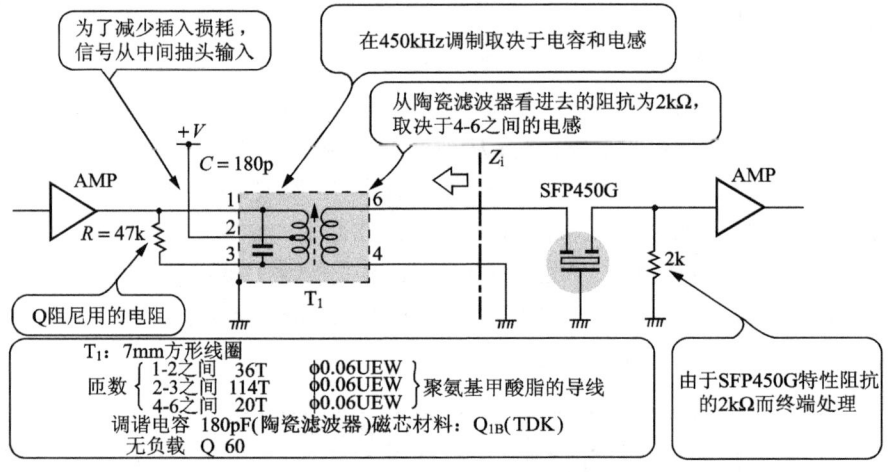

图 7.20 SFP450G+LC 滤波器

为了进行陶瓷滤波器的阻抗匹配,从陶瓷滤波器看阻抗,SFP450G 的特性阻抗为 $2\text{K}\Omega$,决定次级电感值。另外,因 SFP450G 的输出也匹配,故末端接 $2\text{k}\Omega$。

图 7.21 给出图 7.20 的滤波电路的幅频特性。由图可知,通过 LC 滤波器,衰减了副谐振。

已设计的 IF 电路滤波器与一个 IC 芯片组合成 AM 收音机的整个电路图,如图 7.22 所示。AM 收音机使用的芯片为 CXA1033P(索尼公司制造),其 IC 芯片的外部元件非常少。当然,这里设计的滤波器,即使应用到制作 PLL 的高级 AM 收音机上,也是可行的。

7.2 实际滤波器的设计 163

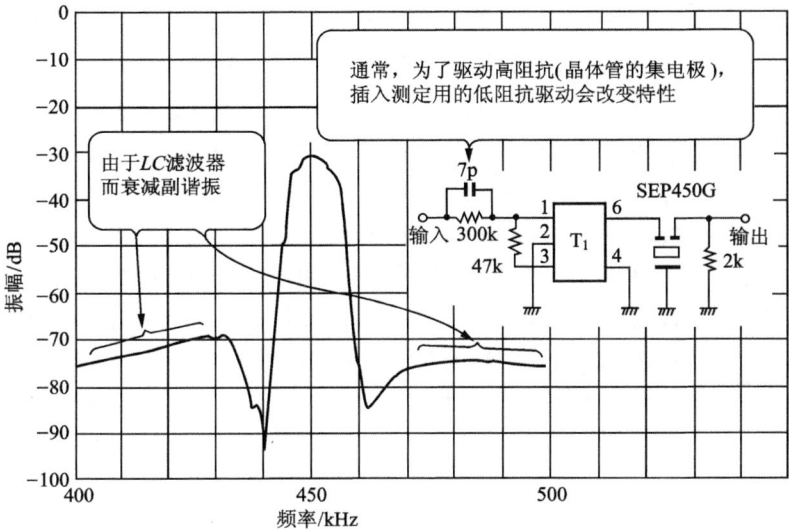

图 7.21 SFP450G＋LC 滤波器的幅频特性

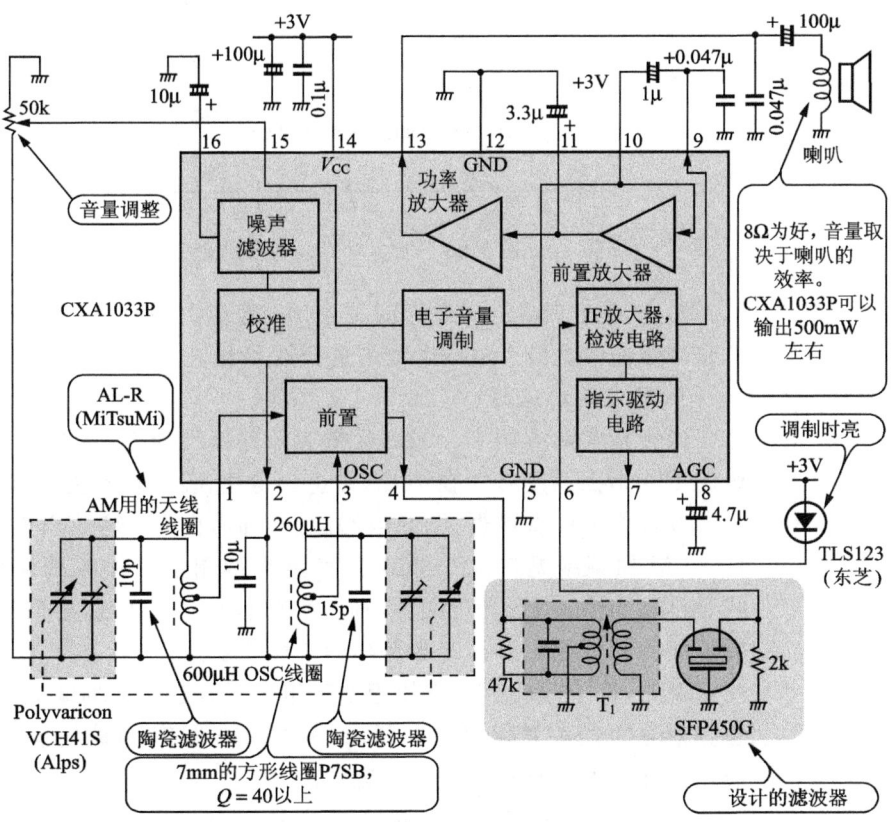

图 7.22 AM 收音机

7.2.3 FM 高级调谐器的 IF 电路——陶瓷滤波器

当设计 FM 调谐器的 IF 电路时与设计 AM 收音机一样,要根据接收机的整个选择性来决定滤波器的特性。按日本国内的管理要求,相邻 FM 电台的频率应该相隔 800kHz 以上。由于在 400kHz 失调点的邻近电台是有可能存在的,所以,确定从电台到 400kHz 的干扰波衰减为多少(400kHz 为有效选择性)是非常重要的。

但是,如图 7.23 所示,邻近电台播放的 FM 也是调制频率,所以,电台与邻近电台的实际距离只会变小。当测定 400kHz 有效选择性的时候,离开电台 400kHz 干扰信号附加了 75kHz 的调制(设 100% 的调制),则到电台的距离就变为 325kHz(=400kHz−75kHz)。

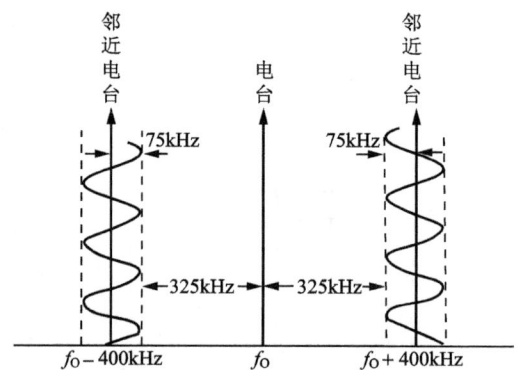

图 7.23 电台与邻近电台的关系

总之,当选择 IF 电路的滤波器时,离开中心频率 325kHz 处的衰减量应该达到 400kHz 处的选择性目标值。

▶ 滤波器的选择

通常在实际应用中,400kHz 的有效选择性为 50dB 左右,而高级的 FM 谐振器则必须在 70dB 以上。这里,设计目标为 70dB。

在选择 FM 调谐器的 IF 电路滤波器时,也必须考虑群时延特性。FM 的调制是对应于频率偏移量来调制信号振幅的调制方式,所以,当输入 FM 信号在群时延特性不平坦的区域(随着频率,有不同的相位变化量),频率偏移的线性度变差。

总之,在 IF 电路中,当使用不平坦的群时延特性的滤波器时,音频信号的失真率就变差。所以,FM 调谐的 IF 电路的滤波器,应该设计在群时延特性的平坦区域内。

考虑到以上因素,在这里,FM 立体声调谐器的 IF 电路的滤波器选择 SFE10.7MX(村田制作所制造)的陶瓷滤波器。

SFE10.7MX 的幅频特性以及群时延特性，如图 7.24 所示。根据 SFE10.7MX 的平坦的幅频特性，IF 电路的中心频率为 10.7MHz 的 325MHz，离散点的衰减量只能获得 25dB 左右。所以，为了得到 70dB 以上的 400kHz 有效选择性，故选择 3 个串联的 SFE10.7MX(70dB＜25dB×3)。

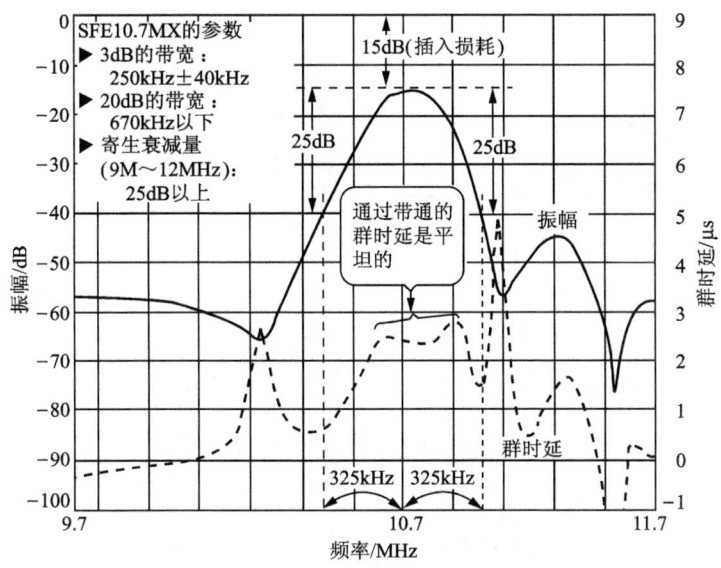

图 7.24 SFE10.7MX 的特性

▶ IF 电路的增益

其次，考虑 IF 电路的增益和滤波器的配置方法。通常，设定 FM 调谐的 IF 电路的增益为 90～100dB 左右。这里设为 100dB。如果 1 个 SFE10.7MX 有 15dB 的插入损耗(图 7.24)，为了使 IF 电路的总增益为 100dB，则放大器的增益必须达到 145dB。

滤波器和放大器的增益分配，如图 7.25 所示。

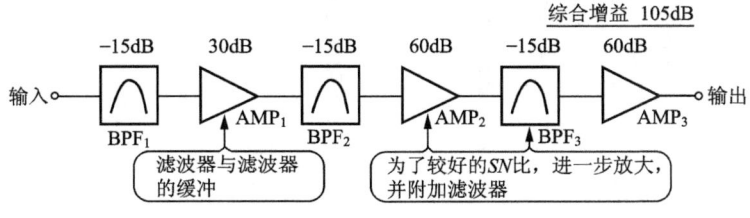

图 7.25 增益分配

为了在 IF 电路不发生混合调制和相互调制，滤波器应尽可能的

166　第 7 章　接收机滤波器的制作

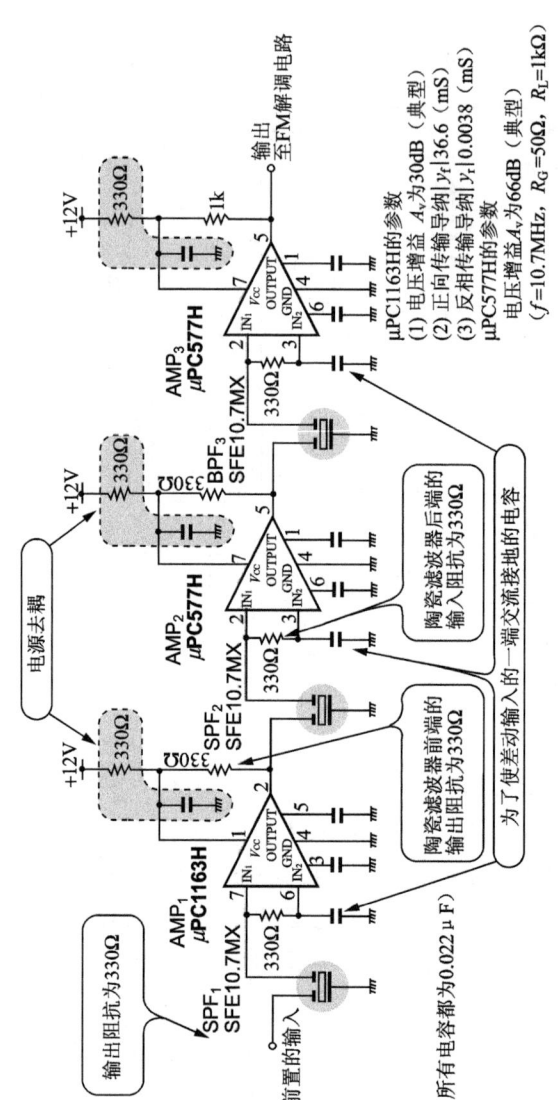

图7.26　FM调谐的IF电路

放在前端。AMP_1 为 BPF_1 和 BPF_2 阻抗匹配的阻尼器,如图 7.25 所示。为了降低 FM 波的 SN 比(CN 比:载波与噪声之比),则设定 AMP_2 比 AMP_1 大的增益(一次大幅放大,通过 BPF_3 下降到噪声电平的底部)。

具体电路如图 7.26 所示。AMP_1 使用 FM 的 IF 电路用的 μPC1163H(日本电气制造)放大器。μPC1163H 为 1 级差动 IC,电压增益为 30dB(典型值)。

AMP2、AMP3 使用 FM 的 IF 电路用的 μPC577H(日本电气制造)放大器。μPC577H 为 3 级差动构成的 IC,电压增益为 66dB(典型值)。

▶ **输入输出的匹配**

当然,使用陶瓷滤波器时,必须进行阻抗匹配。阻抗匹配的框图,如图 7.27 所示。从滤波器看进去的输入端的阻抗为 Z_i 和输出端的阻抗为 Z_o,组成陶瓷滤波器的特性阻抗为 Z_s。

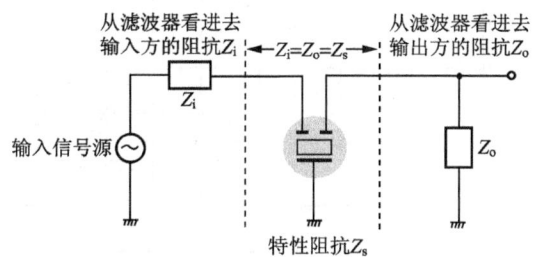

图 7.27 陶瓷滤波器的阻抗匹配

当改变输入输出阻抗 Z_i 和 Z_o 时,SFE10.7MX 的幅频特性以及群时延特性,分别如图 7.28 和图 7.29 所示。由此可知,如果 Z_i 和 Z_o 组成的 SFE10.7MX 的特性阻抗为 330Ω 左右,则其特性很乱。

在图 7.26 的电路中,各 IC 的负载电阻与 330Ω 的输入电阻相匹配(这里,由于使用的 IC 没有反馈,所以,负载电阻值就是放大器的输出阻抗)。

图 7.30 给出已设计 IF 电路立体声 FM 调谐 2 信号的选择性特性。所谓 2 信号选择性,是指当无调制的有用信号和 ±75kHz 调制的干扰信号同时输入到 FM 收音机中,收音机输出的 SN 比为 30dB、所画出的干扰波输出电平的曲线。

在该曲线中,400kHz 离散点的选择性为 400kHz 有效选择性。由图可知,这个电路的 400kHz 的有效选择性为 71.5dB(由于上侧与下侧不同,故取 80dB 和 63dB 的平均值),达到了设计目标。

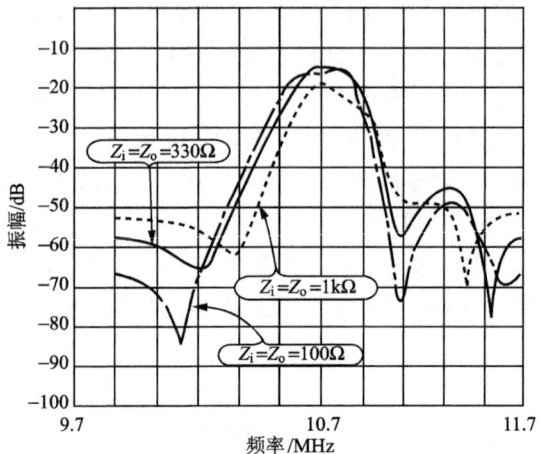

图 7.28 幅频特性

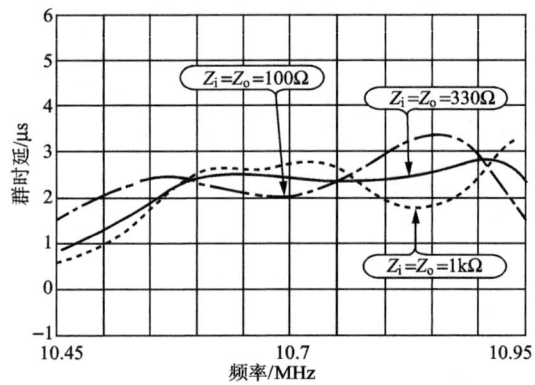

图 7.29 群时延特性

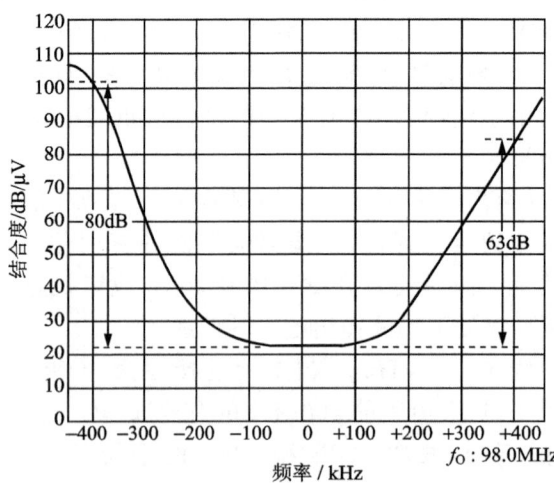

图 7.30 2 信号选择性特性

第8章
调制、解调电路的制作

像声音信号那样的低频信号,若作为无线信号传输时,需要具有良好的转换为电波的转换效率。低频信号是不能直接成为电波的,需经过一次高频转换才能变成电波。该转换过程称为调制(Modulation)。另外,把已调制的信号还原为原始信号的过程称为解调或检波(所谓检波,就是将电信号"检"出来,原本的含义与解调是不同的)。

如前所述,为了进行无线电通信就要考虑调制、解调技术。现在,根据调制可以进行多通道通信,无线电通信不再受到限制。同时,如调制解调装置或传真等利用电话线进行的有线通信也大量被使用。

调制的方式,如图 8.1 所示,可分为对模拟信号的调制(称为模拟调制)和对数字信号的调制(称为数字调制)两大类。在这里,将通过具体电路加以说明模拟调制及其解调。

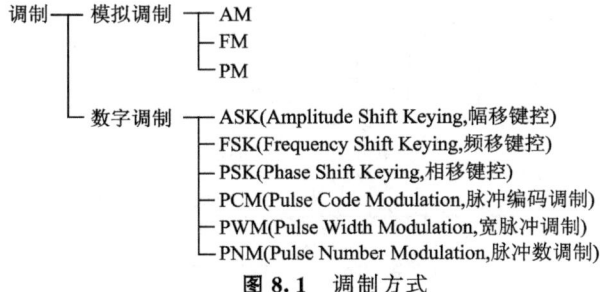

图 8.1 调制方式

8.1 AM 方式的调制、解调

在收音机的中频和短波的传播以及电视等领域,广泛地应用 AM 的调制方式。

一般地讲,AM 方式的优点为具有简单的调制电路且占有很窄的频带(可以设计多通道的受限频带)。但其缺点是已调制波的包络线变成了调制波,容易受到外来噪声的影响。

8.1.1 何谓 AM 调制

现在,假定载波 v_c 和调制波 v_s 都为正弦波,可以用下列方程表示 v_c 和 v_s:

$$v_c = V_C \cos(2\pi f_C t) \tag{8.1}$$

$$v_s = V_S \cos(2\pi f_S t) \tag{8.2}$$

其中,V_C 为载波的振幅;f_C 为载波的频率;V_S 为调制波的振幅;f_S 为调制波的频率。

由于 AM 的调制方式,载波的振幅比调制波的变化大,所以,已调制波的振幅 V_m 可以用下式表示:

$$V_m = V_C + v_s = V_C + V_S \cos(2\pi f_C t) \tag{8.3}$$

因此,已调制波变为 v_m 为:

$$\begin{aligned} v_m &= V_m \cos(2\pi f_C t) \\ &= [V_C + V_S \cos(2\pi f_S t)] \cdot \cos(2\pi f_C t) \\ &= V_C \cos(2\pi f_C t) + V_S \cos(2\pi f_C t) \cdot \cos(2\pi f_S t) \end{aligned} \tag{8.4}$$

AM 调制的各组成波形,如图 8.2 所示。式(8.4)的第 2 项表示图 8.2(c)的包络线 v_s 和 $-v_s$(也称为平衡调制波),式(8.4)的第

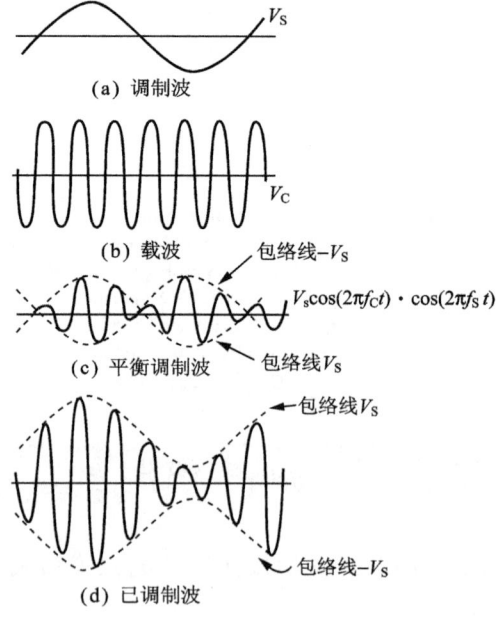

图 8.2 AM 调制的各组成成分

1项表示已调制波,如图8.2(c)所示。由于加载载波,最后变成如图8.2(d)的波形。所以,AM的已调制波是由上下包络线表示的调制波。

这里,定义 m 为 V_S 与 V_C 的比,如下式所示:

$$m = V_S/C_V \tag{8.5}$$

这个 m 被称为调制度或调制率(用百分率表示)。表示调制的大小(m 值越大,调制就越深)。将 m 代入式(8.4)得

$$v_m = V_C\cos(2\pi f_C t) + m \cdot V_C\cos(2\pi f_C t) \cdot \cos(2\pi f_S t) \tag{8.6}$$

当 m 值变化时,得到已调制波,如图8.3所示。

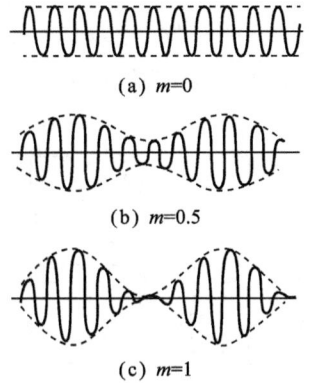

图8.3 根据 m 值的变化的已调制波

其次,要考虑在频率轴上 AM 波怎样变化?

式(8.6)可变为下式方程:

$$v_m = V_C\cos(2\pi f_C t) + \frac{m}{2} \cdot V_C\cos[2\pi(f_C - f_S)t]$$

$$+ \frac{m}{2}V_C\cos[2\pi(f_C + f_S)t] \tag{8.7}$$

式(8.7)的第1项为载波;第2项为 $m/2$ 的载波,其频率比载波频率只低 f_S 的成分;第3项为 $m/2$ 的载波,其频率比载波频率只高 f_S 的成分。第2项称为下边波(Lower Side Band),第3项称为上边波(Upper Side Band)。

式(8.7)的频谱,如图8.4所示。离开载波上下 f_S 的位置分别为上边波和下边波。

式(8.7)的调制波为单一的正弦波,实际上的调制波,像声音信号那样由多个频率组成。但是,即使在这种情况下,载波上下调

制波的频率成分还是出现与图 8.4 相同的频谱。

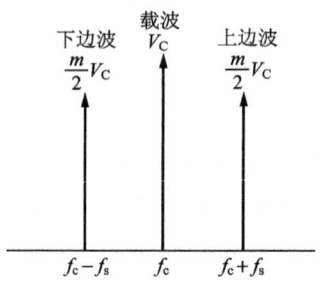

图 8.4 已调制波的频谱

图 8.5 给出载波为 1MHz、限制 20kHz 带宽的调制波为白噪声时的已调制波频谱。由此可知,白噪声的频率成分在载波上下对称存在。所以,AM 调制的频带必须为调制波频带的 2 倍。

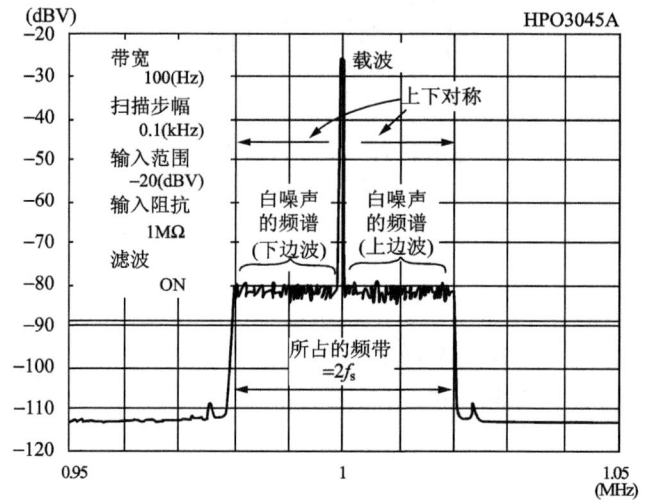

图 8.5 通过白噪声调制的已调制波的频谱

但是,由于包含相同的上边波与下边波,无论哪一方的调制波信息都可能进行解调(解调电路变得复杂)。然而,无论去掉哪一边的波传输,都只占频带的 1/2,并且,减小传输功率。像这样的解调称之为单边波解调(SSB:Single Side Band)。

8.1.2 使用 DBM 的 AM 调制电路

从方程式(8.4)可知,载波与调制波相乘再加载波获得已调制波 v_m。

图 8.6 给出根据这个原理的 AM 调制电路。该电路通过使用

NJM1496D（新日本无线制造）的平衡调制器（DBM：Double Balanced Modulator），进行乘法运算。

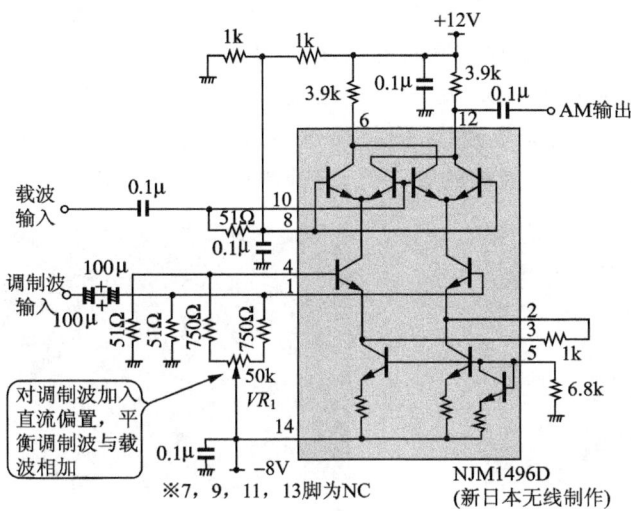

图 8.6 用 DBM 的 AM 调制电路

DBM 为上下 2 段重叠波形的差动放大电路，输出为 2 个输入信号的积（随着 1、4 脚输入信号的电平而变化，所以，可以进行乘法运算）。输入的载波与调制波，通过这个 DBM 可以得到平衡的调制波。另外，当使用 DMB 进行乘法运算时，通过调整 VR_1，使输出载波的泄漏量变为最小。在本电路中，根据载波的泄漏量来调整 VR_1（调制波附加隔直），根据平衡调制波与载波相加得到已调制波。

当输入 1MHz、74Bμ（50mV_{rms}）正弦波的载波以及 1kHz、100mV_{rms} 正弦波的调制波时的输出波形，如照片 8.1 所示。由照

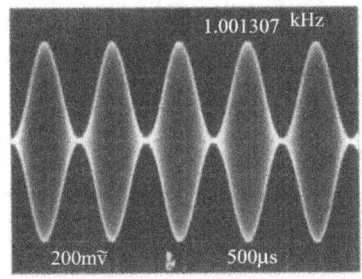

照片 8.1 $m=1$ 的输出波形，载波 1MHz 50mV_{rms}，调制波 1kHz 100mV_{rms}
（X：500μs/div，Y：200mV/div）

片可知,在已调制波的包络线表现出原来的调制波的波形。这时调制度 m 变为 $1(100\%)$(这时,根据 $m=1$ 来调整 VR_1)。

照片 8.2 和照片 8.3 为调制波电平分别为 $50mV_{rms}$ 和 $140mV_{rms}$ 时的照片。这时的调制度为:$m=0.5$,$m=1.4$。特别指出,根据照片 8.3,m 大于 1,包络线的形状与调制波发生变化,所以用简单的解调电路(后面将述包络线的检波电路)就不能解调。所以,对于 AM 播放的收音机,应抑制调制度为 1 以下进行播放。

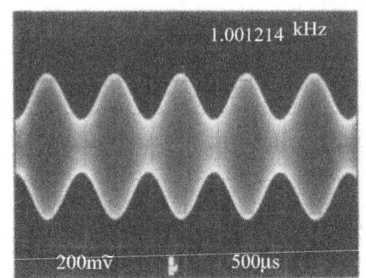 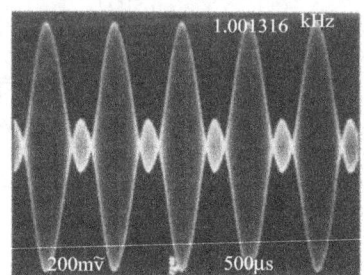

照片 8.2 $m=0.5$ 的输出波形,载波 $1MHz$ $50mV_{rms}$,调制波 $1kHz$ $50mV_{rms}$ ($X:500\mu s/div, Y:200mV/div$)

图 8.3 $m=1.4$ 的输出波形,载波 $1MHz$ $50mV_{rms}$,调制波 $1kHz$ $140mV_{rms}$ ($X:500\mu s/div, Y:200mV/div$)

图 8.7 为 $m=0.5$(照片 8.2)时的频谱。由图可见,$1MHz$ 的载波,上下离开 $1kHz$(调制波的频率)存在上边波和下边波。假如 $m=0.5$,对应于载波的上边波和下边波的大小为 $m/2=0.25$,故

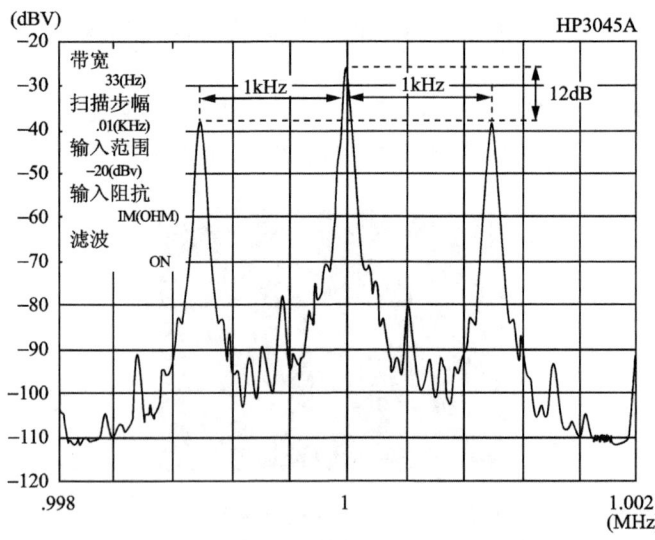

图 8.7 已调制波的频谱($m=0.5$)

变为$-12dB$。

8.1.3 使用模拟乘法器的 AM 调制电路

图 8.8 为用模拟乘法器 MPY634KP 代替 DBM 的 AM 调制电路。该电路与图 8.6 的电路相同,从 VR_1 得到叠加有直流成分的调制信号,通过模拟乘法器来乘以载波,通过得到的载波泄漏成分和平衡调制波来制作已调制波的电路。若采用集成乘法器的话,则温度稳定性要好,在所有的信号范围内,都可得到 0.1% 的线性度。

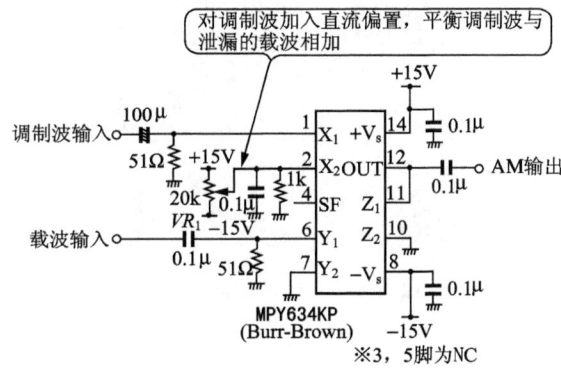

图 8.8 用模拟乘法器的 AM 调制电路

8.1.4 使用二极管的 AM 解调电路

对于 AM 来说,已调制波信号的包络线变成了调制信号。这时,若用示波器来观测已调制的波形,调制波为什么样的波形就一目了然了。因此,从已调制波的波形中获取调制波,从直觉上讲似乎不是很难的事情。

图 8.9 给出广泛用于 AM 收音机的简单二极管解调电路。由图可知,通过二极管对已调制波进行半波整流,另外,通过低通滤波器除去载波成分而获得解调输出。该电路由于检出已调制波的包络线,故被称为包络检波电路。

各部分的工作波形(以载波 450kHz,调制波 1kHz,$m=0.5$ 为输入信号),如照片 8.4~8.6 所示。通过二极管的已调制波,如照片 8.4 所示,被除去负半波,如照片 8.5(Ⓐ点波形)所示。对于 AM 调制,由于上下包络线所包含的信息是完全相同的,所以除去哪一方的包络线都不会影响解调输出。通过二极管的半波整流波形,还残留有载波波形,通过简单的 RC 低通滤波器,就可以获得像照片 8.6 所示的调制波。

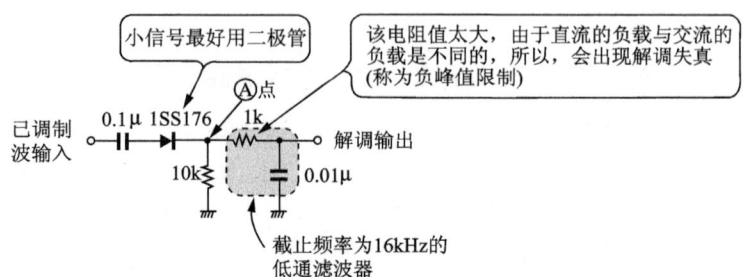

图 8.9 使用二极管的 AM 解调电路

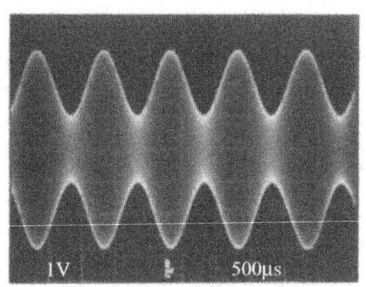

照片 8.4 已调制波输入
(X:500μs/div,Y:1 V/div)

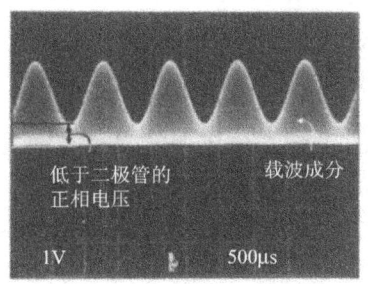

照片 8.5 图 8.9 的Ⓐ点的波形
(X:500μs/div,Y:1 V/div)

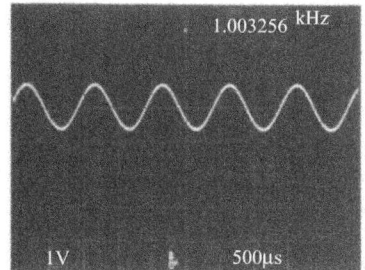

照片 8.6 解调输出
(X:500μs/div,Y:1 V/div)

从照片 8.5 可知,由于二极管的正向压降 V_F 约为 0.6V,所以通过二极管后的所有电平均下降。由此,通过二极管之前的已调制波的电平必须放大到可以忽视 V_F 左右的电平(对于 0.6V 以下的已调制波的振幅是不能解调的)。

8.1.5 使用 DBM 的 AM 解调电路

使用 DBM 的 AM 解调电路,如图 8.10 所示。图 8.9 的电路为直接取出包络线而获得解调输出的方式,该电路通过 DBM 对上边波或下边波的频率逐次差拍(通过乘法得到两个信号频率的差来降低频率)获得解调频率。

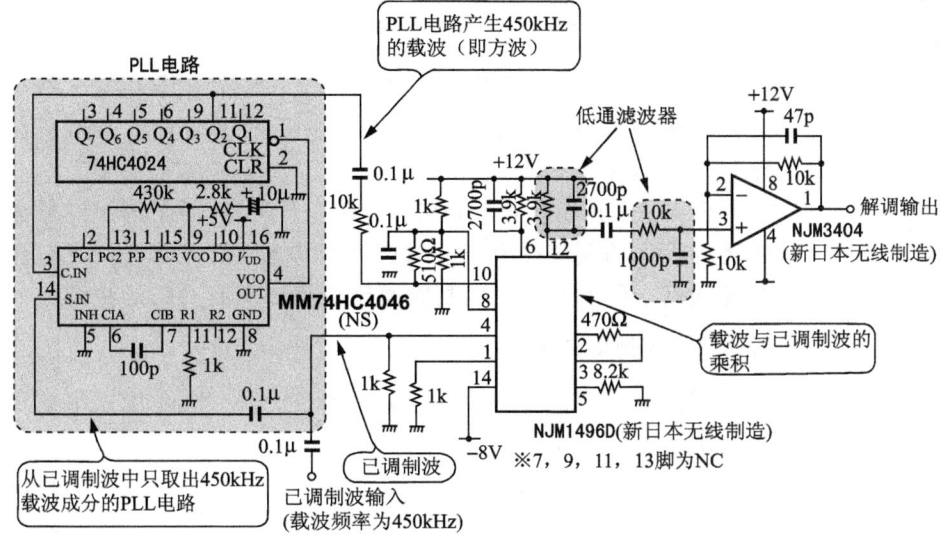

图 8.10 使用 DBM 的 AM 解调电路

现在,根据式(8.7),已调制波 v_m 与载波的 $\cos(2\pi f_c t)$ 相乘,得

$$\begin{aligned}
v_m \times \cos(2\pi f_c t) &= V_C \cos^2(2\pi f_c t) + (m/2)V_C \cos \\
&\quad \times [2\pi(f_C - f_S)t] \cdot \cos(2\pi f_c t) + (m/2) \\
&\quad V_C \cos[2\pi(f_C - f_S)t] \cdot \cos(2\pi f_c t) \\
&= V_C/2 + (V_C/2)\cos(2\pi \cdot 2 f_c t) \\
&\quad + (V_S/2)V_C \cos[2\pi(2 f_C - f_S)t] \\
&\quad + (V_S/2)\cos[2\pi(2 f_C + f_S)t)] \\
&\quad + V_S \cos(2\pi f_S t)
\end{aligned} \tag{8.8}$$

通过低通滤波器,除去方程式(8.8)的高频成分,获得调制波 $v_s = V_S \cos(2\pi f_S t)$(输出的直流成分 $V_C/2$,通过电容滤掉为好)。

在图 8.10 的电路中,通过 PLL(锁相环路)将已调制波中的载波、频率以及相位锁定并作为信号,该信号与已调制波通过 DBM 相乘。从方程式(8.8)可知,DBM 的输出由于包含调制波以外的高频成分 $2f_C + f_S$、$2f_C - f_S$,所以,需低通滤波器只把调制波成分取出来。

这个电路与用二极管的解调电路相比虽然很复杂,但其具有即使 m 为 1 以上也可以解调,甚至 SSB 也可以解调等优点(除去方程式(8.7)的上边波或下边波,与方程式(8.8)相同的操作是容易理解的)。

8.2 FM方式的调制、解调

FM多用于收音机的FM播放、TV的声音信号以及无线电收发两用机等各种无线电业务。另外,FM的考虑方法也被应用于数字通讯模式的FSK(数字FM)。

FM一个重要特征是,在时间轴向上调制,对于因天空放电和干扰等发生的幅值噪声有非常强的抑制作用,因此被广泛应用于各种通讯。但后面所述的高频调制信号要求有很广的频带。

8.2.1 何谓FM调制

现在,假定载波 v_c 和调制波 v_s 为正弦波,则 v_c 和 v_s 可以用下式表示:

$$v_c = V_C \cos\omega_c t \tag{8.9}$$

$$v_s = V_S \cos\omega_s t \tag{8.10}$$

其中,V_C 为载波的幅值;ω_c 为载波的角频率;V_S 为调制波的振幅;ω_s 为调制波的角频率。

由于FM调制方式的载波频率(考虑的是角频率)与调制波的大小成比例,所以,已调制波的角频率 ω_m 可表示为

$$\omega_m = \omega_c + \Delta\omega\cos\omega_s t \tag{8.11}$$

这里,由于 $f_c = \omega_c/2\pi$ 为FM调制的中心值,故称为中心频率,$\Delta\omega$ 为与调制波的幅值成比例的角频率,这时的频率 $\Delta f = \Delta\omega/2\pi$,称为最大频率偏移(Maximum Frequency Deviation)。

设已调制波 v_m 为:

$$v_m = V_C \sin\theta_m \tag{8.12}$$

相位 θ_m 为:

$$\theta_m = \int_0^t \omega_m dt = \omega_c t + \frac{\Delta\omega}{\omega_s}\sin\omega_s t \tag{8.13}$$

($\omega = d\theta/dt$,则 $\theta = \int_0^t \omega_m dt$)

则式(8.12)变为

$$v_m = V_C \sin\left(\omega_c t + \frac{\Delta\omega}{\omega_s}\sin\omega_s t\right) \tag{8.14}$$

$$= V_C \sin(\omega_c t + m\sin\omega_s t)$$

其中,$m = (\Delta\omega/\omega_s) = (\Delta f/f_s)$

这里,频率偏移 Δf 与调制波频率的比为 m,称为调制指数

(Modulation Index)，其数值表示 FM 调制的大小。另外，从式 (8.4) 可知，已调制波的幅值一定，并且载波频率与中心频率的调制波的振幅($\propto \Delta \omega$)成比例变化。

总之，如图 8.11 所示，FM 的已调制波根据调制波的变化变成疏密波。

另外，式(8.15)用贝塞耳函数表示如下：

$$v_m = V_C \sum_{n=-\infty}^{\infty} J_n(m) \times \sin(\omega_c + n\omega_s)t \quad (8.15)$$

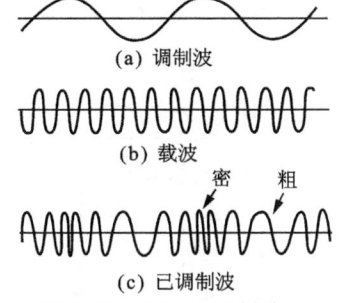

图 8.11 FM 已调制波

其中，$J_n(m)$ 为 n 次的第一种贝塞耳函数。

从式(8.15)可知，即使用单一频率的正弦波来调制，已调制波也存在无数的 f_c 的上下边波(有关详细的解析，参照文献[19]，[28]所示)。

将 10.7MHz 的载波加入 FM 调制，当 m 变化时的已调制波频谱，分别如图 8.12～8.15 所示。图 8.12 为无调制时的频谱，只存在 10.7MHz 的载波成分。图 8.13 为 $m=75(\Delta f=75\text{kHz}, f_s=1\text{kHz})$、图 8.14 为 $m=7.5(\Delta f=75\text{kHz}, f_s=10\text{kHz})$、图 8.15 为 $m=1.5(\Delta f=75\text{kHz}, f_s=50\text{kHz})$时的频谱。像这样，当 FM 时，即使用单一频率调制，已调制波的所占频带也很广。另外，如果 m

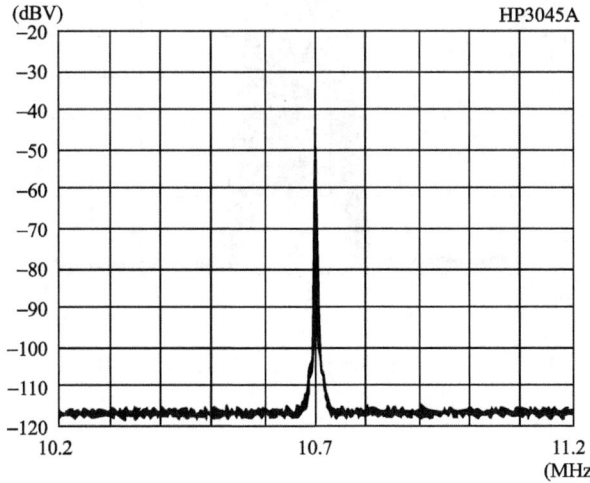

图 8.12 无调制时的频谱

越小,所占有的频带越广,从图 8.14、15 可知,频谱间隔变为 f_s[由式(8.15)可得,边波成分得间隔为 f_s]。还有,m 和已调制波所占有频带 f_B 之间有如下关系:

当 m 远小于 1 时,$f_B \approx 2f_s$;

当 m 远大于 1 时,$f_B \approx 2\Delta f$ 或 $2f_s$ 大的一方。

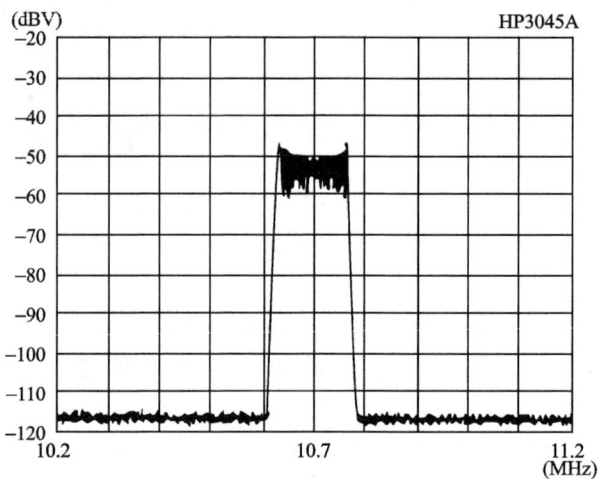

图 8.13 $m=75$ 的频谱($\Delta f=75\text{kHz}, f_s=1\text{kHz}$)

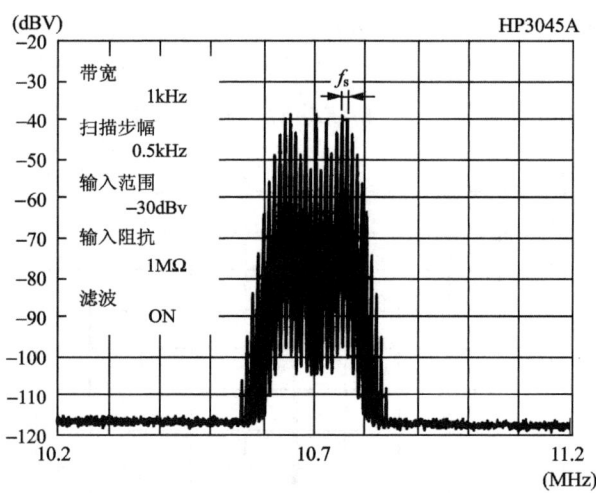

图 8.14 $m=7.5$ 的频谱($\Delta f=75\text{kHz}, f_s=10\text{kHz}$)

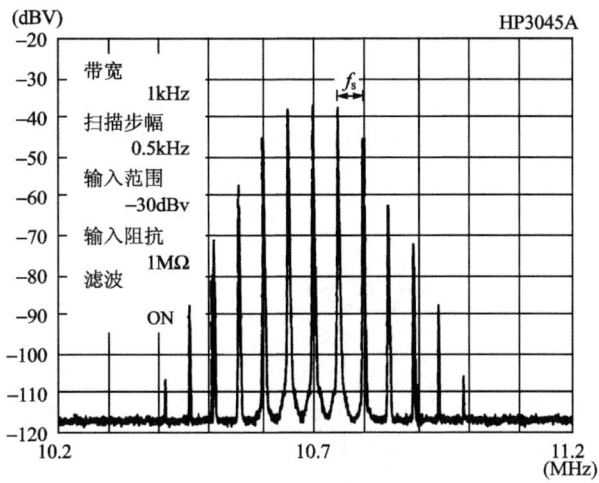

图 8.15　$m=1.5$ 的频谱（$\Delta f=75\mathrm{kHz}, f_s=50\mathrm{kHz}$）

8.2.2　使用 LC 的 FM 调制电路

LC 调谐振荡电路中 L 或者 C 的值，随着调制信号的变化而改变，就可以获得 FM 波（已调制波）。

图 8.16 为通过 LC 振荡中心频率为 10.7MHz 的 FM 调制电路。当这个电路工作时，1SV103（东芝公司制造）变容二极管（利用 PN 结的阻挡层电容变化的电容元件）与电感相并联，其电感量与调制电压成比例可调，由此，电路的振荡频率可变。由于振荡电路为变形的电容三点式振荡电路，振荡输出可从发射极取出。另外，通过外部连接的电路，来防止振荡频率变化而引起不稳定的振荡，用 FET 的源极跟随器获取已调制输出。

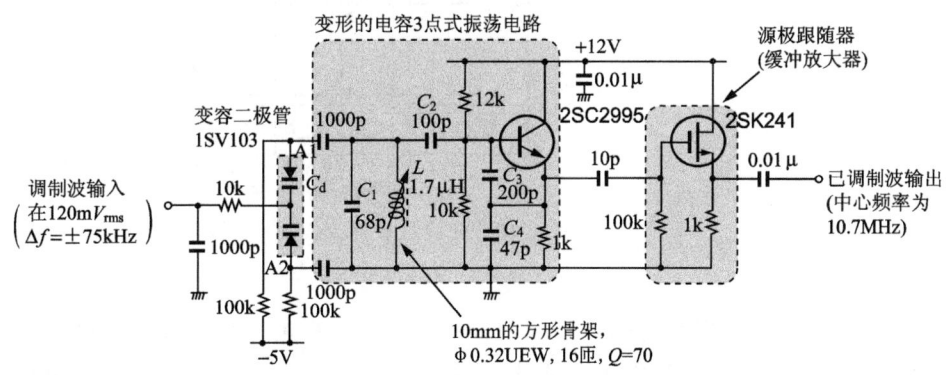

图 8.16　用 LC 振荡电路的 FM 调制电路

考虑调谐电路，如图 8.17 所示，该电路的振荡频率 f_{osc} 可由下列方程求解：

$$f_{osc} \approx \frac{1}{2\pi\sqrt{LC}} \quad (\text{Hz}) \tag{8.16}$$

令 C_d 为变容二极管的等价电容（A1-A2 间的电容），则

$$C = C_1 + C_d + C_p, \quad C_p = \frac{C_2 \cdot C_3 \cdot C_4}{C_2 \cdot C_3 + C_3 \cdot C_4 + C_2 \cdot C_4}$$

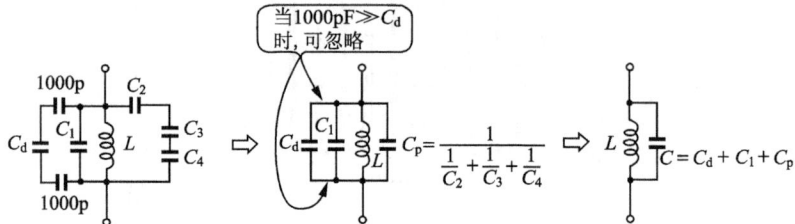

图 8.17 调谐电路的考虑方法

图 8.18 为 1SV103 的静电电容与反向电压特性。在图 8.16 的电路中，当调制波输入为零（无调制）时，1SV103 加 -5V，从图 8.18 得 $C_d = 33\text{pF}$，所以，中心频率 f_0（无振荡时得振荡频率）为：

$$f_0 \approx \frac{1}{2\pi\sqrt{1.7\times10^{-6}\times129\times10^{-12}}}$$

$$\approx 10.7 \, (\text{MHz}) \tag{8.17}$$

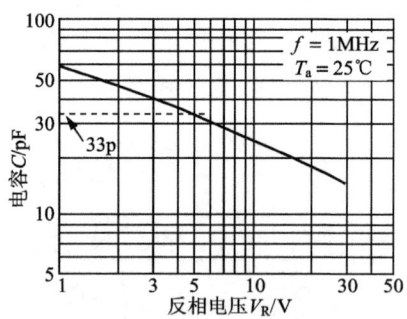

图 8.18 变容二极管 1SV103 的静电
电容与反向电压特性[29]

当调制输入为 1kHz、120mV_{rms} 的正弦波已调制波的频谱，如图 8.19 所示。由此可知，以 10.7MHz 为中心，最大偏移为 $\pm 75\text{kHz}$。

降低图 8.16 电路的电源电压，中心频率设定为 83MHz 左右，

可用于无线话筒等的便携式 FM 话筒(如果中心频率偏高时,可以用空芯线圈)。

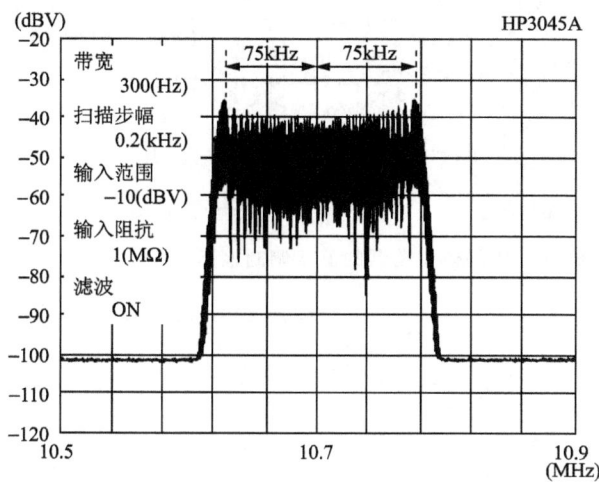

图 8.19 已调制波输出的频谱
(1kHz,120mV$_{rms}$ 调制波输入)

一般用 LC 振荡电路的 FM 调制电路,最大频率偏移 Δf 取的偏大,用振荡器的调制电路(将在后面叙述)的中心频率的稳定度就会变差。反之,若中心频率稳定度很好的话,其 Δf 非常小。

8.2.3 使用晶体振荡器的 FM 调制电路

若使用晶体振荡器或陶瓷振荡器的振荡电路来代替 LC 调谐电路,那么随着振荡器负载电容的调制信号的变化,就可以获得 FM 波。

图 8.20 为中心频率为 33MHz 的晶体振荡器的 FM 调制电路。在该电路中,晶体振荡器在 3 级超声(本机振荡频率 3 倍的高谐波)发生振荡(一般晶体振荡器的基波为 25MHz 以下,而以上的基波使用 3 级超声振荡),使用 1SV103(东芝公司制造)变容二极管晶体振荡器的负载电容与调制波的电压成比例可调,并且电路的振荡频率可调。与图 8.16 的电路相同,用 FET 的缓冲放大器获取已调制波。在图 8.20 的电路中不用源极跟随器,以便保持增益。

该电路的最大频率偏移与调制信号的电压曲线,如图 8.21 所示。由于振荡电路使用晶体振荡器,所以振荡频率非常稳定,即使调制信号的电压变化很大,最大频率偏移也不会很大。在这个电路中,当调制信号电压为 $2V_{rms}$ 时,$\Delta f = \pm 1.5$kHz。

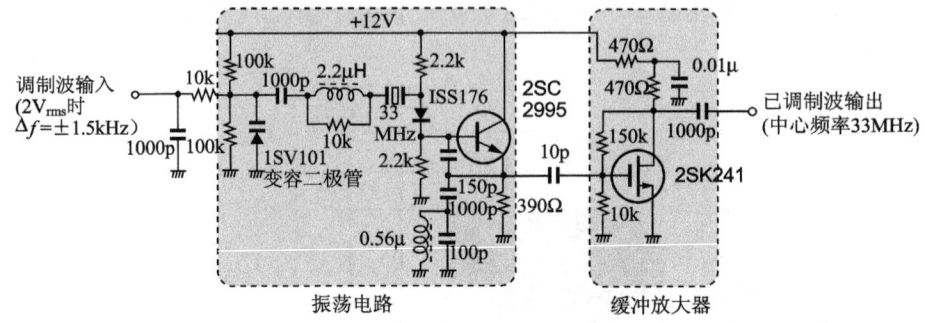

图 8.20　用晶体振荡器的 FM 调制电路

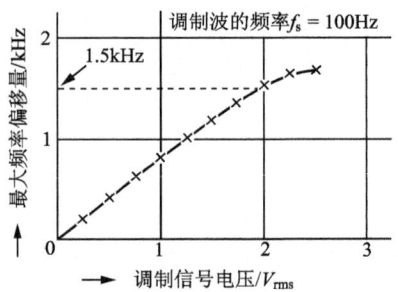

图 8.21　最大频率偏移与调制信号电压

通常,使用晶体振荡器的 FM 调制电路,必须像图 8.22 那样,使振荡的中心频率比较低,已调制波的输出通过倍频来得到中心频率,但是,最大频率偏移也为倍频加大了。

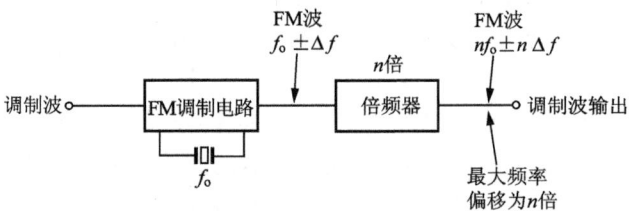

图 8.22　基于倍频器的放大 Δf

8.2.4　积分解调电路

FM 解调是通过频率的变化而改变电压或电流的电路,在 AM 变换之后,用 AM 解调电路来解调的方法。所以,电压或电流变换的线性解调输出的失真率或 SN 比,对于频率电气特性影响很大。当然,线性越好,电气特性就越好。

积分(Quadrature)解调电路,被广泛用于 FM 收音机和业务的通讯机中,也是最通用的 FM 解调电路。

积分解调电路的方框图如图 8.23 所示。设定移相器,在已调制波中心频率 f_0 输入输出的相位差为 90°,在 f_0 前后的相位成线性变化(90°也就是延 1/4 波长)。已调制波与移相器输出的乘积,通过低通滤波器除去高频成分而获得解调输出。

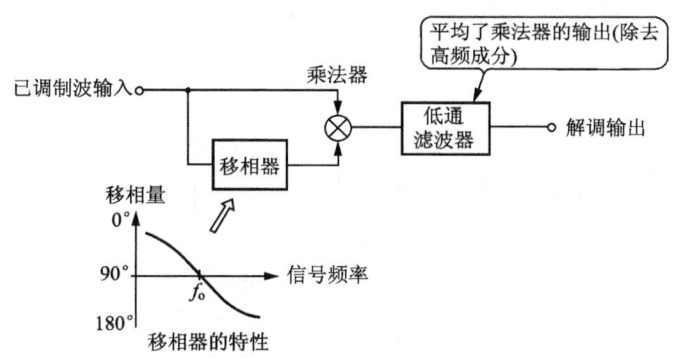

图 8.23 积分解调电路的框图

当已调制波的频率等于 f_0 时,如图 8.24(a)所示,乘法器输出的平均值(低通滤波器输出)为零;当比已调制波的频率 f_0 低时,如图 8.24(b)所示,乘法器输出的平均值为正;当比 f_0 高时,如图 8.24(c)所示,乘法器输出的平均值为负。已调制波的频率对应于 f_0 变化,输出电压则成比例地变化,就可解调出 FM 信号。

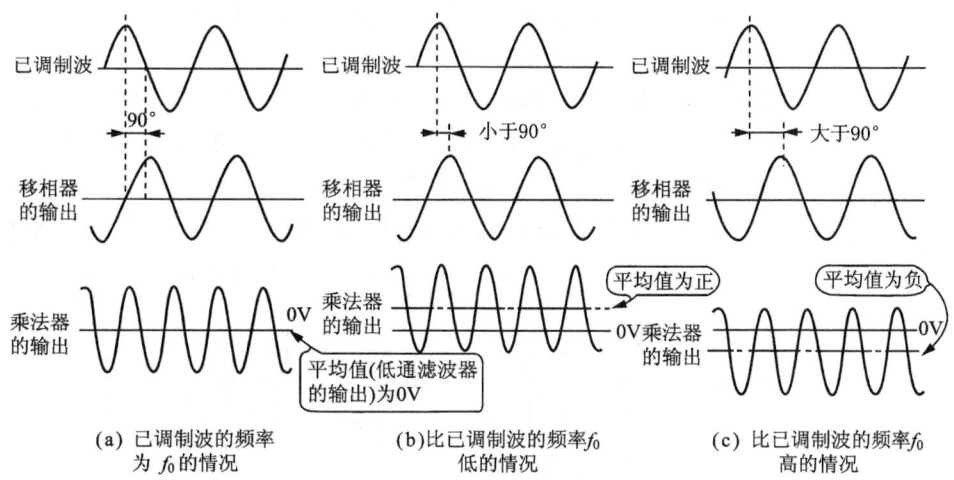

图 8.24 积分解调电路的工作原理

积分解调电路,用 DBM 等作为乘法器,即使用分离器件也是可以的,但是器件的数量增多。最近,多将 IF 电路和限幅器一起集成为 IC。还有,移相器也有很好的特定专用 IC。

图 8.25 为用 μPC1200V(日本电气公司制造),内藏积分解调电路的 FM 解调电路。IF 放大器的 10 脚为放大的已调制波的输出,14 脚为积分解调电路的移相器的输入。所以,10 脚与 14 脚之间外加移相器来完成解调电路。获得解调输出电气特性的 SN 比为 70dB,失真率为 0.1% 左右。

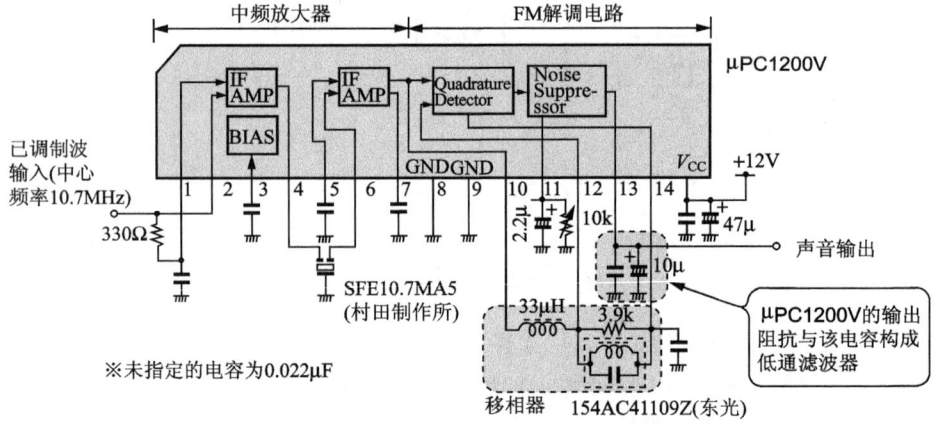

图 8.25 用 μPC1200V 的 FM 解调电路

8.2.5 使用数字延时的解调电路

随着数字 IC 高速化、低价格化的发展,模拟 FM 解调电路也在考虑用数字 IC,使其成为无需调整且高性能的电路。脉冲计数解调电路(将 FM 波转换为一定幅值的脉冲,进行平均处理而获得输出的方式)是很有名的数字解调电路,在这里,用简单数字延时电路构成的解调电路来加以说明。

用数字延时的解调电路的框图,如图 8.26 所示。通过电平转

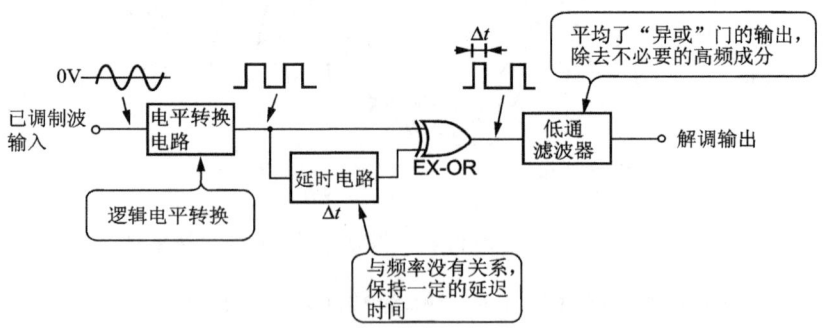

图 8.26 用数字延时电路的解调电路的框图

换电路,将已调制波转换为逻辑电平,如图 8.27(b)所示。通过电平转换的已调制波和延时电路,将与信号的频率无关并且延迟时间一定的已调制波输入到"异或"门(以下用 EX-OR 表示)。EX-OR 输出为延时电路的延迟时间为 Δt 并且幅值相等的脉冲,如图 8.27(d)所示。该脉冲变成与已调制波等同的疏密波,通过低通滤波器的平均作用,可以获得解调输出。

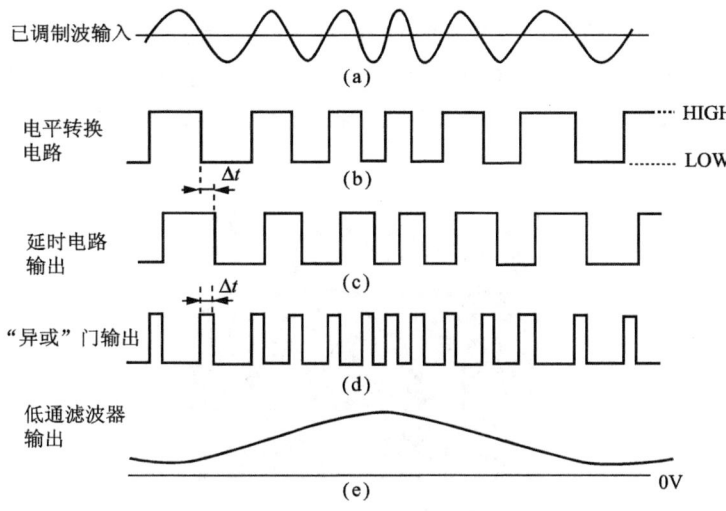

图 8.27 用数字延时的解调电路的工作原理

实际电路的例子,如图 8.28 所示。电平转换电路是用 TC74

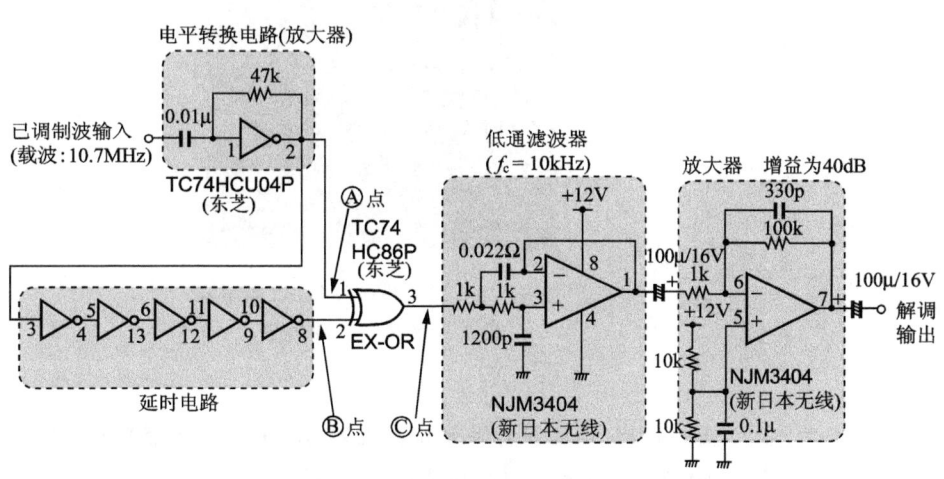

图 8.28 用数字延时电路的解调电路

HCCU04P(东芝公司制造)高速 CMOS 电路构成简单的放大器。延时电路采用 5 个相同的 TC74HCCU04P,是利用传输时间 $\Delta t = 27\text{ns}$ 来获得的(如果用无源元件做延时电路,则根据频率必须调整使 Δt 一定;而用 IC 的延时电路,因为延时电路的性能高,所以可不用调整)。"异或"门使用 TC74HC86P(东芝公司制造)。低通滤波器为 $f_c = 10\text{kHz}$ 的 2 级巴特沃思滤波器,连接 40dB 的放大器。

各点工作波形(无调制时)如照片 8.7 所示。由于反相器的延时为 27ns,使用奇数(5)个反相器,参看 ⓑ 点波形,延时为 66ns ($= 1/10.7\text{MHz} - 27\text{ns}$)。将要调制的 FM 波输入时的各点工作波形,如照片 8.8 所示。

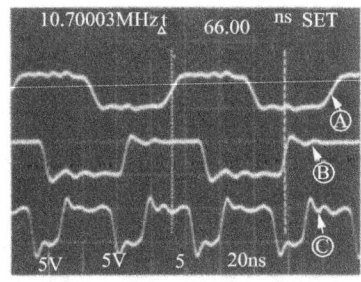

照片 8.7　各点工作波形(无调制时)
(X:20ns/div;Y:5 V/div)

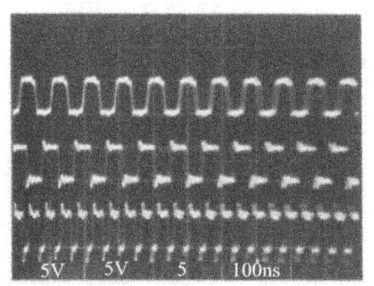

照片 8.8　当 $\Delta f = 75\text{kHz}$ 已调制波
输入时的各点工作波形
(X:100ns/div;Y:5 V/div)

调制频率为 1kHz,最大频率偏移 75kHz 的已调制波(中心频率为 10.7MHz)输入时的解调输出,如照片 8.9 所示。

在图 8.28 的电路中,低通滤波器改变了陡峭的特性,无需调整就可获得 SN 比为 80dB 左右、THD 为 0.1% 以下的解调输出的电气特性。

在这个电路中,由于 SN 比和 THD 的影响,延时电路不稳定,已调制波的中心频率变低(用 10.7MHz 的混频器要降低 1～2MHz 左右),延时电路的延时时间变长(使用传输延时长的 TC40H004P),可获得 SN 比为 95dB,THD 为 0.01% 左右的高性能。

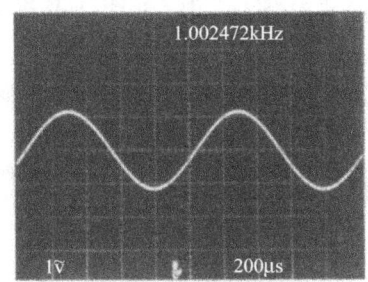

照片 8.9　解调输出
($f_s=1\text{kHz}, \Delta f=75\text{kHz}$)

8.2.6　PLL 解调电路

PLL 是产生与输入信号相位或频率相同的电路。这个 PLL 可以输入已调制波来进行 FM 解调。PLL 解调电路的框图,如图 8.29 所示,与一般 PLL 电路的框图完全相同。

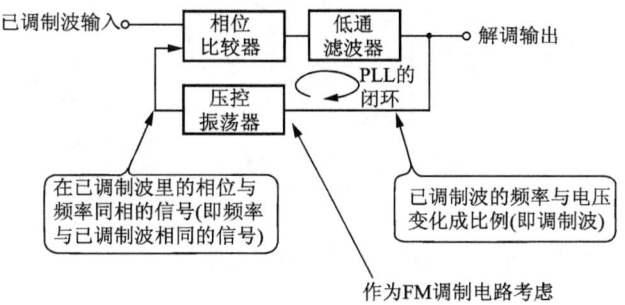

图 8.29　PLL 解调电路的框图

相位比较器是输入已调制波与压控振荡器(VCO：Voltage Controlled Oscillator)的输出相位进行比较,输出与相位差成比例的差信号。通过低通滤波器除去高频成分后,输入到 VCO,通常使 VCO 输出的相位与频率与已调制波相同,从而控制相位比较器的输出。在这个 PLL 电路中,可以认为 VCO 是产生与已调制基波完全相同频率的振荡器,VCO 如果与 FM 调制波相比,VCO 的输入(低通滤波器输出)为调制信号,故取出的信号就可以进行 FM 波的解调。

用内藏有 PLL 解调电路的 μPC1211V(日本电气公司制造) FM 解调电路,如图 8.30 所示。该芯片主要含有相位比较器和 VCO 等单元,在 12 脚与 14 脚之间连接 VCO 用的 LC 调谐电路,16 脚与 18 脚之间的低通滤波器(回路滤波器)用电容连接,完成 PLL 解调电路,从而获得 SN 比为 80dB、失真率为 0.1% 左右的解调输出的电气特性。

PLL 电路,因为具有非常陡峭特性的带通滤波器,所以,PLL 解调电路可获得较高的 SN 比。但是,由于 VCO 的线性度受失真率的影响大,故必须使用输入电压以及输出频率线性度比较好的 VCO。

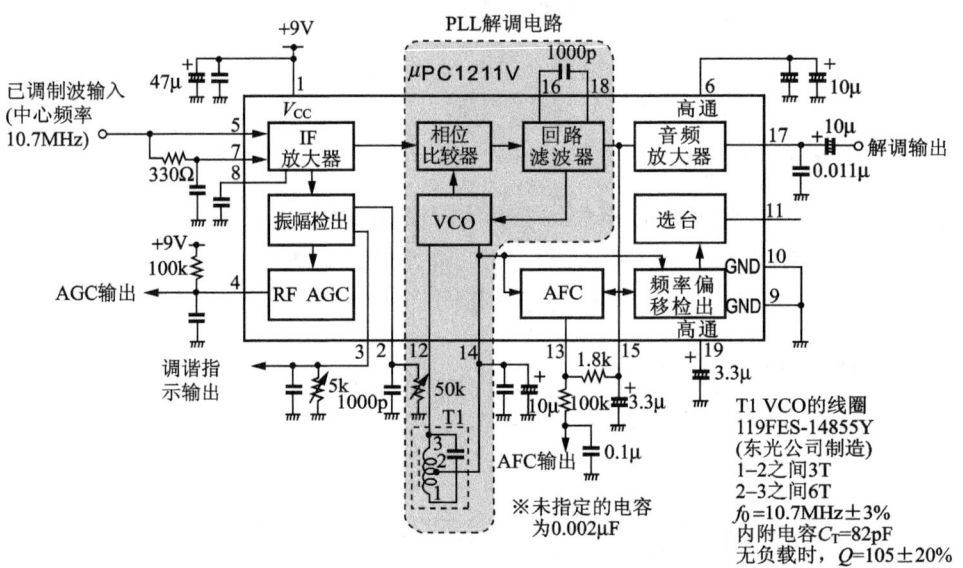

图 8.30 用 μPC1211V 的 FM 解调电路

各种调制方式

所谓调制,是指用一定的方法,将希望传输的信号转换成高频信号的技术。将要调制的信号称为调制波,承载调制波的高频信号称为载波,已调制的信号称为已调制波。

一般模拟调制的载波为正弦波(因为载波占有频带最小),正弦波由振幅 V、频率 f、相位 ϕ 三要素构成,可由下列方程表示:

$$v(t) = V\cos(2\pi ft + \phi) \tag{8.A}$$

然而,这个载波的 3 个要素随着各种调制波的变化而变化。有以下 3 种考虑方法。

随着调制波,载波振幅变化的调制方式称为振幅调制(AM:Amplitude Modulation);频率变化的调制方式称为频率调制(FM:Frequency Modulation),相位变化的调制方式称为相位调制(PM:Phase Modulation)。

这些调制方式,当然是被单独使用,但也有像 TV 播放那样使用 2 种以上组合的调制方式(如:TV 的图像信号用 AM,声音信号用 FM)。

专　栏

关于 PM 方式的调制、解调

PM 是指随着调制波的振幅、载波的相位发生变化的调制方式。由于其占有的频带比 FM 宽而使解调电路变得困难等因素,现在一般的无线电通讯中不再使用。但是,对于 PSK(数字 PM)的调制解调装置等通讯仍被广泛地应用。PSK 的调制解调电路与模拟调整电路不同,这里只介绍 PM 的调制理论。

▶ **PM 的调制理论**

假设载波与调制波为:

$$v_c = V_C \cos\omega_c t = V_C \cos\theta_c \tag{8.B}$$

$$v_s = V_S \cos\omega_s t \tag{8.C}$$

由于 PM 是载波相位角与调制波大小成比例的调制方式,所以,已调制波的相位角 θ_m 可如下表示:

$$\theta_m = \theta_c + \Delta\theta\cos\omega_s t = \omega_c t + \Delta\theta\cos\omega_s t \tag{8.D}$$

这里的 $\Delta\theta$ 为与调制波的振幅成比例的相位角,称为最大相位偏移(Maximum Phase Deviation)。

令调制波 v_m 为:

$$v_m = V_C \sin\theta_m \tag{8.E}$$

将式(8.D)代入,得

$$v_m = V_C \sin(\omega_c t + \Delta\theta\cos\omega_s t) \tag{8.F}$$

另外,已调制波的角频率 ω_m 变为下列方程:

$$\omega_m = \frac{d\theta_m}{dt} = \omega_c - \Delta\theta \cdot \omega_s \sin\omega_s t \tag{8.G}$$

将式(8.F)与式(8.14)相比较可知,其形式完全相同(m 与 $\Delta\theta$,sin 与 cos 是有差别的),PM 波的频谱也与 FM 波相同,可以想像,在 f_c 的上下有无数的边波成分存在。

所以,对于单一正弦波调制的情况,FM 波与 PM 波也没有什么区别,当调制波成为像声音信号的多频率成分的复合波时,FM 和 PM 的关系变为如图 8.A 所示。总之,对调制波的微分再 FM 调制就成为 PM;对调制波的积分再 PM 调制就成为 FM。

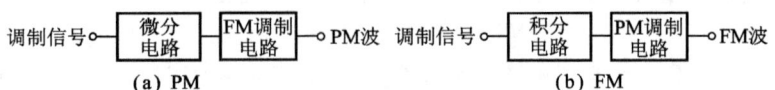

图 8.A　FM 与 PM 的关系

第 9 章 低频、高频电路设计技巧

当设计并制作电子线路时,关于晶体管、OP 放大器以及二极管等有源器件的知识固然重要,但是,关于电阻和电容等无源元件、可调电位器、开关等周围元件以及电路的实际安装技能也是必不可少的知识。

本章,将对低频和高频电路的周围技术、无源元件和周围元件的选择方法及其使用注意事项以及电路的实际安装技术加以说明。

9.1 电阻的使用方法

有关固定电阻的分类,如图 9.1 所示。在这里,最好使用碳膜电阻和金属膜电阻。各种固定电阻的外形,如照片 9.1 所示。

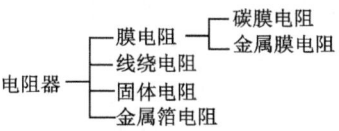

图 9.1 固定电阻的分类

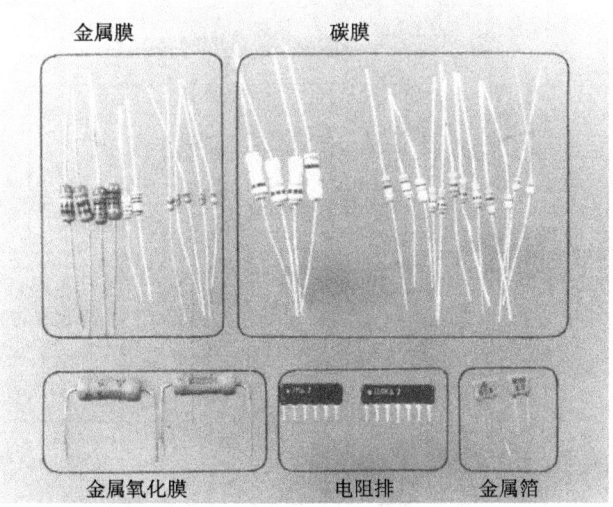

照片 9.1 各种固定电阻

9.1.1 碳膜电阻和金属膜电阻

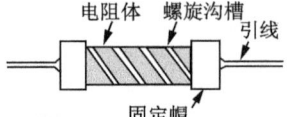

图 9.2 轴向引线的膜电阻的内部构造

轴向引线型（引脚由轴线方向引出）的膜电阻的内部构造，如图 9.2 所示。这类电阻在其圆形绝缘体的表面上涂上电阻层，两端安装金属帽并且由导线引出。另外，通过在电阻层上切开螺旋形状的沟槽，来调整电阻值的大小。膜的材料用碳的称为碳膜电阻，用镍铬合金等金属的称为金属膜电阻。

碳膜电阻值的允许误差（精度）为 ±5%，电阻的温度系数为 ±300ppm 左右，其最大特征是价格便宜。金属膜电阻很容易得到 ±1% 左右的允许误差，电阻的温度系数为 ±50ppm 左右，但其缺点是不能制作高阻值（1MΩ 以上），与碳膜电阻相比价格高。考虑到这些特征，有必要根据用途来分别使用。

高输入阻抗（1MΩ）的低噪声放大器，如图 9.3 所示。放大器的开环增益（没有反馈时的增益）非常大，所以该电路的增益由反馈电阻 R_1、R_2 来决定。然而，当准确地设定增益时，若要求 R_1、R_2 的允许误差小，就要使用金属膜电阻。

在图 9.3 的电路中，如果使用阻值允许误差为 ±5% 的电阻，增益的设定值为 40dB（≈20lg(1+1kΩ/10Ω)），会产生 ±0.9dB 的最大设定误差；如果使用阻值允许误差为 ±1% 的电阻，得到增益

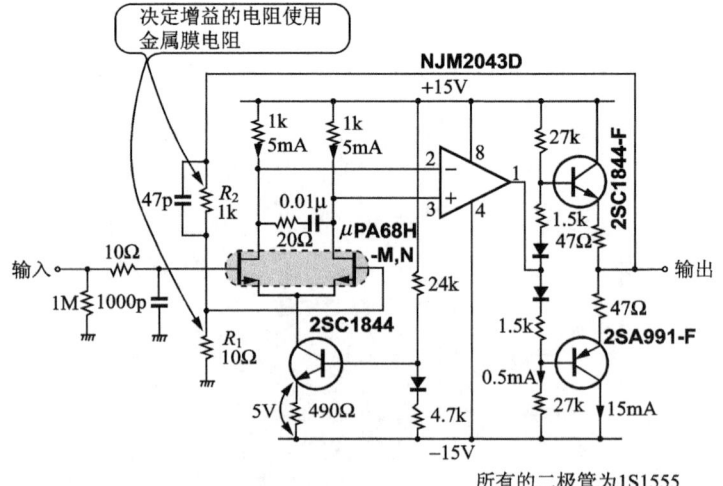

图 9.3 低噪声放大器

的最大设定误差为±0.2dB。

对于反馈电阻 R_1、R_2 以外的电阻,即使误差大,总增益也不会受到影响。因此,只要各部分工作点与设计值差别不大,就不需很高精度的电阻。这里,使用阻值允许误差为±5%的碳膜电阻。另外,由于金属膜电阻比碳膜电阻的温度系数低,所以,反馈电阻最好使用金属膜电阻,温度对增益的变化相对要小些。

图 9.4 为一个晶体管的简单放大电路。该电路的增益可以简单地用 $G=R_1/R_2$ 求得。

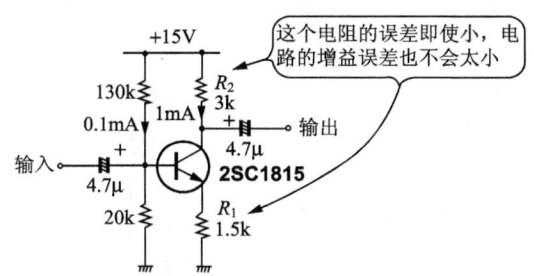

图 9.4 一个晶体管的放大电路

由于电路的开环增益小,R_1、R_2 即使使用误差小的金属膜电阻,受电阻误差以外的其他因素(晶体管的误差等)的影响,增益的设定误差也不会太小。对这种电路,必须使用阻值允许误差为±5%左右的碳膜电阻。

因此,电阻规定了额定功率。但使用最大额定功率,电阻表面的温度就会很高。各种允许功率的碳膜电阻的损耗功率与周围温度引起表面温度上升的关系曲线,如图 9.5 所示。由图可知,无论允许功率还是额定功率,温度上升都非常高,约为50℃。为了电

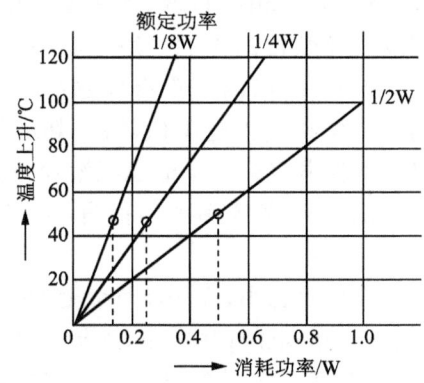

图 9.5 电阻的温度升高与损耗功率的关系

路的可靠性，电阻的损耗功率应为额定功率的 1/2 以下。

9.1.2 阻抗网络

以小型、高密集为目的的电阻网络多用于数字设备领域中。由于具有同一封装内的器件保持着同一的性能、器件的温度变化和老化都非常小的优点，最近，制作出相对电阻值允许误差为 ±5％、相对电阻温度系数为 ±25ppm 的高精度电阻网络。这个高精度电阻网络被用于像增益控制器和放大器的反馈电阻、在电阻间有相对精度要求的地方。用电阻网络作为放大器反馈电阻的例子，如图 9.6 所示。

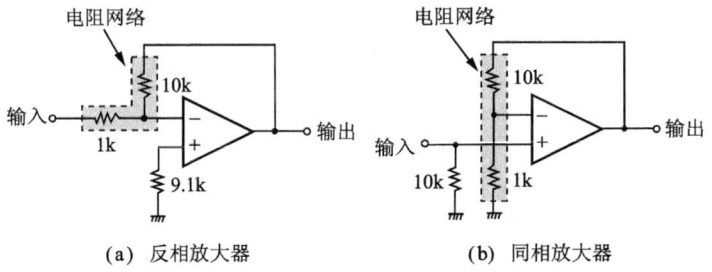

(a) 反相放大器　　　　(b) 同相放大器

图 9.6　在放大器里使用电阻网络

9.1.3 在高频电路中使用的固定电阻

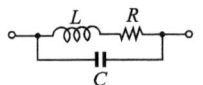

图 9.7　固定电阻的等效电路

轴向引线型碳膜电阻和金属膜电阻，如图 9.2 所示，电阻体被切成螺旋的沟槽。所以，整个电阻变成了线圈，电阻体与电阻体之间产生电容，其等效电路如图 9.7 所示。

轴向引线型碳膜电阻的频率特性，如图 9.8 所示。根据电阻值、螺旋切割的间隔以及数量的不同，频率特性存在多少差异呢？由图可知，使用在 100MHz 以内是没有问题的。但是，电阻值越大，频率特性就越差。这是因为电阻值越高，切的螺旋沟槽越多。另外，使用大电阻与寄生电容构成了低通滤波器，也是引起频率特性变坏的原因。因此，对于高频率电路而言，应尽可能使用小电阻，最好不超过 10kΩ 左右。

另外，电阻的外形尺寸越小，高频特性就越好。在允许的范围内，尽可能地使用功率小的电阻（功率小，外形尺寸也小）。因为电阻体的螺旋切割沟槽而存在电感成分，对于高频电路是很有问题的，所以，不能使用线绕电阻（即使无感线圈绕的，也会因残留有电感而不能使用)。

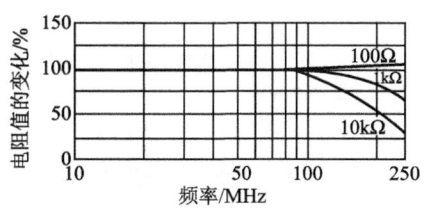

图 9.8 轴向引线型碳膜电阻的频率特性

如前所述,通常碳膜电阻都进行了螺旋切割。而作为高频电路用的电阻,则不能进行螺旋切割,要用无切割电阻。对于这种电阻,即使进行了螺旋切割也不产生电感成分,所以,可以使用到 1GHz 左右。

由此说明,电阻的螺旋切割是产生电感的主要原因。对于高频领域,电阻引线也将变为电感,使频率特性变坏。所以,电阻的引线必须尽可能地缩短。如果完全没有引线,就可以在更高频域里使用。

贴片电阻的外形图如图 9.9 所示。贴片电阻,是没有引线且外形小的电阻,是为了高密集安装混合 IC 所考虑的电阻。因没有引线且外形小,与附加端子的电阻相比高频特性就非常好,在 3GHz 以内的频域都可以使用。

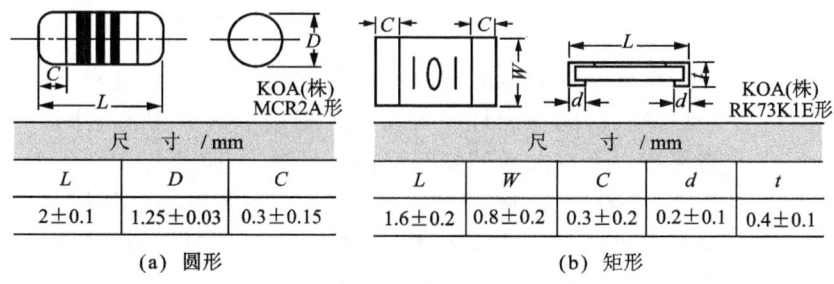

图 9.9 贴片电阻

9.1.4 可调电位器的使用方法

可变型和半固定型可调电位器的使用方法有很大区别。可变型,用于像电视和音响的音量等经常要调整的地方;而半固定型,用于系统调整设定后不再调整的地方。这里,介绍半固定型的使用方法。

图 9.10 给出可调电位器的种类。各种可调电位器的外形,如

照片 9.2 所示。

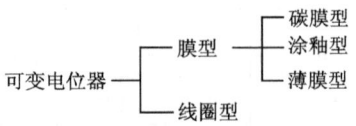

图 9.10 可调电位器的分类

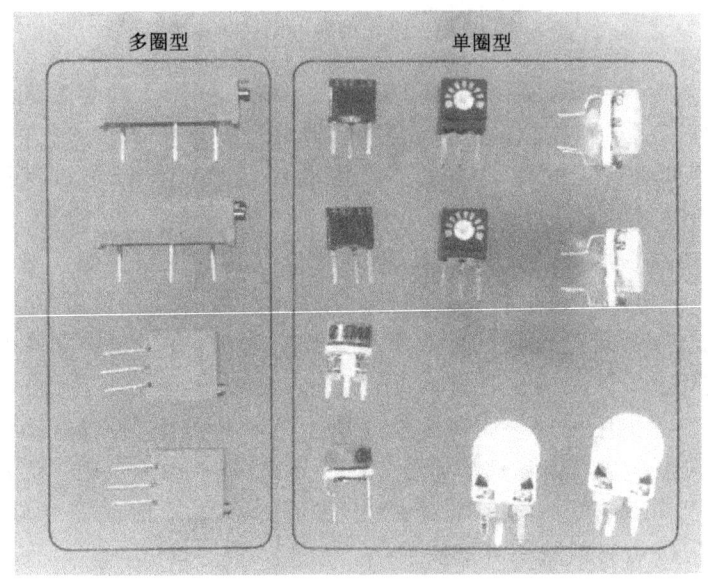

照片 9.2 各种可调电位器

绕线型具有电阻温度系数小、滑动片的接触电阻小、噪声特别小以及长时间稳定性好等特征。薄膜型具有阻值范围广、设定分辨率高以及高频特性好等特征。另外,电阻值与旋转角度有关,从图 9.11 看出,薄膜型为平滑状变化,而绕线型为阶梯状变化。滑动片在可调电位器电阻体上旋转 1 圈的为单圈型;可细微设定,即多圈(2~25 圈)滑动的为多圈型。这些可调电位器,具有各种各样的特征,必须分开使用。

用可调电位器调整反相放大器增益的电路,如图 9.12 所示。当滑动片与电阻体之间无接触电阻时,如图 9.12(a)所示,反馈电阻 R 为:

$$R = R_1$$

由于老化等原因接触电阻 r 变大时,如图 9.12(b)所示,则

$$R = R_1 + \frac{R_2 \cdot r}{R_2 + r}$$

由于反馈电阻值的变化，增益也发生变化。如此使用可调电位器，接触电阻对增益有影响，不是好的方法。

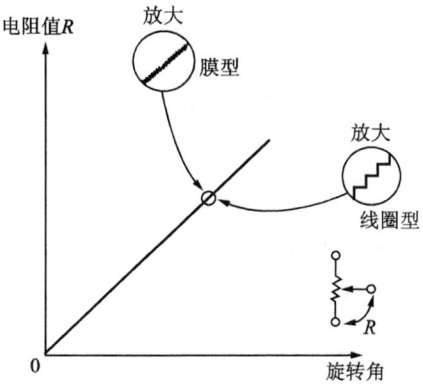

图 9.11 电阻值与旋转角的关系

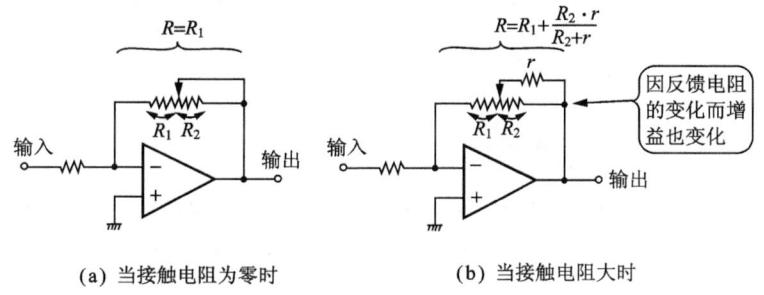

(a) 当接触电阻为零时　　　(b) 当接触电阻大时

图 9.12 受滑动片接触电阻影响的使用方法

另外，类似这种方法使用，由于电阻体与滑动片的接触点有电流流过，可靠性就会变低。应从可调电位器的滑动片只取出电位，而尽可能地没有电流流过。

如图 9.13 所示，用同样电路可以作到其增益不受接触电阻的影响。如图 9.13(b) 所示，即使接触电阻变大，R_1 和 R_2 的比也没有变化，增益也就没有变化（OP 放大器的反相输入端即使插入串联电阻，增益也没有变化）。

用可调电位器调整 OP 放大器输出失调电压的电路，如图 9.14 所示。在图 9.14(a) 中，失调调整端（1,8 脚）之间连接可调电位器的两端，滑动片与正电源连接，随电阻比而变化。这种使用方法，同样是不受滑动片上接触电阻影响的方法，图 9.14(b) 也一样。另外，由于 OP 放大器的输入阻抗非常大，所以，滑动片上没有电流流动。

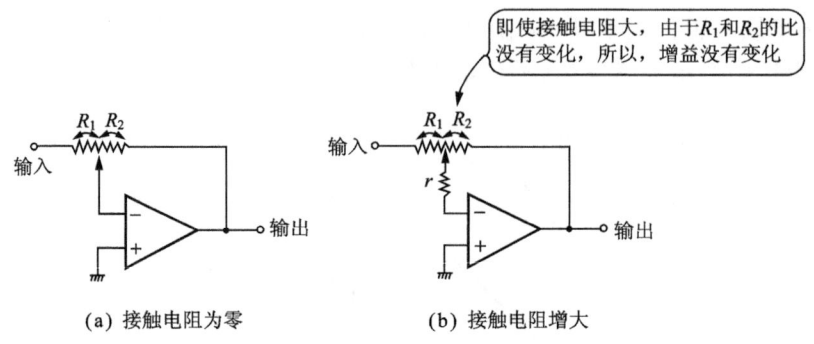

(a) 接触电阻为零　　　　　(b) 接触电阻增大

图 9.13　无滑动片接触电阻影响的使用方法

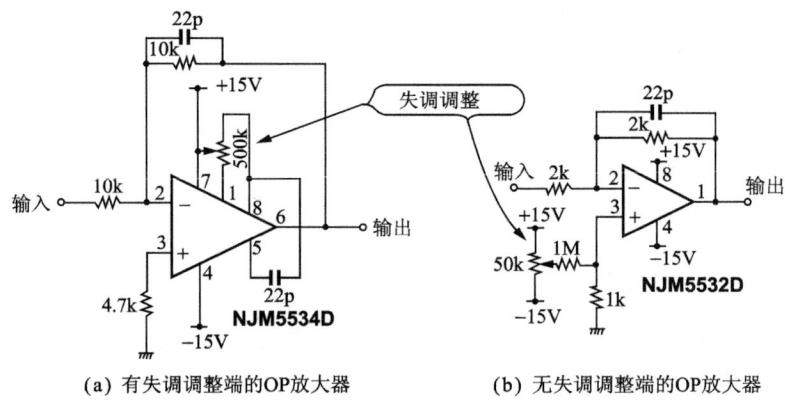

(a) 有失调调整端的OP放大器　　　　(b) 无失调调整端的OP放大器

图 9.14　用可调电位器的 OP 放大器的失调调整

在理想情况下,可调电位器的滑动片被调整后是完全不动的,但实际上,由于调整时存有机械的应力,经过一段时间多少都会有些移动。调整时单方向旋转是不能与目标值吻合的,应在目标值的附近往复旋转来分散机械应力,吻合目标值,减少经过一段时间后的变化。

当对调整后的稳定性有严格要求时,如图 9.15 所示,可在可调电位器的两端插入电阻。由此,调整范围变窄,设定的分辨率增高,随着时间的推移,可以减小滑动片的移动和电阻体的温度变化等产生的影响。

由于可调电位器是机械器件,在可靠性方面比固定电阻要差;在调试时还增大了调整的工作量,所以少使用为好。这里要指出,要想使电路的可靠性不下降,必须注意使用技巧。

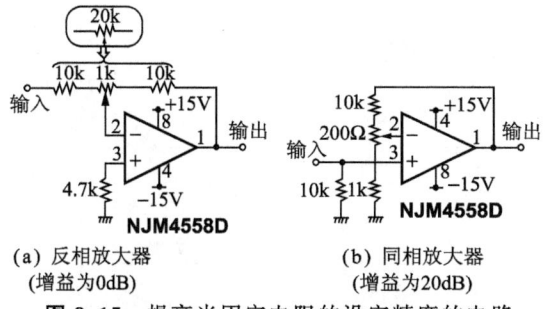

(a) 反相放大器　　　　　(b) 同相放大器
　(增益为0dB)　　　　　　(增益为20dB)

图 9.15　提高半固定电阻的设定精度的电路

9.2　在低频电路中使用的电容

根据电介质材料,对电容进行分类,如图 9.16 所示。这里最好用的电容是铝电解电容和(塑料)有机薄膜电容器。各种电容的外形如照片 9.3 所示。

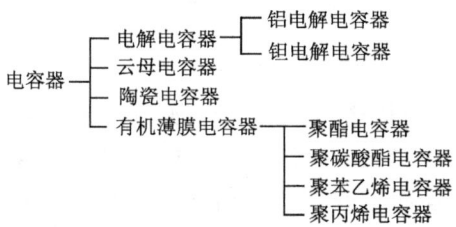

图 9.16　电容器的分类

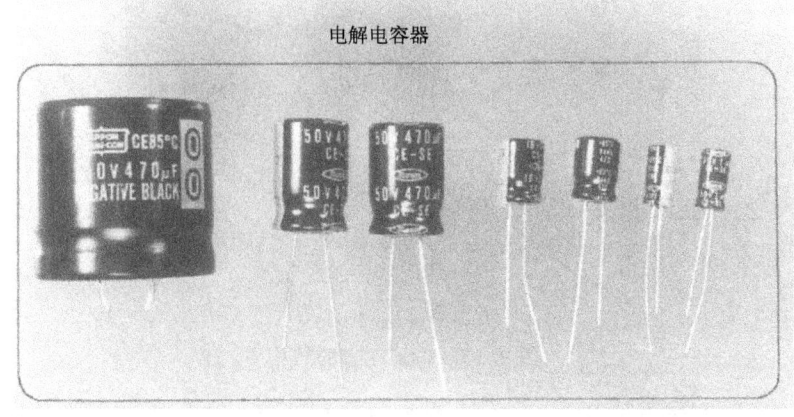

照片 9.3　电容器

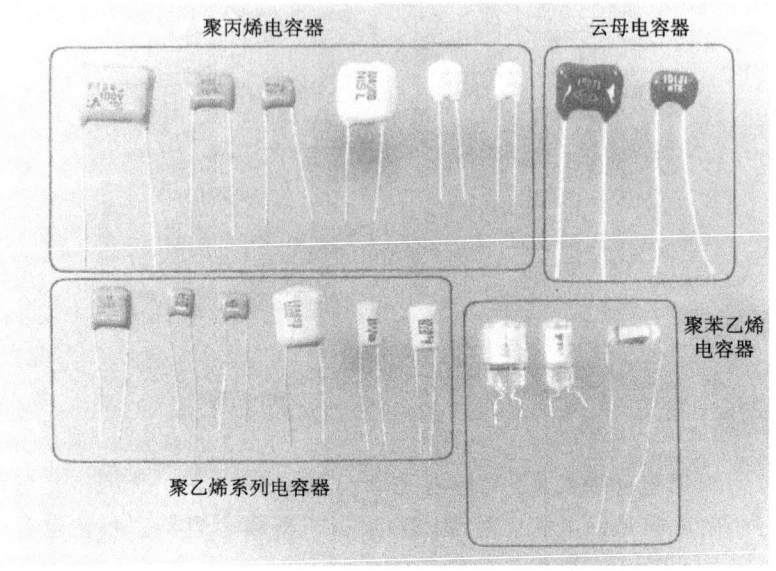

照片 9.3 电容器(续)

9.2.1 铝电解电容的使用

铝电解电容的构造,如图 9.17 所示。该电容的构造是这样的:在阳极表面形成氧化膜作为电介质,在阳极和阴极用的铝箔之间夹杂电解质,卷起来并侵入电解液中。另外,通过腐刻法,铝电极的表面制作成凹凸的形状,来增大实效面积,在铝电极的表面形成非常薄的氧化膜,可以制作出小型、大容量且重量轻的电容。

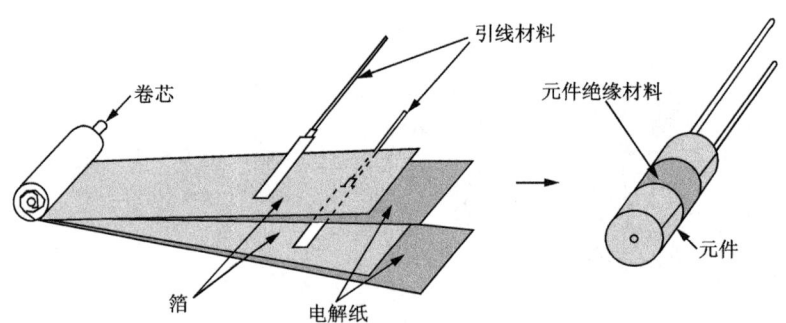

图 9.17 电解电容的结构

铝电解电容具有小型、大容量且低价格的特征。但是,却有漏电流和电介吸收(电介质吸收电荷的现象)大、容量精度低以及温度特性差等缺点。因为铝电解电容具有这些特性,所以被用于如电源的平滑和去耦、放大器的耦合等必须需要大电容而且温度特性要求不高的地方。

使用 OP 放大器的放大电路的电源去耦实例,如图 9.18 所示。去耦应使用 2 种电容,一种为小容量的有机薄膜电容(即使陶瓷电容也好),另一种为铝电解电容。

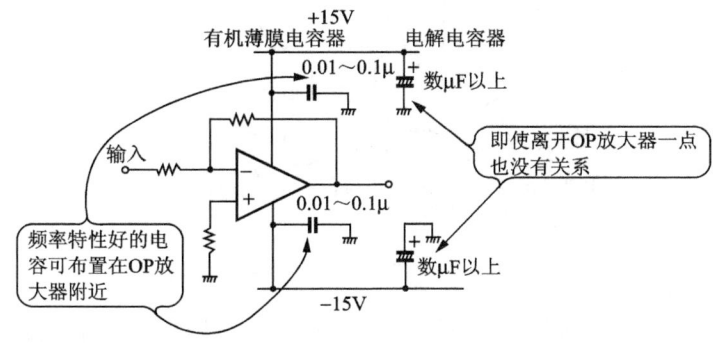

图 9.18 OP 放大器的电源去耦

铝电解电容和有机薄膜电容的阻抗与频率曲线,如图 9.19 所示。电容的阻抗 X_C 为 $1/j\omega C$,频率越高,其值越小。实际上的电容,不仅有电容而且还有直流电阻成分和电感成分,像图中所示随着频率减小而阻抗增加。

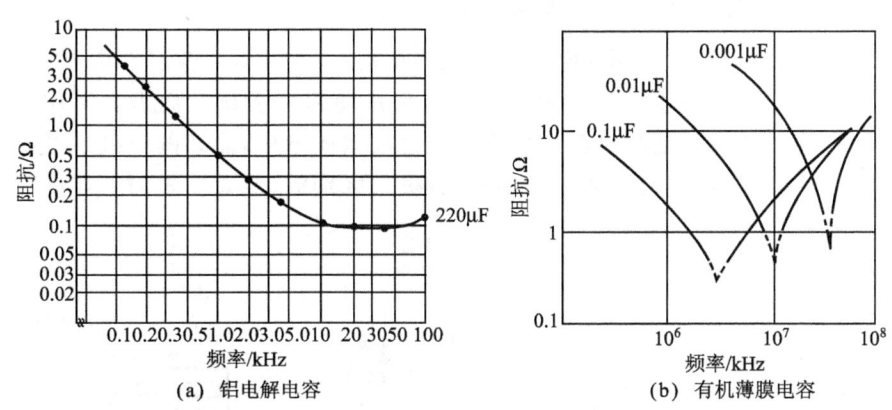

图 9.19 电容的频率特性

由于阻抗的最小值和变为最小频率的铝电解电容和有机薄膜电容是不同的,这 2 种电容在电源上并联,对于宽频可以降低电源阻抗。特别为了使布线电阻和阻抗成分不影响频率特性,必须在距 OP 放大器最近的电源端子上连接小容量的有机薄膜电容来去耦。

使用放大器耦合的铝电解电容的例子,如图9.20所示。为了通过耦合电容 C 与输入阻抗 R 制作十分低的低频域的截止频率,通常,耦合电容用小型且大容量的铝电解电容。

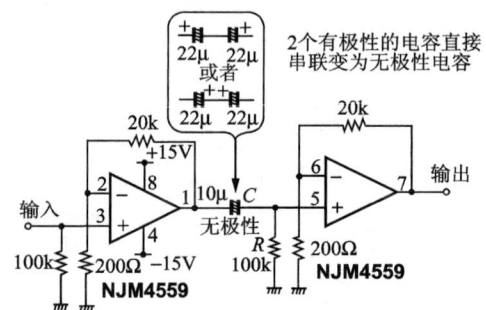

图9.20 放大器通过电解电容的结合

但在这里必须注意的是电容的极性。在图中所示的电路中,由于不能取决于电容前后的电位关系,故不能使用有极性的电容。在这种情况下,使用无极性的铝电解电容(分别在阳极与阴极两面的铝箔上形成氧化膜,就成为无极性的了)。如果没有无极性电容时,就像图9.20那样,将同容量的有极性铝电解电容的阳极之间(或阴极之间)连接,作为无极性使用。此时,容量变为1/2。

9.2.2 有机薄膜电容器

有机薄膜电容的结构,如图9.21所示。金属箔电极(使用锡等)和塑料胶片(电介质)重叠并卷起来形成卷筒型。不用金属箔电极,也可以在塑料胶片上直接蒸镀电极,蒸镀的电极层叠在塑料胶片形成层叠型,它们是有很大区别的(层叠型多为大容量)。

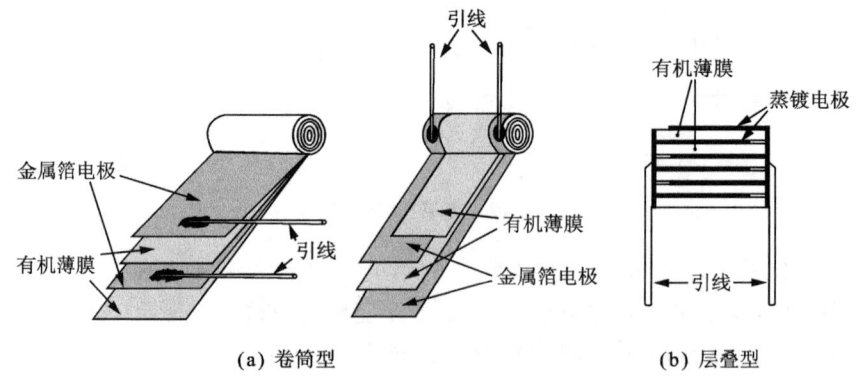

图9.21 有机薄膜电容的构造

有机薄膜电容具有漏电流和电介吸收以及电介损耗角正切（$\tan\delta$：电容的等价直流电阻与电抗分量的比，越小越好）小、容量精度高且温度特性好等特长，但是，不能制作成大容量的电容。

发挥有机薄膜电容的特长，它被广泛地用于滤波器、定时电路、振荡器等以及对小电容的精度和温度特性有要求的地方。另外，根据电介质的塑料胶片的种类，有机薄膜电容的容量范围和介质损耗角正切等电气特性是有差异的。

聚脂和聚碳酸脂主要被用于比较大容量的电容，聚丙稀和聚苯乙烯被用于小容量的电容。另外，由于聚脂和聚碳酸脂与聚丙稀和聚苯乙烯相比，介质损耗角正切和介质吸收要小，所以，被用于高精度的滤波电路、采样保持电路以及高精度积分电路等。

有机薄膜电容用于数字收音机的 GIC 型 9 级巴特沃斯低通滤波器（截止频率为 30kHz）的电路，如图 9.22 所示。图 9.23 为图 9.22 电路理想频率特性的仿真曲线（图上的纵坐标是经放大过的）。在该电路中，$C_1 \sim C_{10}$ 使用聚丙稀电容时的频率特性，如图 9.24 所示；使用聚脂电容时的频率特性，如图 9.25 所示。由此可知，当使用聚丙稀电容时，得到几乎接近理想的特性；当使用比聚丙稀的介质损耗角正切大的聚脂电容时，等价直流电阻成分使滤波特性的平坦特性变差。对于多级滤波器，应使用像聚丙稀或聚苯乙烯那样的介质损耗角正切小的电容。

使用有机薄膜电容对 OP 放大器相位补偿的例子，如图 9.26 所示。有相位补偿电容容量小、频率特性较好且稳定等要求，所以使用聚丙稀或聚苯乙烯等的电容。

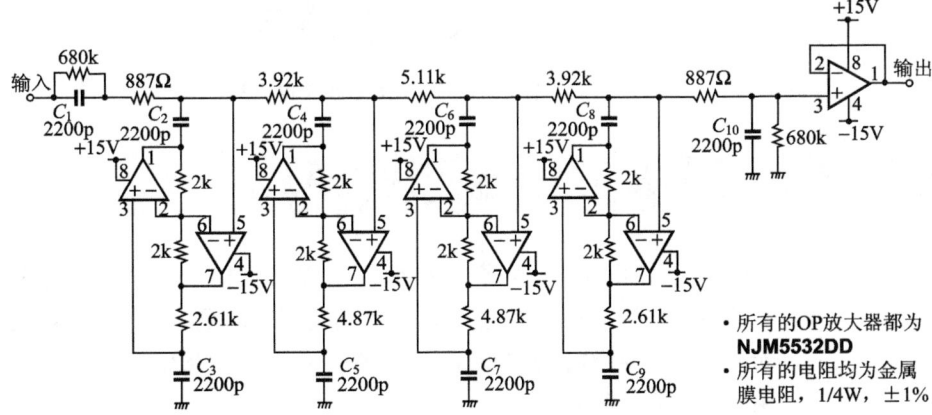

图 9.22　GIC 型 9 级巴特沃斯低通滤波器（$f_c = 30\text{kHz}$）

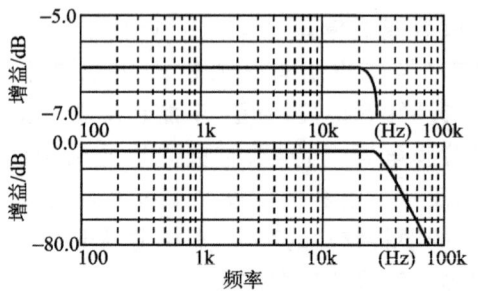

图 9.23　9 级巴特沃斯低通滤波器的理想滤波器

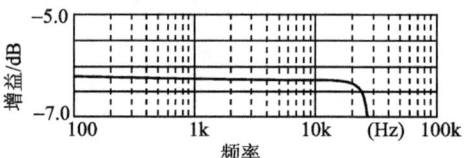

图 9.24　使用聚丙稀电容时的特性

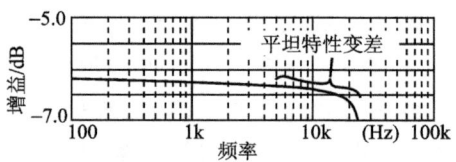

图 9.25　使用聚脂电容时的特性

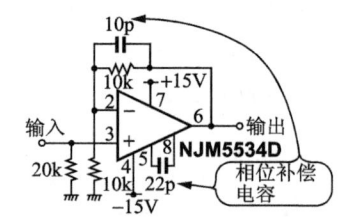

图 9.26　OP 放大器的相位补偿

9.3　在高频电路中使用的电容

在低频电路中,为了方便使用大容量的铝电解电容和各种有机薄膜电容,电极焊在绝缘体上并卷起来,但是,这样做含电感成分就多,在高频电路中就不能再使用了。在高频电路里使用的电容,几乎都是陶瓷电容。

陶瓷电容的容量不可能太大(最近,随着层叠技术的发展,μF

级的陶瓷电容也可以制作),其特征是电感成分小。另外,制造时可以调整电容值的温度系数,在调谐电路中,能起到抵消磁芯温度系数的作用。

9.3.1 圆盘型、轴向引线型陶瓷电容

圆盘型的陶瓷电容和轴向引线型的陶瓷电容,其外形如照片9.4所示。

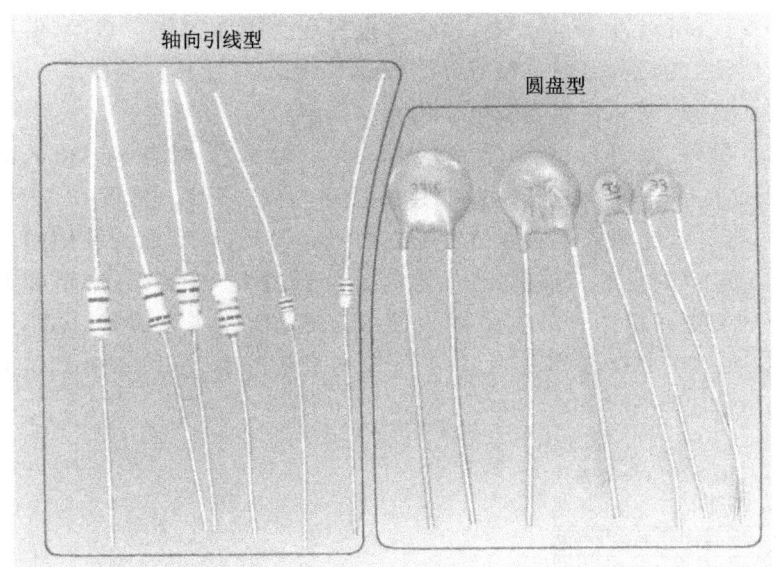

照片9.4 陶瓷电容

陶瓷电容的构造,如图9.27所示。圆盘型是用电极夹在圆盘状的陶瓷(电介质)上;而轴向引线型是用电极夹在圆筒状陶瓷的内侧和外侧,形成层状结构。这些电容,如前所述,由于频率特性良好,所以多用于高频电路。

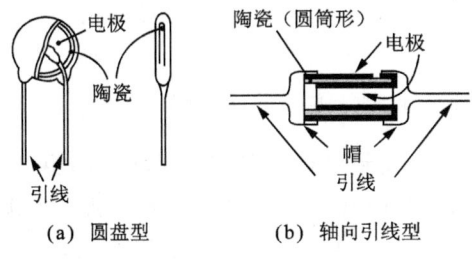

(a) 圆盘型　　　(b) 轴向引线型

图9.27 陶瓷电容的结构

在高频领域里的电容的等效电路,如图 9.28 所示。除电容 C 以外还有因导线和电极的形状而引起的电感成分 L 和等价串联成分 R。图 9.29 给出轴向引线型的陶瓷电容的阻频特性。像图 9.28 那样,由于 L 和 C 串联,一使频率变高而容易引起串联共振,理想电容的阻抗值下降,在共振点 f_0,阻抗 $Z(Z=R)$ 变为最低。频率再增高,不是 C 而变为 L 成分支配,所以,Z 反而升高。总之,电容变为不能工作。然而,使用时应注意的是,引线越短,L 成分越小。应尽可能将共振频率 f_0 设定在高频,充分利用陶瓷电容的频率特性。

图 9.28 在高频领域里的电容的等效电路

另外,像图 9.29 那样,即使同一形状的电容,随着电容值的不同而 f_0 也不同,电容越小,则共振频率越高。所以,像图 9.30 那样,当进行电源去耦和晶体管的发射极旁通时,要考虑到使用频率是由电容决定的。通常,当用电容来降低对 GND 的阻抗时,如电源的去耦和晶体管的发射极旁通、IC 偏置电路的旁通等,电路使用 1~100MHz 频率时用 10 000pF,再高的频率时用 1000pF 以下的电容。

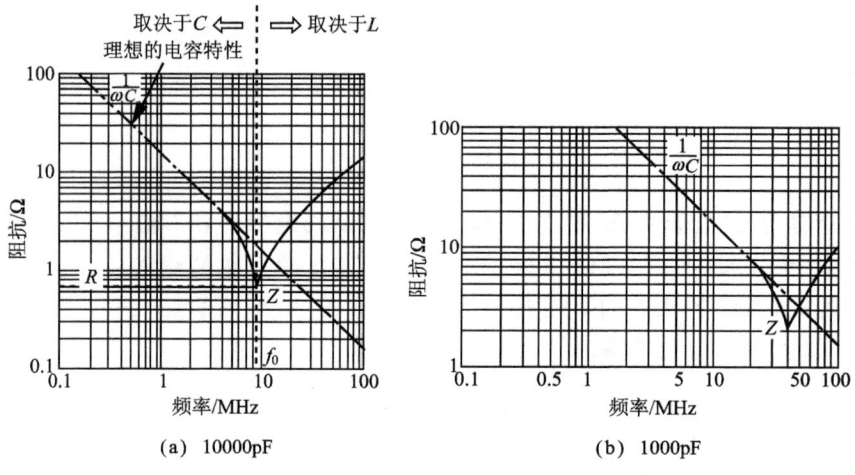

图 9.29 轴向引线型的陶瓷电容的阻频特性

所以,陶瓷电容在制造时可以调整电容值的温度系数。温度系数和温度系数的误差用表 9.1 中的符号来区别。例如,CH 为 0 ± 60(ppm/℃),UJ 为 -750 ± 120(ppm/℃)。对于要求不允许电容值随温度而变化的地方,则用 CG 和 CH 等温度系数或温度系数误差小的电容。另外,利用这些温度系数能很好地进行温度补偿。

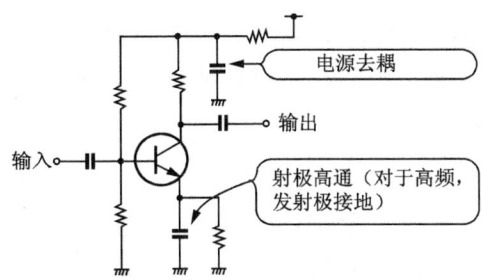

图 9.30 去耦电容和旁路电容

表 9.1 陶瓷电容的温度系数与误差的符号

温度系数的符号	C	R	S	T	U
温度系数/(ppm/℃)	0	-220	-330	-470	-750
温度系数误差的符号	G	H	J	K	
误差/(ppm/℃)	±30	±60	±120	±250	

例：CH＝0±30(ppm/℃)；UJ＝－750±120(ppm/℃)。

通常，振荡电路和调谐电路使用电感磁芯。由于导磁率随温度而变化，所以，电感值也会发生变化。这个电感的温度系数，通常为正值，如图 9.31 所示，与负温度系数的陶瓷电容（R，S，T，U等）组合，进行温度补偿，振荡频率和调谐频率就不随温度变化而变化了。

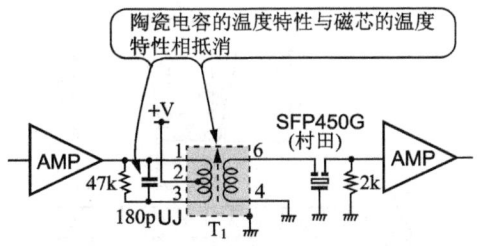

图 9.31 用陶瓷电容的温度补偿
（AM 收音机的 IF 电路）

9.3.2　直接焊接的电容

根据前面所述，引线电感成分是妨害电容高频特性的主要原因。如果没有引线，电容的高频特性就会变好。没有引线的电容被称为贴片电容,如图 9.32 所示。近来开发的用于高密集混合电路安装的贴片电容,由于没有引线,形状也小,所以,适合于频率特性良好的高频电路。

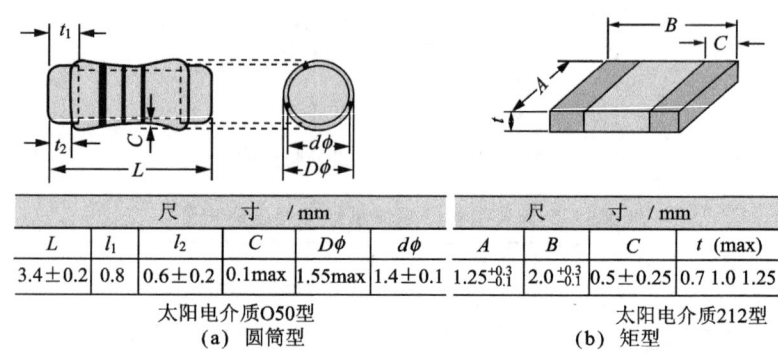

图 9.32 贴片电容

图 9.33(a)为直接焊接的圆盘型电容(也称为裸圆盘电容或者钎焊电容),图 9.33(b)为直接焊接的楔子型电容。这些电容没有引线(照字面上看,圆盘型电容是裸露的),如图 9.34 所示,可作为接地电容使用,将一侧的电极直接焊接在地平面上。由于不仅没有引线,而且一侧的电极全部焊接在地平面上,电极引起的电感成分也变小,所以,接地用的电容获得的高频特性非常好。

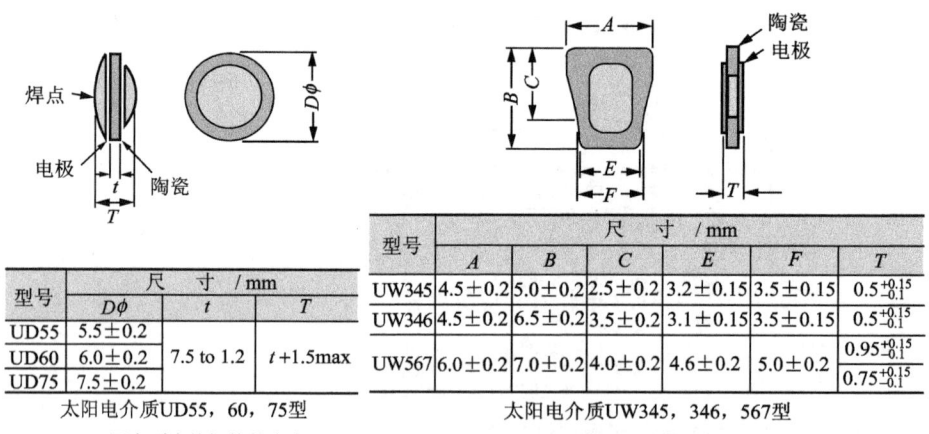

图 9.33 直接焊接的电容

另外,直接焊接的楔子型电容与直接焊接的圆盘型电容相同,可以像图 9.34 那样使用,像图 9.35 那样在印制板上打一个狭缝状的孔,两电极钎焊接,可作为微带线(将在后面叙述)的耦合电容使用。

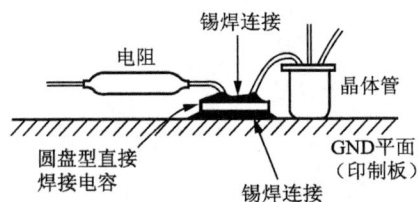

图 9.34 圆盘型直接焊接电容的安装

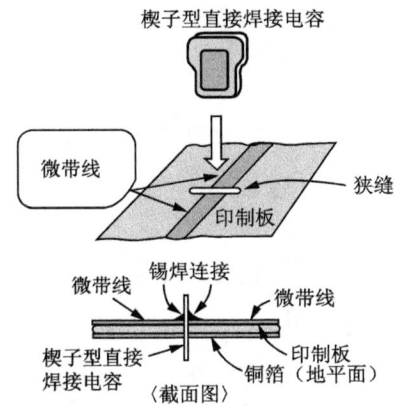

图 9.35 楔子型直接焊接电容的安装

9.3.3 穿心电容

穿心型电容的结构,如图 9.36 所示。该电容的结构是一个电极(轴状电极)穿过电容,轴状电极和筒状电极之间保持静电电容。各种穿心型电容,如照片 9.5 所示。

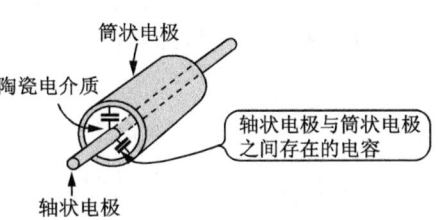

图 9.36 穿心电容的结构

给屏蔽盒内的电路提供电源时,通过穿心型电容来达到电源线去耦的目的。穿心型电容的安装方法,如图 9.37 所示。筒状的外侧电极钎焊在屏蔽盒上(也可以用带螺纹的穿心电容),在理想状态下的导线是没有一点感的,在屏蔽盒上对电源线去耦就可以了。可以防止噪声由于电路与通过电源线的高频连接而侵入在屏蔽盒内。

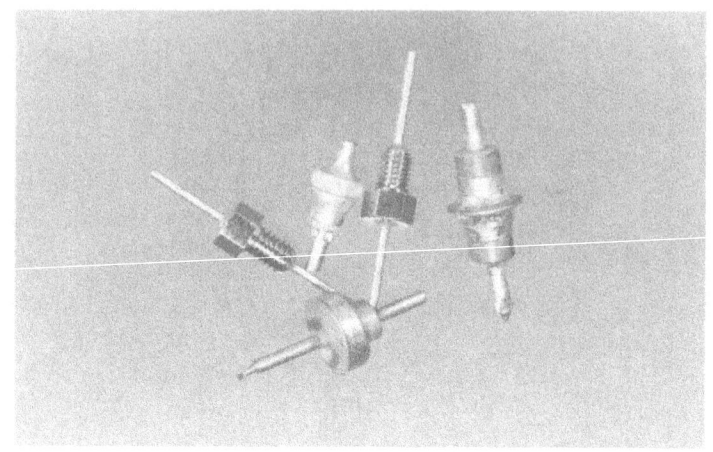

照片 9.5　各种穿心型电容

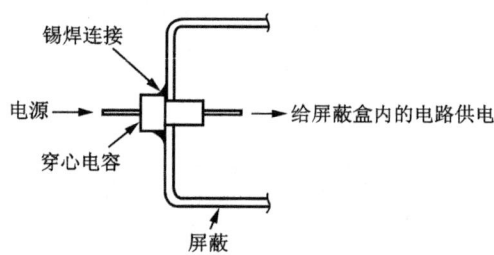

图 9.37　穿心型电容的实际安装方法

另外，市场已经贩卖有像图 9.38 那样，穿心型电容和电感组合成消除噪声能力强的器件。

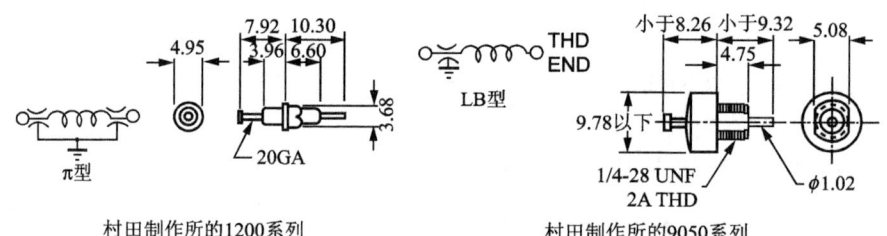

图 9.38　穿心电容与电感结合消除 EMI 的滤波器

还有，穿心电容不仅仅用于电源去耦，利用没有引线（电感非常小）带来的好处，还可以采用各种各样的方法。图 9.39 为使用串联共振、在不必要的频率不能通过的陷波电路中使用穿心型电容的例子。可见通过使用穿心型电容而获得理想特性。

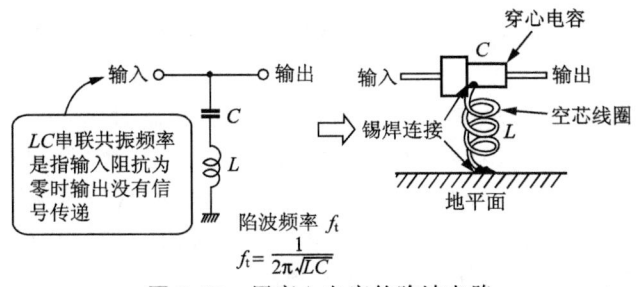

图 9.39 用穿心电容的陷波电路

9.4 开关的使用方法

如图 9.40 所示,开关可以分为手动且由机械切换信号的机械开关、用电气信号控制机械触点的继电器开关和不需要机械触点仅用电子信号切换的电子开关(也被称为模拟开关)。

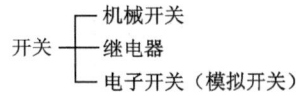

图 9.40 开关的分类

9.4.1 使用机械开关

各种机械开关,如照片 9.6 所示。

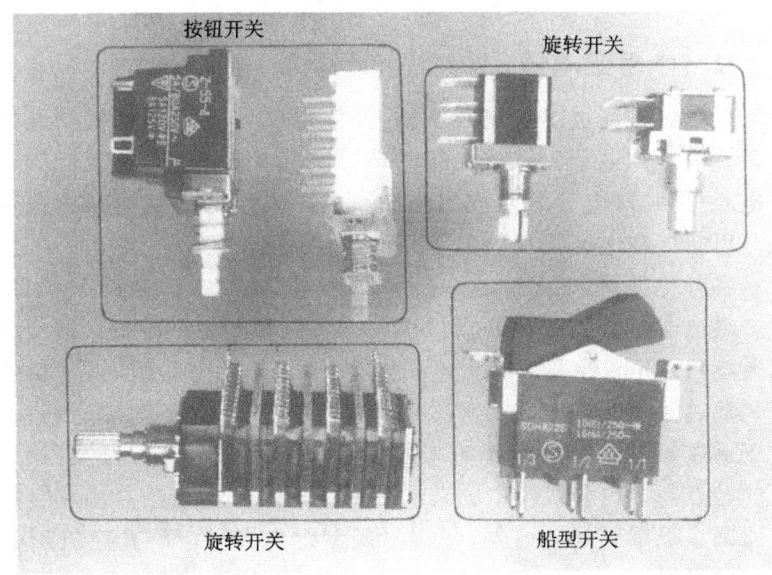

照片 9.6 各种机械开关

当像电机或线圈的驱动电流那样大的电平信号切换以及像传

感器输出信号那样的微小电平信号切换时,使用机械开关的干扰就会集中发生。当高电平信号切换的场合,开关 ON/OFF 时,会产生电火花,使触点融化或氧化造成接触不良。所以,遵守使用开关的触点容量(是多少伏还是多少安培都可以切换)是很重要的。当微小电平信号切换时,因为空气中含有水分、盐以及硫化物等,使接触点被氧化或硫化,发生接触不良的现象。像这样的空气影响,可以使用密闭型开关来防止其发生。另外,用于小信号的开关触点有大电流流过,开关 ON/OFF 时的电火花、触点表面的氧化膜被除掉,反而提高了可靠性(流过的电流过大,损坏触点,可更换为数 mA 至数十 mA 的)。

图 9.41 为获得逻辑电路信号(0V,5V)的电路,由于图(b)比图(a)的开关流过的电流多,通过电火花对触点的净化,有望提高可靠性(当进行模拟信号通断时情况也一样)

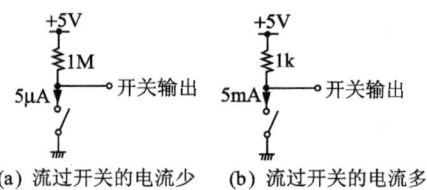

(a) 流过开关的电流少　　(b) 流过开关的电流多

图 9.41　流过触点的开关

9.4.2　使用继电器

继电器是通过电流流过线圈,产生电磁力来控制机械触点的开关。最近的电子机械多使用继电器和模拟开关,通过微机等逻辑电路控制,对电气信号进行控制。由于使用的继电器和模拟开关可以布置在电气优良的地方,所以能使性能提高。

各种继电器,如照片 9.7 所示。

继电器可分为 3 种形式,如图 9.42 所示。常开开关是指给线圈通电后 a-b 间导通;常闭开关是指线圈通电后 a-b 间开路;切换开关通过对线圈电流的 ON/OFF,来控制 a-c 或 b-c 间导通切换。由于通过继电器机械的开关来控制 ON/OFF 信号,所以,机械开关的触点同样也会发生电火花。故遵守不能超过继电器触点容量的原则是很重要的。另外,使用封闭型继电器可以防止空气对其产生的影响。

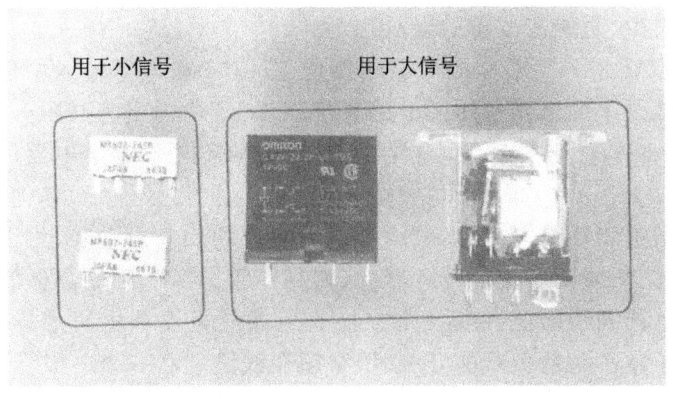

照片 9.7 各种继电器

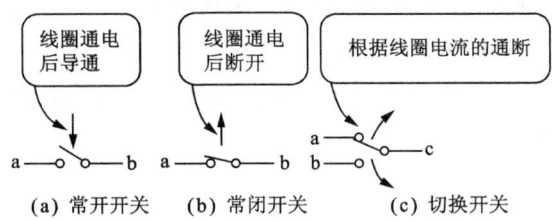

图 9.42 继电器的开关形式

图 9.43 为使用密闭型小信号用的继电器(封入氮气)MR602-12S(日本电气公司制造)高可靠的信号切换电路。在输入 1～3 路里选择一路输出。这里 2 路通道 A、B 同时切换。继电器用的是转换开关,没有选到的输入端子应接地处理。开关为 OFF 时,漏

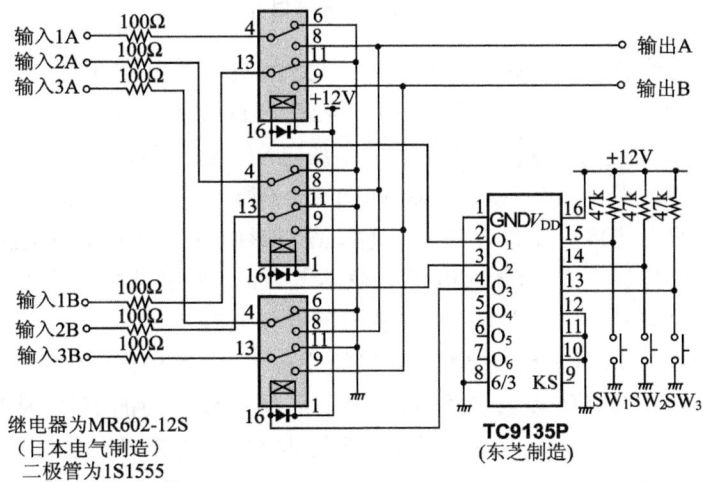

图 9.43 使用继电器的切换电路

电流很少(是绝缘改善的缘故)。

TC9135P 为 3 路或 6 路的复位 IC(3 个或 6 个输入中任何一个),该图中的电路只用了 3 路复位。该 IC 的输出为高阻开关,当 $SW_1 \sim SW_3$ 被选择后,输出端($Q_1 \sim Q_3$)为低电平,给继电器的线圈通电。

当关闭线圈电流时,线圈会产生环流的反向电动势,为了保护导通/关断线圈电流的开关器件(如晶体管、FET、闸流晶体管等),在继电器的线圈上并联一个二极管。像继电器和电机那样,当使用半导体作感性负载的开关时,必须在线圈并联一个二极管。

9.4.3 半导体开关——模拟开关

模拟开关与继电器同样都可以用作控制电气的开关,但是,作为半导体器件的最大特征是没有机械触点(如照片 9.8 所示)。它的优点是:不存在开关的磨损以及因空气而导致的老化,是可以高速转换的开关。

照片 9.8　各种模拟开关

另外,由于开关器件为半导体器件,与机械触点相比,当开关 ON 时的电阻(导通电阻)应高于数百 mΩ 至数百 Ω。而当开关 OFF 时的绝缘度差,不能用于太高的电压,这是其缺点。

各种半导体的模拟开关,如图 9.44 所示。其缺点是:如果二极管的直流成分不能正确的传输,就会影响晶体管的基极电流的开关信号。FET 的导通电阻一般不低,而且控制开关信号对流过开关的信号影响非常小,所以多用于低频电路。

图 9.45 为 CMOS4000 系列的模拟开关 IC4052BP 的信号选择电路。选择信号 A、B 加入逻辑电平(0V 或 5V)的信号,从 1~4 中选择一个信号。由于模拟开关的导通电阻高(4052BP 为 100Ω),连接高输入阻抗的电压跟随器,电路的输出阻抗降低。另外,由于模拟开关的电源电压为 ±5V,所以,电源电压以上的电平

信号不能加入模拟开关,所有的输入端子通过电阻和二极管保护。

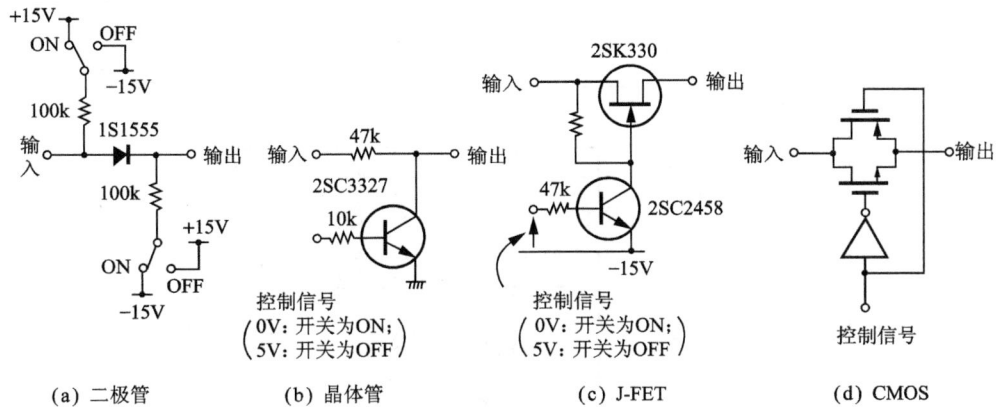

图 9.44　各种模拟开关

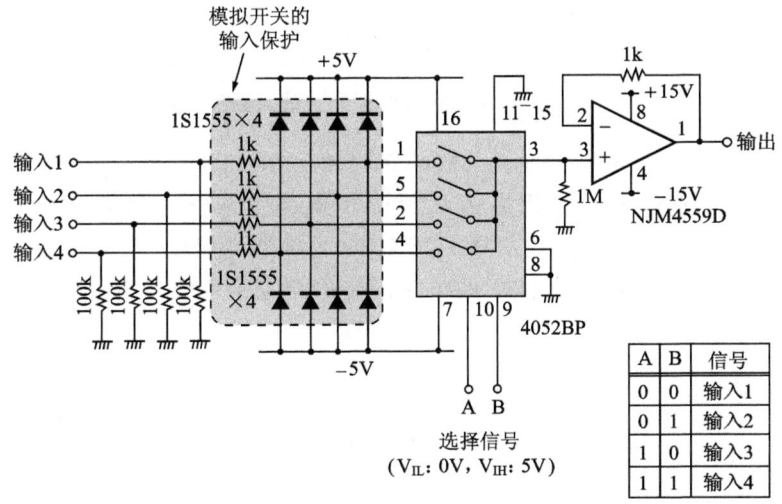

图 9.45　使用模拟开关的信号选择电路

使用模拟开关来切换放大器增益的电路例子,如图 9.46 所示。对应于可变增益的所有的反馈电阻都是分开的,由于在 OP 放大器的反相端串联插入模拟开关,故不影响模拟开关的导通电阻,只取决于反馈电阻的比。所以,可以设定精密的增益。

由于 OP 放大器的电源电压为 ±15V,所以,模拟开关使用可以用 ±15V 的信号关断模拟开关 IC 的 NJU7301(新日本无线制造)。

模拟开关没有机械触点,像图 9.45 和图 9.46 那样的电路,更换机械开关和继电器也是主要利用这一特点。但对于高速用途的应用,如高速峰值同步电路或采样保持电路等就不能使用机械开关和继电器(继电器的切换时间为 10ms 左右,模拟开关为 1μs 至数十 ns)。

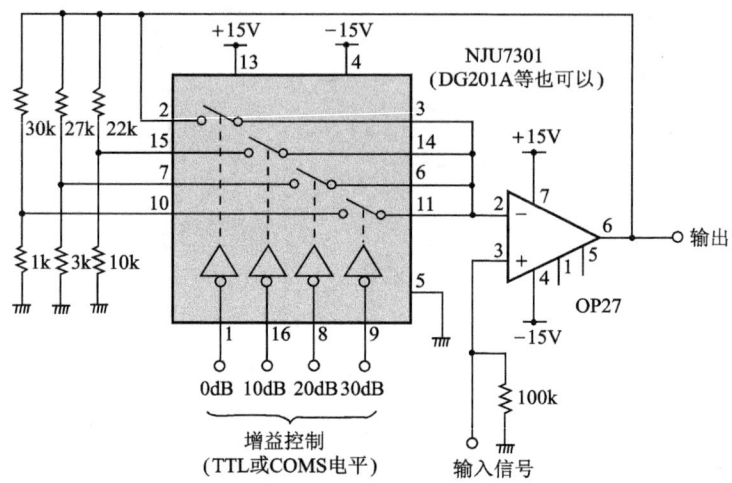

图 9.46　使用模拟开关放大器的增益的切换电路

图 9.47 为用 MOS FET 的 2SK612 作为模拟开关、在电路的复位开关上用高速峰值同步电路。该电路的输出为 DC～数百 kHz 的正峰值信号。2SK612 为导通电阻为 0.3Ω 或更小,并且可以高速工作,图中的电路同步电容完全可以用 1ms 的脉冲复位。

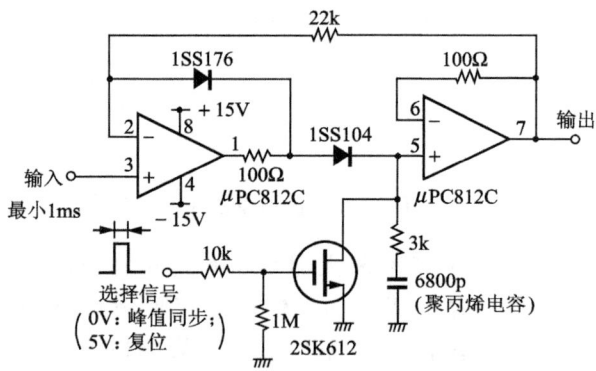

图 9.47　用 MOS FET 的峰值同步电路

用 74HC 系列的高速模拟开关 IC 的 TC74HC4053AP(东芝公司制造)的高速采样保持电路,如图 9.48 所示。在该电路中,用 OP 放大器构成反相放大器,在反相输入端插入(虚地)模拟开关,开关的输入信号的电平几乎为零,此时,就可以使用输入电压范围窄的模拟开关。另外,通过使用模拟开关,图中的电路从同步工作到采样工作的切换时间小于 $2\mu s$。

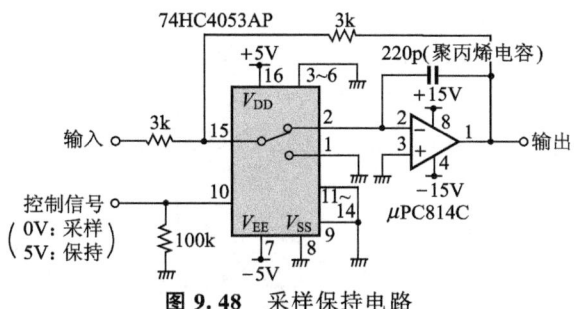

图 9.48 采样保持电路

9.5 高频电路的开关

在高频电路中使用的器件与在低频电路中使用器件相比,为获得较好的高频特性,在其构造上要受到各种各样的制约。开关也同样,在低频电路里,信号的切换使用的机械开关的结构,是不能得到良好的特性。所以,在高频电路里使用机械开关来直接切换信号是绝对不行的。

通过机械开关切换的信号或从逻辑电路得到的控制信号,只能对模拟开关和开关二极管以及同轴继电器等进行驱动。

9.5.1 切换视频信号的模拟开关

通常,视频信号有很宽的频带(DC～6MHz)。要获得该信号的开关器件应使用模拟开关 IC。使用 C-MOS4000 系列的模拟开关 4066 的简单的视频开关的电路,如图 9.49 所示。该电路采用视频信号的传输通道的特性阻抗,故输入信号连接的端口上加 75Ω 的电阻。

另外,4066 的导通电阻(模拟开关为 ON 时的残留电阻)大于数百 Ω,所以,该开关接下来连接的电路的输入阻抗必须要大。像这样,即使很便宜的模拟开关,实际上,只要使用方法得当也可以获得很好的特性。实际的视频设备常使用 4066、4051、4052、4053 等的 4000 系列的模拟开关。

但是,对于关断频带比较宽的视频信号和高频信号,当开关 OFF 时,输入到输出的信号泄漏就成了问题。该泄漏量称为断态泄漏度,可用下式定义:

$$断态泄漏度 = 20\log\left[\frac{输入信号电压}{输出(泄漏)信号电压}\right] (dB)$$

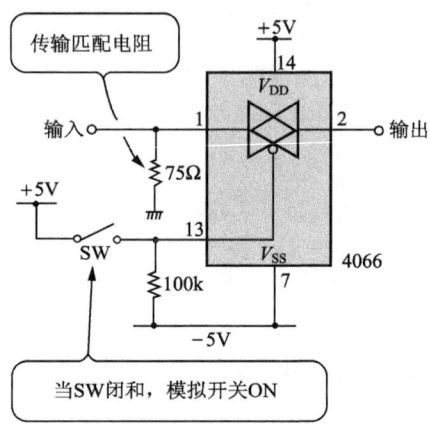

图 9.49 使用 4066 的视频开关

当用 FET 作为开关器件的模拟开关时，输入信号通过漏极与源极之间的寄生电容从输出泄漏出来。所以，信号的频率越高，断态泄漏度就越低。当信号频率为 10MHz 时，4000 系列 C-MOS 模拟开关的断态泄漏度为 45dB 左右。

9.5.2 使用视频开关 IH5341 来切换视频信号的电路

模拟开关或称为视频开关，在高频领域里应具有良好的断态泄漏度。

IH5341（英特锡尔公司制造）采用 C-MOS 的单片视频开关，10MHz 时的断态泄漏度为 60dB 以上。IH5341 的内部结构为如图 9.50 所示的 T 型开关，开关为 OFF 时（SW_1、SW_2 断开），SW_3 闭合，输入输出的电容小，从而改善了断态泄漏度。

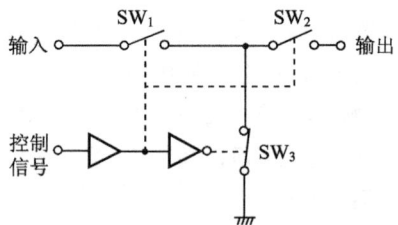

图 9.50 T 型开关的结构

使用 IH5341 视频信号切换的电路，如图 9.51 所示。该电路可以获得 DC～30MHz 的信号，根据控制信号为 0V 或 +5V，选择输入 1 或输入 2 的输出。

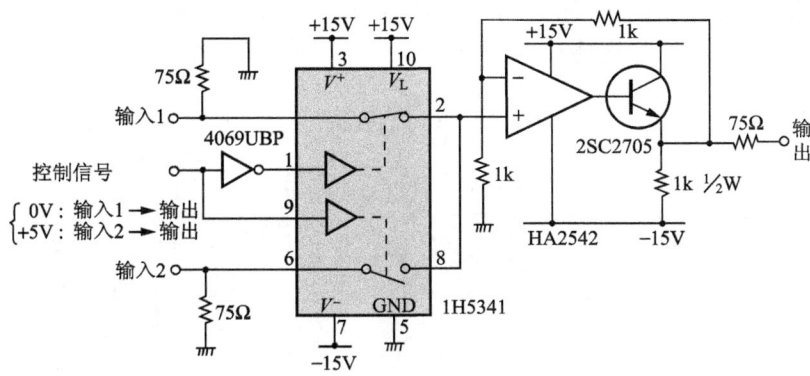

图 9.51　视频信号的切换电路

在视频开关的后面,由于连接高速 OP 放大器 HA2542(美国哈里斯半导体公司制造)作为电压增益为 6dB 的放大器,输入信号的匹配处理,有衰减量为 -6dB 的补偿,因此可以驱动输出阻抗为 75Ω 的同轴电缆。

9.5.3　通过差动型模拟开关来切换视频信号

前面介绍了 C-MOS 模拟开关。最近,民用的 VTR 和监控电视多使用双极型的模拟开关 IC。使用双极性晶体管的差动型模拟开关,如图 9.52 所示。

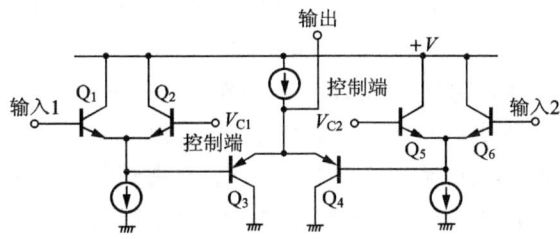

图 9.52　差动型模拟开关

通过对控制端电压 V_{C1} 和 V_{C2} 的控制,Q_2 截止,Q_5 导通,则 Q_1 和 Q_3 导通,Q_4 和 Q_6 截止,故选择输入 1 为输出。

相反,控制 V_{C1} 和 V_{C2},Q_2 导通,Q_5 截止,则 Q_1 和 Q_3 截止,Q_4 和 Q_6 导通,故选择输入 2 为输出。由于使输出介于 2 个射极跟随器之间,从而确保被选择的输入信号的宽频带。

采用这个电路,模拟开关 IC 为 M51321P(三菱电机有限公司制造)。使用 M51321P 同时切换视频、音频的电路,如图 9.53 所示。由于该电路被用于 VTR 等，故可以同时切换 3 个输入视频信号和立体声(L,R)的输出。M51321P 的开关控制信号为 +12V，当断开时，则与地连接，可以选择输入 1、输入 2 和输入 3。

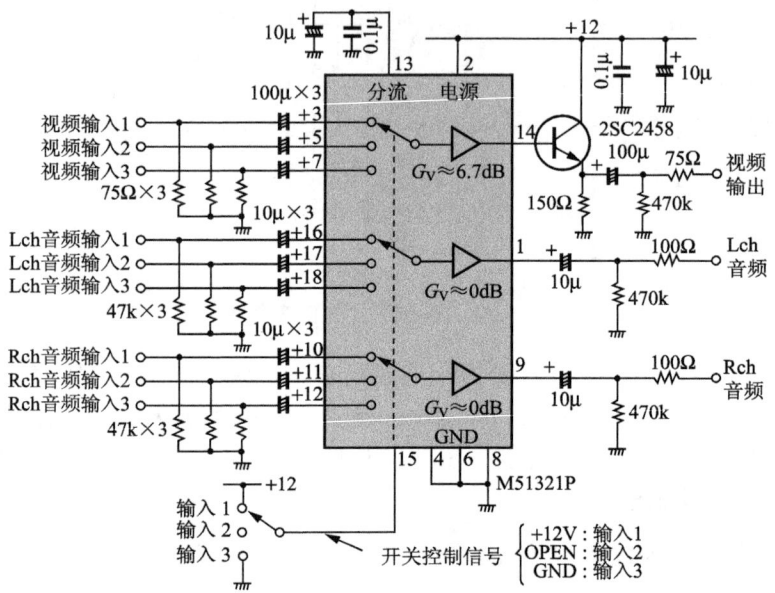

图 9.53 切换视频信号、音频信号的电路

在视频信号的开关后面，内藏有电压增益 $G_V = 6.7\mathrm{dB}$ 的放大器，与图 9.51 的电路相同，输入信号在端口进行衰减部分的补偿，用同一电平的输入信号可以获得视频的输出。

另外，视频信号输出附加了射极跟随器，来驱动同轴电缆（电源电压降低，即使不附加射极跟随器，也可以驱动同轴电缆）。

对于 M51321P 系列中有各种变化，有视频信号的放大器的电压增益为 0dB（如 M51327P 等）的器件，也有可以各自独立选择视频输入和音频输入的器件（如 M51329P 等）等。

9.5.4 切换高频信号的开关二极管

DC～10MHz 左右的信号使用的模拟开关，可以使用前面所述的 FET 和晶体管的开关器件，但是，切换该频带以上的高频信号，应更换为用二极管作为开关器件的模拟开关（以下称为开关二极管）。

在高频领域中，二极管具有良好的断态泄漏度，由于开关 ON 时的工作电阻小，所以，在视频以上的高频电路中多被用作开关器件。简单的开关二极管电路,如图 9.54 所示。在该电路中,二极管正向偏置时开关导通,反向偏置时为截止。输入输出的直流电位用电容阻止。即使这么简单的电路,如果注意安装方法的话,也可达到数十 MHz 左右的频带,作为开关使用是没有问题的。

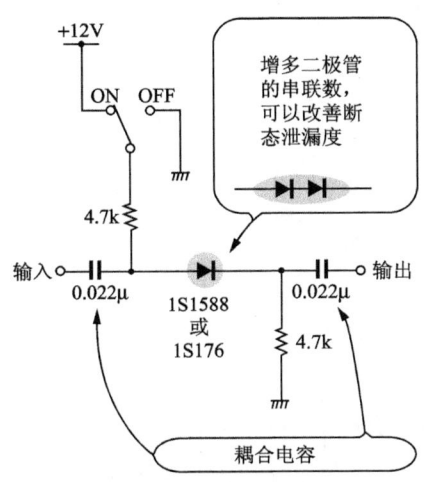

图 9.54 开关二极管

导致开关二极管断态泄漏度变差的原因是二极管在反向偏置时,PN 结产生势垒电容。该势垒电容还包含了连接电容,端子之间的电容被记录在数据表中。通用的开关二极管 1S1588 和 1SS176(都是东芝制造的)等为 1～3pF(在 1MHz)左右。对于高频领域,即使像这样小的结合电容,也会导致断态泄漏度变坏。

在图 9.54 的电路中,使用 2 个串联的二极管,开关断开时,串联连接了二极管端子之间的电容,改善断态泄漏度为 6dB 左右(开关导通时的工作电阻变为 2 倍)。

9.5.5 使用开关二极管的 FM 调谐频带的切换电路

使用开关二极管的 FM 调谐频带切换电路的实例,如图 9.55 所示。在该电路中,使用开关二极管并且插入由窄带陶瓷滤波器构成的限频电路,改变 FM 的调谐频带(选择度)此电路频带变窄,选择度变好,还可以防止串音。

当 SW 接通正常位置时,由于 D_2 和 D_3 导通,D_1、D_4、D_5 截止,所以,前端的输出信号通过 D_2 和 D_3 输入到中周放大器。当 SW 接通精调的位置,D_2 和 D_3 截止,D_1、D_4、D_5 导通,前端的输出信号通过 D_1 被输入到频带限制电路,其输出通过 D_4 和 D_5 输入到中周放大电路。

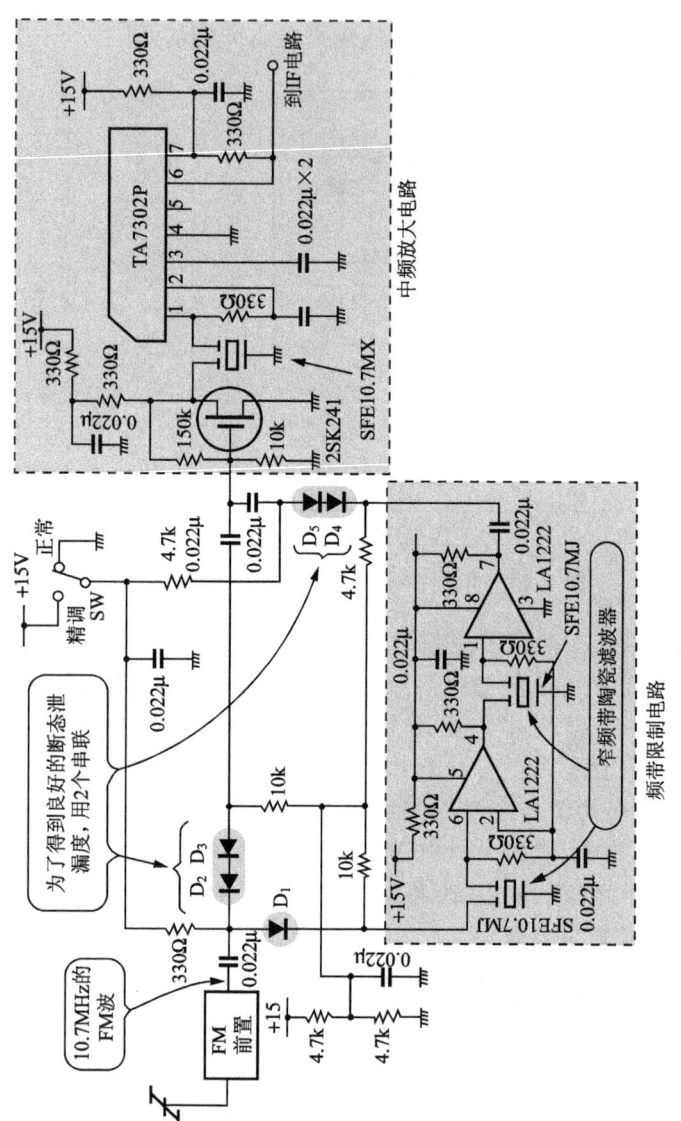

图9.55 FM调谐频带切换电路

图 9.55 电路的信号频率为 10.7MHz,用二极管切换更高频率的信号时,重要的是选定二极管的类型和器件的安装方法。

9.5.6 使用 PIN 二极管的频带开关电路

端子间电容小的二极管有 PIN 二极管。PIN 二极管在 PN 结合的地方,设计了固有的半导体层(I层),通过改变正向电流,很容易地改变工作阻抗。另外,因端子间的电容小,在高频电路中被用作可变电阻器件或开关等。例如,开关用 1SV99(东芝公司制造)的 PIN 二极管,在 1MHz 的端子间电容为 0.3pF,变得非常之小。

以 PIN 二极管的使用为例,频带开关的电路如图 9.56 所示。所谓频带开关是通过切换高频变压器的抽头,将变压器切换为调谐频带的开关。多被用于视频 UHF 和 VHF 的切换以及视频频带切换。图 9.56 的电路中通过对控制端电压的控制,D_1、D_2 为导通/截止,来切换变压器的抽头。

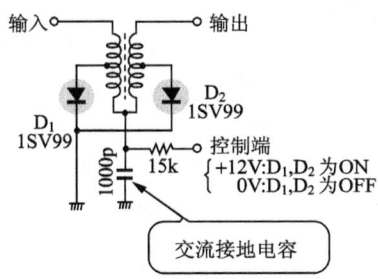

图 9.56 使用 PIN 二极管的频带开关

另外,用于数百 MHz 至数 GHz 信号的开关,将电路放入屏蔽盒内,输入输出信号通过高频插头(如 SMA、SMB、BNC、N 等)连接,这些插头从各个公司都可买得到(例如,YHP33122A 等)。如果使用这样的开关,注意个别器件的安装,也可以确保良好的高频特性。

9.5.7 大功率高频信号使用的同轴继电器

保持同轴构造的输入输出端,用继电器来导通/截止高频信号,称之为同轴继电器。在同轴继电器中,继电器的结构本身并不受成为同轴的限制,同轴继电器的内部多为同轴结构和微波传输带(在印制板上布线的方法可以维持特性阻抗)并用。

由于同轴继电器有机械触点,所以,能够切换比较大功率的高频信号。例如,无线设备的天线的切换,进行溅蚀和电离镀的 IC 制造装置的高频电源输出的切换。还有,最近在高速 IC 测试设备里,用于切换到被测试设备的输入输出信号。

9.5.8 同轴继电器的内部结构

1个单元电路含有2个触点的同轴继电器的内部结构,如图9.57所示。无论从哪个端子输入输出信号,如果维持了传输通道的特性阻抗,那么,就可以进行2个信号的切换和选择(其中,P_1和P_2同时导通,分配器和合成器就不能使用)。

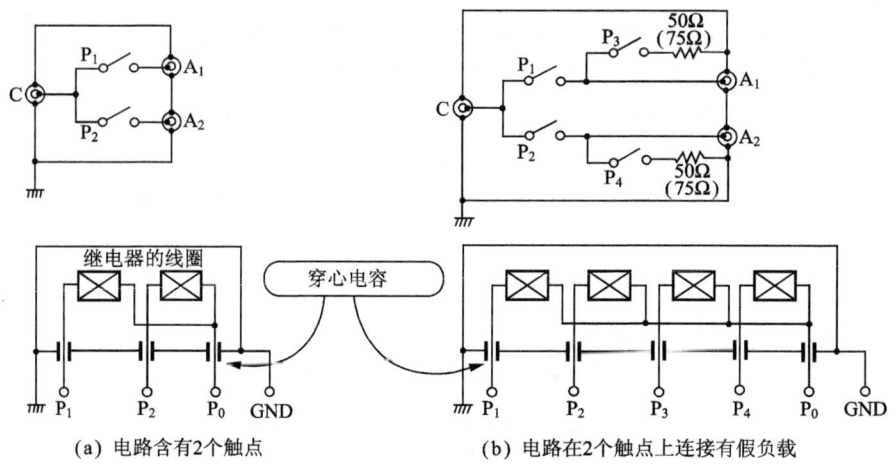

(a) 电路含有2个触点　　　　(b) 电路在2个触点上连接有假负载

图 9.57　同轴继电器的内部结构

为了用于高频信号,放入屏蔽盒内,通常驱动继电器的线圈端,通过屏蔽盒上的穿心电容来获得。

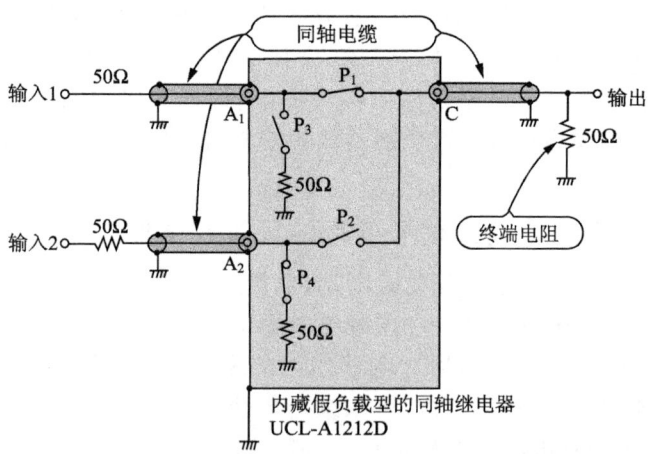

图 9.58　使用内藏假负载型的同轴继电器的例子

在电路的结构上,除了图 9.57(a)的 1 个单元电路有 2 个触点以外,也有增加了触点的数量和十字开关等各种各样的变化。图 9.57(b)为 1 个单元电路在 2 个触点连接匹配电阻的同轴继电器(三洋工业制造的 UCL 系列),就是其中的一个变化。

使用内藏假负载型同轴继电器的例子,如图 9.58 所示。通过 P_1 或 P_2 闭合,来选择输入的输出电路。如果选择到的输入端子接地的话,就会严重干扰其他电路,所以,要通过 P_3 或 P_4 闭合来接地。

9.6 低频电路的安装技巧

安装低频电路一定会注意到以下几点:
① 接地线的引出会发生噪声和交流声;
② 电磁感应会发生噪声和交流声;
③ 静电感应会发生噪声和交流声。

相对应的处理方法如下:对于①采用一点接地和电源取出的方法;对于②采用电磁屏蔽和减少引起感应环路的方法;对于③采用静电屏蔽等处理方法。

9.6.1 关于接地线的引出

放大电路的基准电位,如图 9.59 所示。图 9.59(a)为反相放大电路,同相输入端子通过电阻接地,并作为基准进行放大工作。一方面,由于输入信号以地为基准电位变化,所以,输入信号基准地和放大基准地之间有电位差,放大后变为交流声和噪声出现在输出端。图 9.59(b)为同相放大电路,同样,输入信号基准地

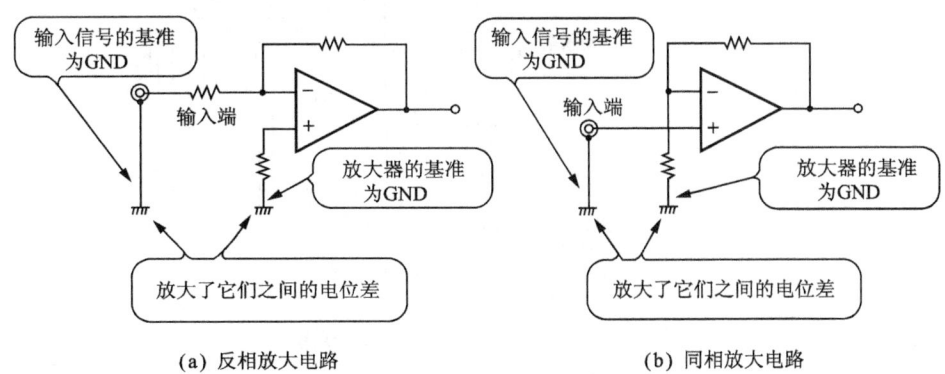

(a) 反相放大电路　　　　　　　　(b) 同相放大电路

图 9.59　放大器的基准电位

和放大器基准地之间也有电位差,产生交流声和噪声。严格地说,所谓一点接地,从广义上讲就是各点的基准电位为同一的电位。

接地线的引出,如图 9.60 所示。图 9.60(a),由于输入端的接地和放大器的接地以及输出端的接地缠绕为 1 根接地线与电源接地连接,输入信号的基准接地与放大器的基准接地之间流有反流(包括输入信号的反流、反馈电路的反流和输出信号的反流)。但是,如果基准接地之间因图形和布线等原因存在电阻成分 R_C(反流一起流过的,称为公共阻抗),它们之间产生电压,如前面所述,就会发生交流声和噪声。

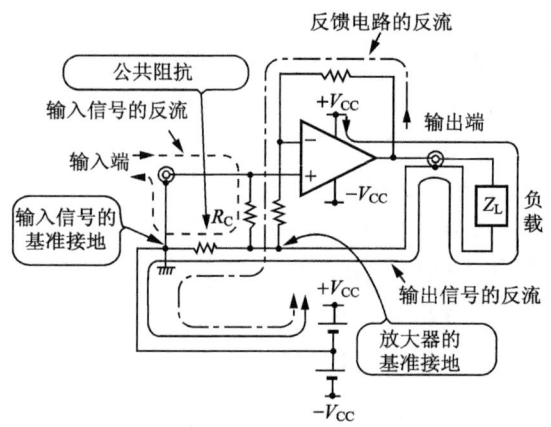

(a) 受公共阻抗影响的引出

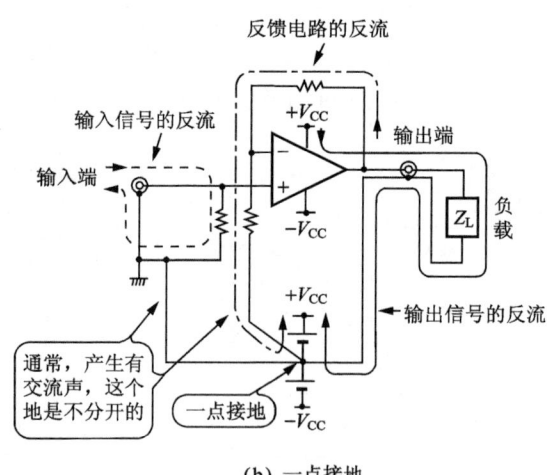

(b) 一点接地

图 9.60 接地线的引出

图 9.60(b)为一点接地的相同电路。各接地线分别连接,由

于电源的地为同一点连接,不存在公共阻抗,所以,各点接地变为同电位,不会发生交流声和噪声。由于接地线的引出方式,即使连在电源的整流电路上,也是完全相同的。

在整流电路中接地的引出方法,如图 9.61 所示。平滑电容是针对从整流器流出带纹波的电流的。Ⓐ点为变压器的中点与正负平滑电容连接的点,正向的纹波电流与负向的纹波电流相抵消,看上去虽然电流带有纹波,但电位是没有变化的。

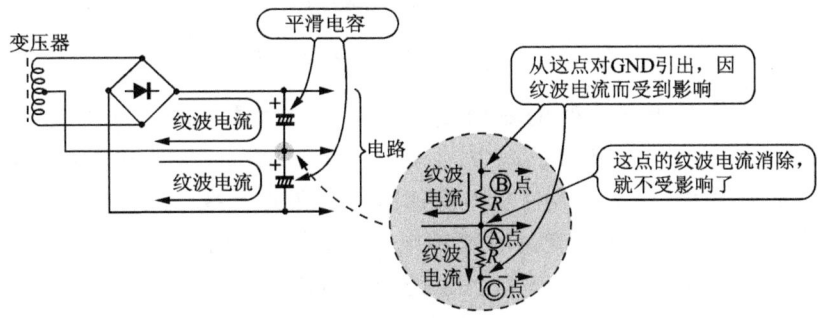

图 9.61 在整流电路中接地的引出方法

另一方面,Ⓑ点和Ⓒ点的纹波电流没有相抵消,受到正向或负向的纹波电流的影响,如果ⒶⒷ之间或ⒶⒸ之间的布线等原因存在电阻成分 R_c,则在Ⓑ点和Ⓒ点就会发生交流声。所以,整流电路的接地从Ⓐ点引出为好(在理想状态下,从电源引出的接地都应连接到Ⓐ点)。

9.6.2 静电感应的处理方法

在设备的内部或外部会产生磁通量,在印刷电路板的图形和布线材料等形成环路(等价于 1 匝的线圈),因为静电感应的作用发生交流声和噪声。因此,在安装电路装置内部不产生磁通量,对于防护静电感应是非常重要的。通常在装置的内部,变压器发生漏磁的可能性最大(是产生交流声的主要原因)。

针对从变压器引起漏磁的处理方法,如图 9.62 所示。首先,变压器离开电路,变压器放在漏磁影响最小的位置,所以,变压器采用硅钢板等材料来处理,称为电磁屏蔽。另一方面,对于外部来的磁通量,采用铁板将所有设备进行电磁屏蔽。还有,因为电磁感应原因引起的磁通量,不仅有变压器,还有从获取大电流的电路信号线和电源线。

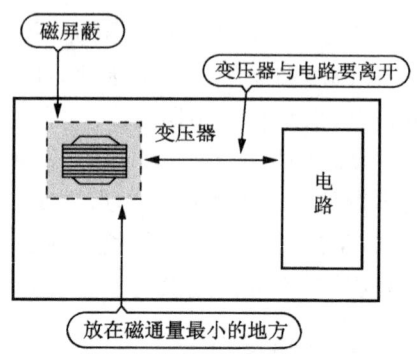

图 9.62 针对从变压器引起漏磁的对策

功率放大器电路的输出线和电源线的电流环路引起的磁通量,如图 9.63(a)所示。图中,一路从正电源通过放大器和负载,再返回到正电源;另一路从负电源通过负载和放大器,再返回到负电源。大电流电路时,流过环路的电流大,该环路的面积大,产生的磁通量就多(立体声功率放大器的输出电流也会产生磁通量)。

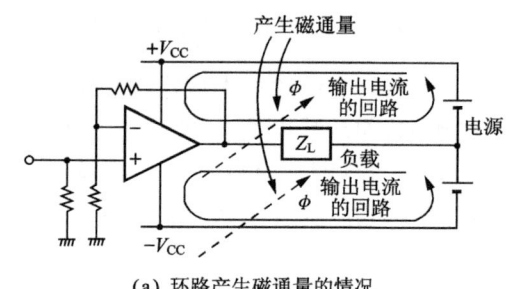

(a) 环路产生磁通量的情况

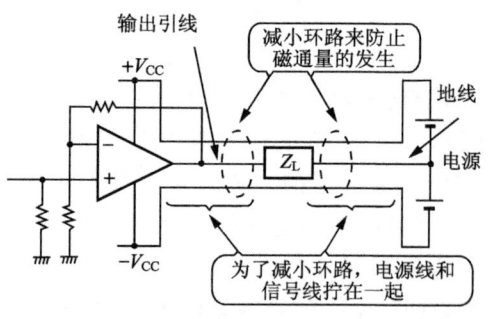

(b) 减小环路的例子

图 9.63 功率放大电路的输出线和电源线的环路

像这种情况,如图 9.63(b)所示,正负电源线和输出线以及流过接地线的电流越接近,环路的面积变小。在实际中,应很好地规划正负电源线和输出线以及布置好接地线,使环路面积缩小,防止磁通量的产生。不仅防止产生磁通量是十分重要的,而且即使有磁通量产生,对于安装电路也不能受其影响这一点也是非常重要的。

放大电路的输入部分形成环路,如图 9.64 所示。图 9.64(a)为输入线的环路,图 9.64(b)为放大器输入端之间形成的环路。它们这些环路,如果考虑有一匝线圈,这个环路就贯穿磁通量和产生电动势,所以,放大器的输出出现交流声和噪声。所以,像图 9.64(c)那样,环路越小,受电磁感应就越难。在实际的电路中,常将印刷电路板的信号线沿着接地走线或采用屏蔽线、双绞线等输入线以减小环路,也可通过器件布置来减小输入端之间的环路。

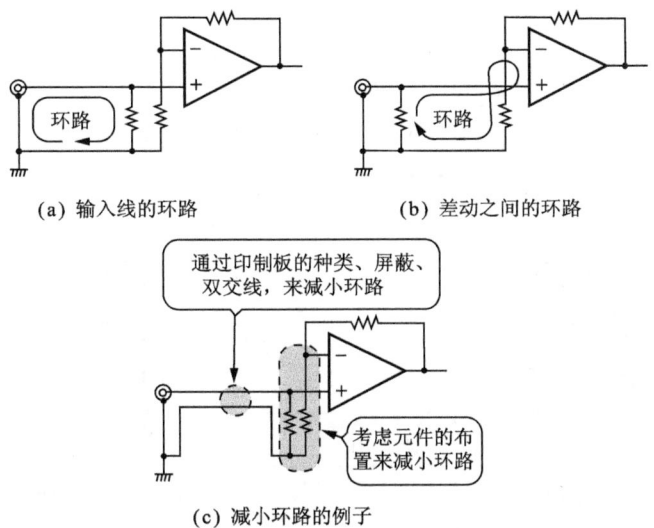

图 9.64 放大电路的输入部分形成环路

9.6.3 静电感应的处理方法

在阻抗比较高的电路附近,高电位的部分与静电电容相结合会产生交流声和噪声,通过电流会产生电磁感应,而静电感应又是由电位差产生的。静电感应的产生,如图 9.65 所示。

同时离开高电位部分和电路的高阻抗部分,对高电位部分进行静电屏蔽(用接地导体围起来),使电位差减小,就可以防止静电感应。

另外,为了不受静电感应的影响,电路实际安装时高阻抗部分的面积要小,静电的结合度要低。具体地讲,如图 9.66 所示,由于

OP 放大器的输入端或积分电路的输入端等阻抗高,所以,应尽可能地不要引线。特别地,在印制板外面有高阻抗部分引出时,可以采用屏蔽线等方法进行静电屏蔽(由于干扰,高阻抗部分还是不从印制板的外部引出为好)。所以,与静电感应不同的是,高阻抗的电路是由于电位差漏电流所引起的问题。

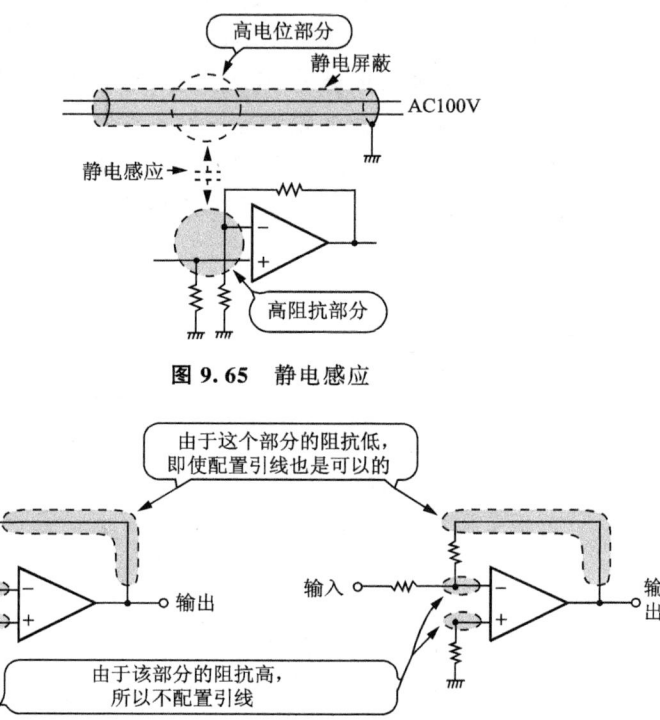

图 9.65　静电感应

图 9.66　通过器件分布和布线来防止静电感应

采样保持电路,如图 9.67 所示。对于采样保持电路,像图 9.67(a)那样保持时,连接保持电容部分的阻抗变的非常高。所以,该部分与周围的电路有电位差,介于印刷电路板的表面有漏电流流动,保持特性变差。在这种情况下,如图 9.67(b)所示,用相同电位且阻抗小的形状设计的屏蔽环将所有的高频阻抗部分围起来,此时,屏蔽环与高频阻抗部分的电位差为零,就没有漏电流。另外,从屏蔽环到周围的电路即使流有漏电流,保持特性也不会变坏。

使用卷起的有机薄膜电容作为保持电容时,具有静电屏蔽的含义,卷起的外层的电极连接到低阻抗的一侧(图 9.67 中接地的一侧)。

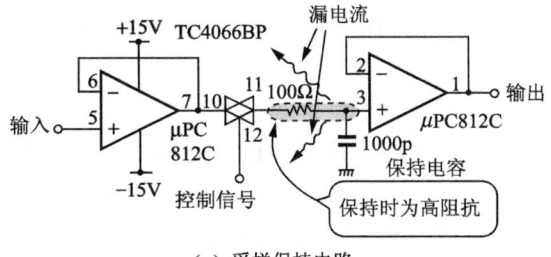

(a) 采样保持电路

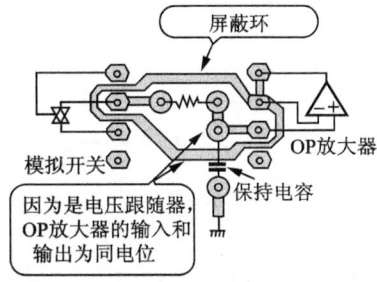

(b) 设计隔离圈型的例子

图 9.67 采样保持电路的漏电流

9.7 高频电路的安装技巧

高频电路的频率特性与实际安装技术有很大关系。一般获得不到 10MHz 左右(如 FM 收音机的中周左右)的频率时,对接地图形的引出要十分注意,而低频电路的延长与安装电路的电气特性则没有什么影响。但是,获得比其再高的频率时,就必须注意以下几点:

① 接地的高频阻抗要低;
② 布线的电感成分应尽量地小;
③ 要防止电路之间的高频连接。

9.7.1 接地的阻抗

在低频电路中,实行一点接地是为保证电路各个部分的接地点为相同电位,同样,在高频电路中,电路各接地点的电位也必须为同电位(为接地电位)。但是,对于高频电路,就是同一个地点(总之一点接地)因布线含有电感成分增长布线也是不行的(将在后面叙述)。因此,接地的阻抗要非常小,对于高频的各接地点要同电位。

在图 9.68(a)中,接地图形对于低频电路是完全没有问题的,但从高频角度上看,接地线含有电感成分。电感 L 的阻抗为 X_L,由于 $X_L = 2\pi fL$,所以,频率越高,其值越大,在高频电路中,图 9.68(a)中各接地点的电位是不同的。如图 9.68(b)所示,在高频电路中,常用的接地图形被称为 β 接地(betta earth)。从低频角度考虑 β 接地时,由于与各部分形成环路,容易受到电磁感应;而对于高频,由于接地图形越大,其电感成分变得越小,电路的各接地点变为高频同电位。

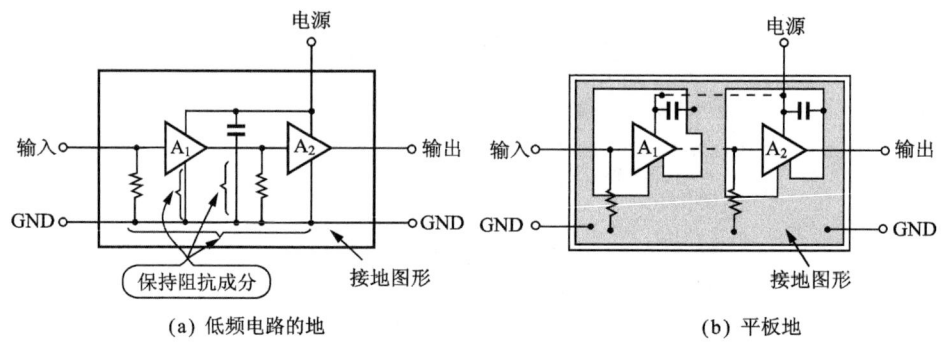

图 9.68 接地图形

用 β 接地安装元器件的实例,如照片 9.9 所示。这个简单的试验说明,用没有蚀刻的印制板的单面作为地平面,在其上面安装元器件,可以降低接地阻抗。

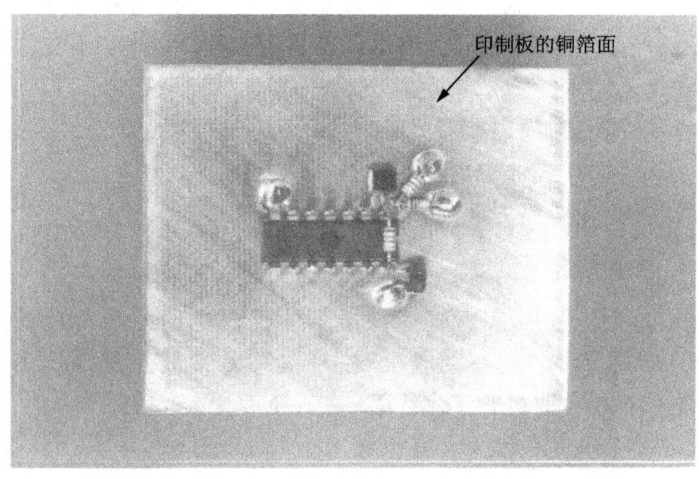

照片 9.9 用 β 接地安装元器件

9.7.2 减小布线电感

器件与器件的连接布线(布线的形状)含有电感成分,这对于高频电路便成了问题。如果布线细而长,布线的自身就带有电感成分,这是引起频率特性下降(因电感成分与寄生电容形成低通滤波器)和振荡(因电感而信号的相位翻转)的原因。因此,应以最短布线为基本原则,另外,用短线对器件布置进行实际安装。

还有,晶体管、电阻及电容的导线也有电感成分,即使导线的电感非常小,但获得的频率越高,作为阻抗来讲,该值就越不能忽视。因此,在实际安装时,器件的导线应尽可能地短。

例如,用图 9.69(b)那样的器件配置来考虑图 9.69(a)的电路。C_1 为电源的去耦电容,负载阻抗(约 330Ω)就该在最近的地方接地,C_2 为发射极交流接地电容,晶体管的发射极就在最近的地方接地。当然,要想进行理想接地,C_1、C_2 应使用没有引线的贴片电容和圆片型电容的器件。

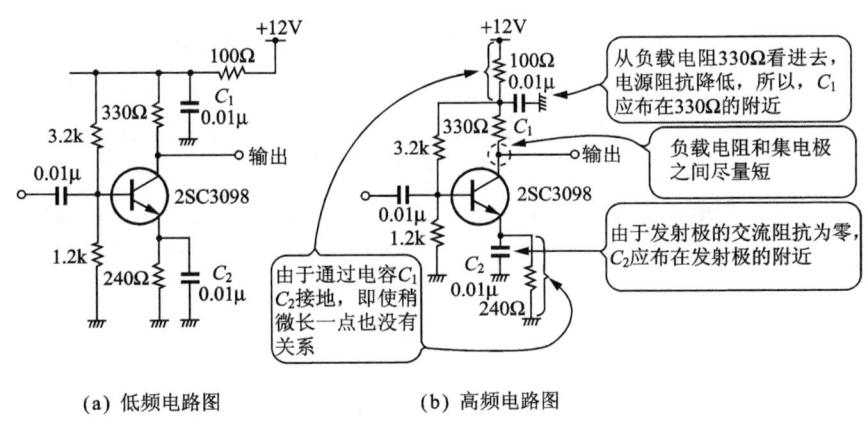

(a) 低频电路图　　　　(b) 高频电路图

图 9.69 接地电容的配置

9.7.3 防止高频耦合

信号的频率越高,波长就越短,电路使用的信号通过电磁波就越容易在空中传播。一般在使用数十 MHz 以上的信号时,电路的所有导电体(使用的铜、镀锡铁板等)要进行屏蔽。屏蔽可以防止通过电磁波使电路内部与外部的高频耦合。另外,即使在同一电路中,为了防止电路之间的高频耦合,最好也要屏蔽。

200MHz 的低噪声前置放大器的电路图,如图 9.70 所示。这样的调谐放大器,输入方的调谐电路与输出方的调谐电路相耦合,实际的增益比设计值大,并发生振荡。所以,要放置在不容易线圈耦合的位置上(指线圈间的距离和方向)。通过输入方的调谐电路与输出方的调谐电路之间插入屏蔽,可以防止耦合。图 9.70 中的晶体管的中心位置,输入部分与输出部分就插入屏蔽板,以防止输入输出间的耦合。

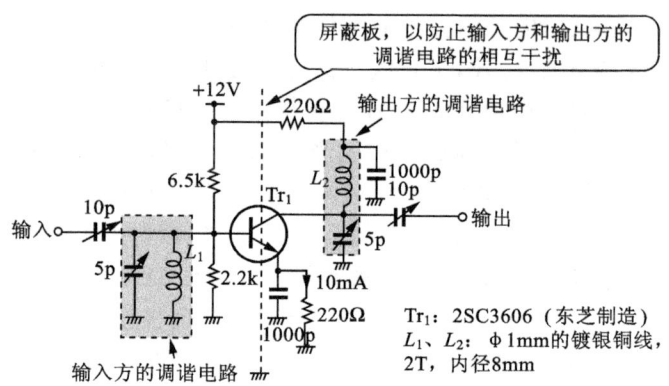

图 9.70　200MHz 的低噪声前置放大器

为了增大增益,将宽频放大器 IC 串联连接,其电路如图 9.71 所示。像这样的在宽频带里增大增益的电路,各放大级的输入与输出的耦合,即使通过电源线耦合的很少,也容易发生振荡。

在图 9.71 中,将整个放大器单元屏蔽(插入屏蔽盒,使整个电路屏蔽),以防止空中与地的耦合(插入屏蔽盒,地的阻抗也降低);电源线接入电感、铁氧体磁环以及穿心电容,以防止电源线的耦合。

如果没有按照以上应注意的几点安装电路,就得不到高频电

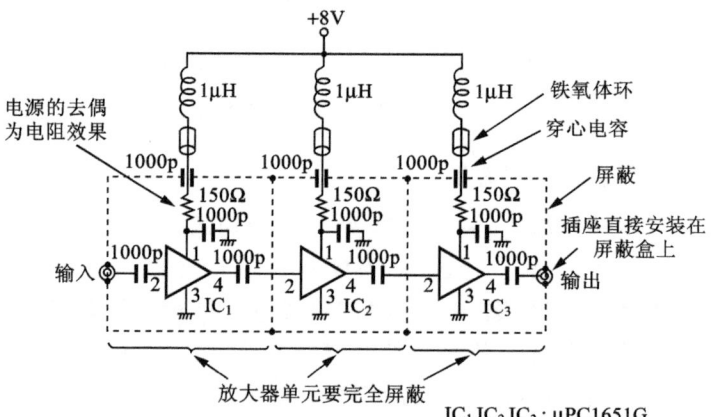

图 9.71　高增益放大器的屏蔽

路的特性。确切地说,不同的安装方法可以测出不同的电气特性。

增益为 12dB 的低噪声宽频带放大器的电路图,如图 9.72 所示。在通用基板上制作的电路,如照片 9.10 所示(接地图形为 β 接地,布置各器件的距离为最短)。照片 9.11 为在印刷电路板的铜箔面上用穿芯电容、直插式电容等来制作的电路,并且全部装入屏蔽盒内。

图 7.73 为频率特性的实测数据。由此可以看出,按照片 9.10 所示的实际安装方法,增益下降 3dB 的频率为 160MHz,而用照片 9.11 所示的实际安装方法则为 340MHz。即使相同的电路,因实际安装方法的不同,放大器的带宽相差为 2 倍以上。

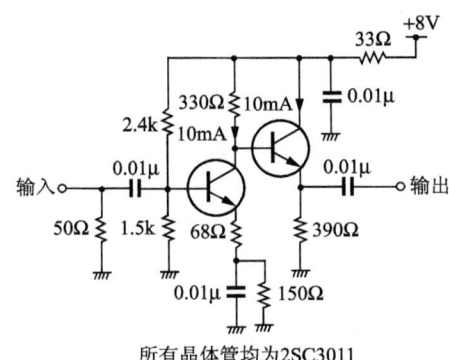

图 9.72 低噪声宽频带的放大电路

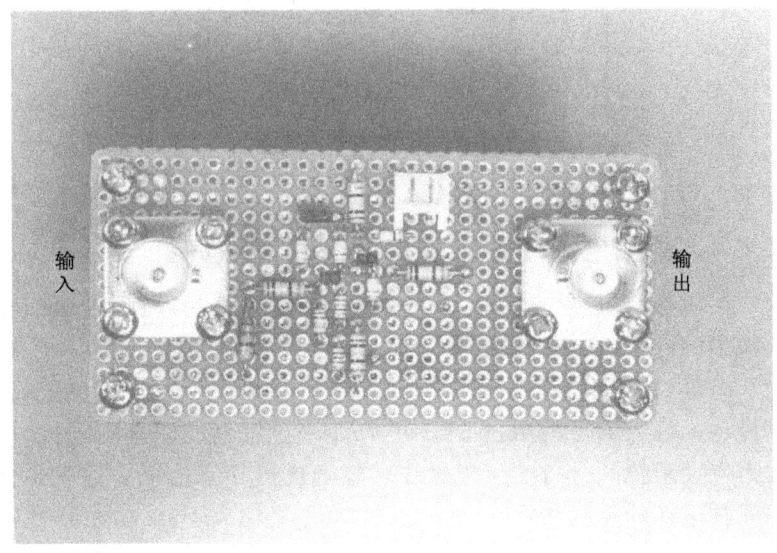

照片 9.10 用通用基板来安装

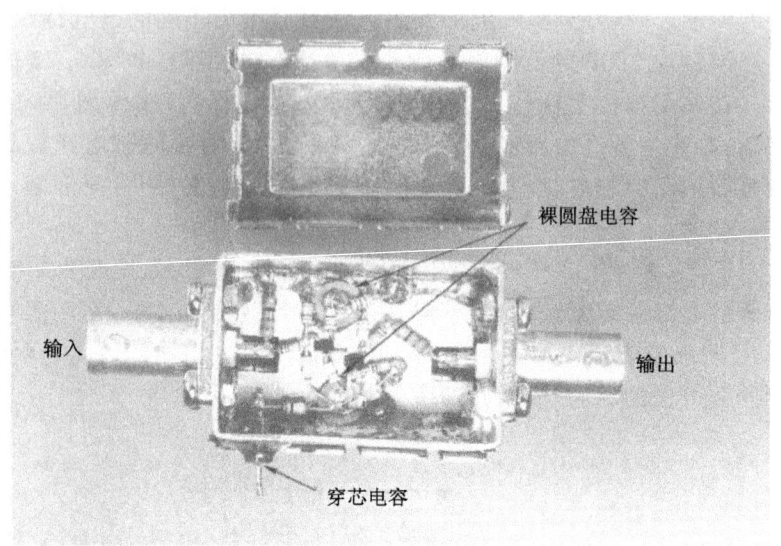

照片 9.11 在屏蔽盒里的实际安装

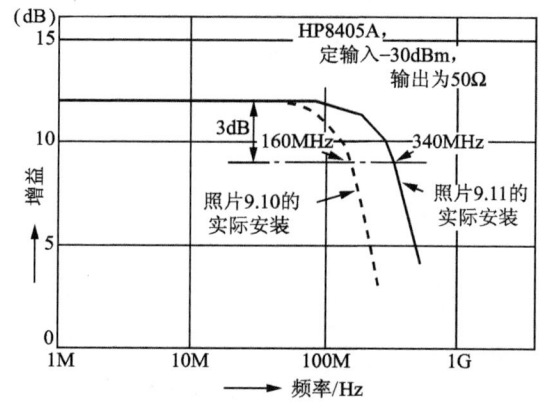

图 9.73 宽频带放大器的频率特性

9.7.4 同轴电缆和同轴接头的正确使用

当机械与机械(或者电路与电路)连接的时候,高频电路的输入输出的匹配阻抗为 50Ω 或 75Ω。

另外,用电缆连接,调整电容成分和电感成分的分布参数,通过设备的输入输出的阻抗 50Ω 或 75Ω 来设定电缆固有的阻抗(或称为特性阻抗)。由此,可以减少传输通道的功率损耗。这就是使用同轴电缆的目的所在。

图 9.74 为同轴电缆的结构,是一种内部导体穿过圆筒形外部导体中心的同轴构造,故称为同轴电缆。一般称具有同轴结构且

有一定特性阻抗的为同轴电缆。

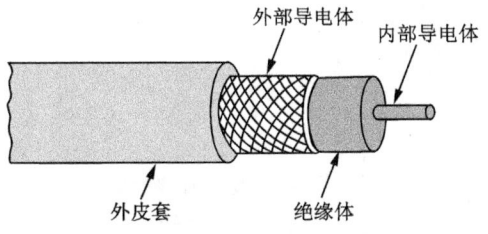

图 9.74 同轴电缆的结构

同轴电缆的外形和电气特性已经标准化。JIS 规格的同轴电缆的外形和电气特性,如表 9.2 所示。其它类型的还有 MIL 规格的同轴电缆。根据连接设备的特性阻抗的匹配来选择同轴电缆的阻抗特性。一般特性阻抗为 50Ω 和 75Ω,FM 收音机和 TV 等设备为 75Ω,而其他的设备用 50Ω。另外,同轴电缆存在传输损耗,如图 9.75 所示,电缆的直径越大,传输损耗(衰减量)就越小(通常,传输损耗越大,串联电阻就越小,所以,绝缘电阻增大),传输信号的频率越高,损失就越大。

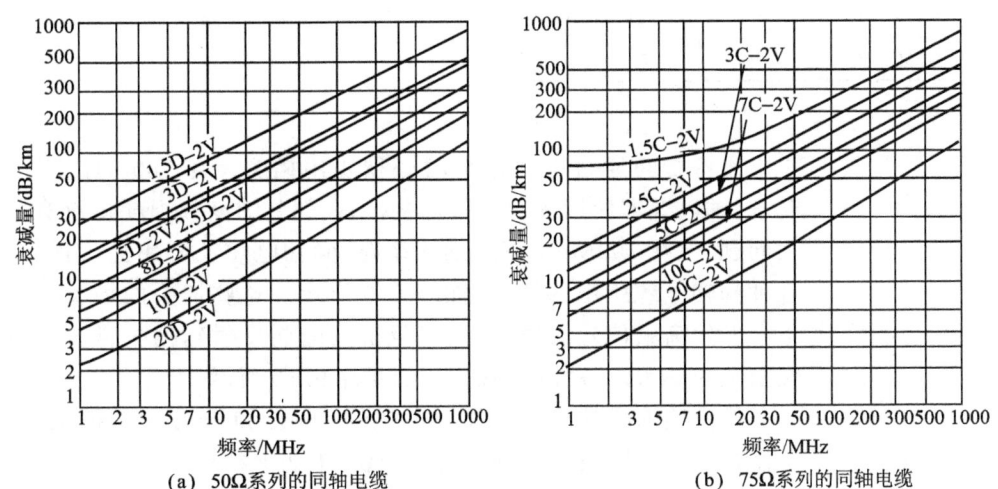

图 9.75 衰减量的频率特性

由于同轴电缆的直径越大损失就越小,但难于处理,所以,要通过考虑传输距离和使用频率来选择电缆的直径。一般当进行 1GHz 以下高频电路的测试时,由于传输距离为 1m 左右,则必须用 3D-2V。

表 9.2 各种同轴电缆（JIS 规格）

型 号	特性阻抗/Ω,(10MHz)	标准衰减量/(dB/km)(10MHz)	外径尺寸/mm
1.5D-2V	50±2	85	2.9
2.5D-2V	50±2	45	4.3
3D-2V	50±2	47	5.3
5D-2V	50±2	27	7.3
5D-2W	50±2	27	8.0
8D-2V	50±2	20	11.1
10D-2V	50±2	14	13.1
20D-2V	50±2	6.6	26.1
1.5C-2V	75±3	96	2.9
2.5C-2V	75±3	52	4.0
3C-2V	75±3	42	5.4
5C-2V	75±3	27	7.4
7C-2V	75±3	22	10.4
10C-2V	75±3	18	13.0
20C-2V	75±3	7.4	24.1

JIS C3501

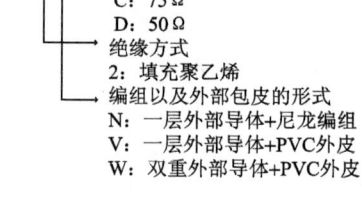

型号的标称含义
3D -2V
- 外导电体的内径（mm）
- 特性阻抗
  C：75Ω
  D：50Ω
- 绝缘方式
  2：填充聚乙烯
- 编组以及外部包皮的形式
  N：一层外部导体+尼龙编组
  V：一层外部导体+PVC外皮
  W：双重外部导体+PVC外皮

设备之间通过电缆连接时必须要用插头。在 100MHz 以下时，同轴电缆即使用焊锡等来连接，结合部分的高频损耗也没有太大问题；但在 100MHz 以上的频率时，同轴电缆就要用插头连接。各种同轴电缆所用的插头，如表 9.3 所示。这些插头的插头部分不会发生高频信号的损耗（由于阻抗失配而反射），插头自身的特性阻抗为 50Ω。各种高频插头，如照片 9.12 所示。

像前述那样的同轴电缆，可以保持 50Ω 和 75Ω 的特征阻抗，即使在印制电路板上蚀刻的布线形状，也能保持任意的特性阻抗，这称为微带线，如图 9.76 所示。双面电路板的一面作为地平面，在另一面上腐刻固定宽度的附铜线，顾名思义，裸附铜导线。令附铜导线与地平面之间的静电电容为 $C(F)$，附铜线的电感为 $L(H)$，该附铜线的特性阻抗 Z_0 可用下式求解：

$$Z_0 = \sqrt{\frac{L}{C}} \ (\Omega)$$

9.7 高频电路的安装技巧 **241**

表 9.3 高频同轴插头

型号()内为JIS型号		特性阻抗/Ω	额定电压/V_{rms}	额定频率/GHz	电压驻波比 VSWR	连接方式
N	(C01)	50	500	10 以下	1.2 以下	N 型
BNC	(C02)	50	500	4 以下	1.2 以下	BNC 型
C	(C03)	50	500	10 以下	1.2 以下	BNC 型
HN	(C04)	50	1500	3 以下	1.2 以下	N 型
SNA		50	250	12.4 以下	1.2 以下	OSM 型
SMB	(C05)	50	150	0.5 以下	1.2 以下	OSM 型

JIS C5410～C5415

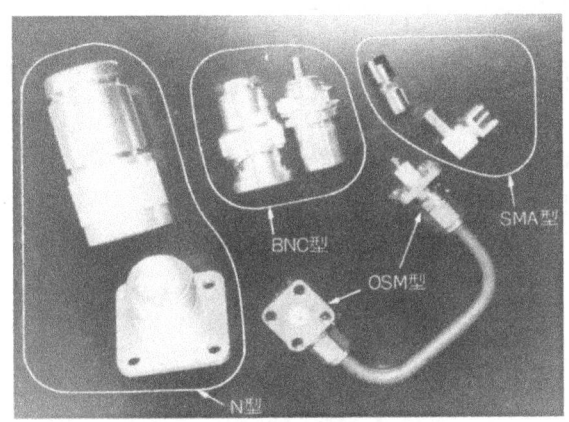

照片 9.12 各种高频插头

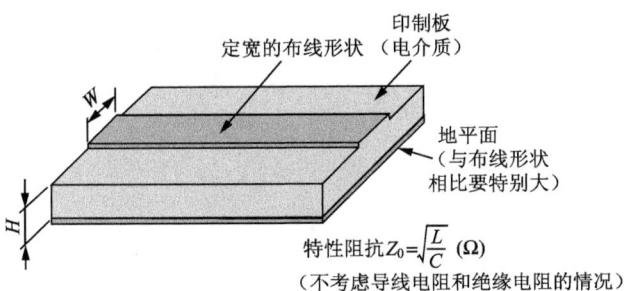

图 9.76 微带线

由于 L 和 C 随着形状的宽 W 与印制板的厚度 H 以及印制板的相对介电常数 E_R 而变化,所以,Z_0 也随着这些参数变化。

随着 W 和 L 之比以及 E_R 变化的 Z_0 曲线图,如图 9.77 所示。一般最好使用厚 1.6mm 的 G-10 双面玻璃环氧印制板($E_R=5$),从图 9.77 可知,当 $W=2.4$mm 时,$Z_0=50\Omega$;当 $W=1.3$mm 时,

$Z_0 = 75\Omega$。

如果使用微带线,可以保持任意特性阻抗,所以,即使不使用同轴电缆,也可以做到印制板上的电路与匹配电路的连接(其中,电路的输入输出阻抗和微带线的特性阻抗必须要匹配)。

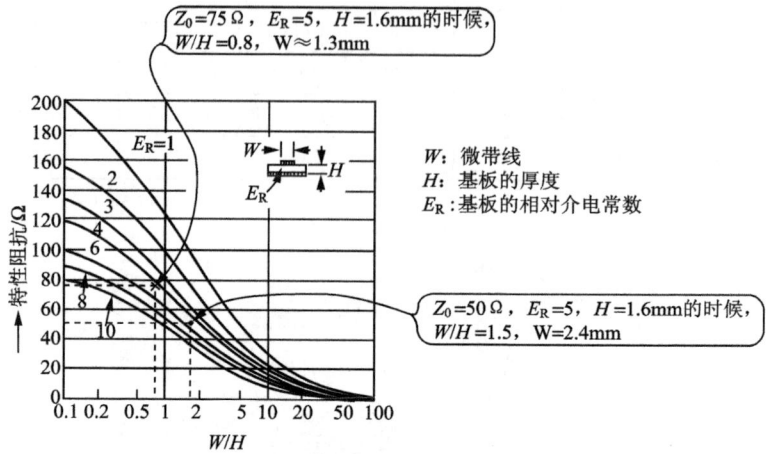

图 9.77 微带线的特性阻抗

参考文献

[1] *2SA1145，2SA1306，2SB1015，2SC2458，2SC2705，2SC3281，2SC3298，2SC3584，2SD1406，2SK184，2SK330，3SK114データシート（以上東芝），2SK213，2SJ76（以上日立製作所），2SC3584，μPC1651Gデータシート（日本電気），HA2539データシート（Harris）

[2] *半導体技術資料，高周波トランジスタ・ダイオード，1982年4月，東芝

[3] *電子デバイスデータブック'84，トランジスタ編，日本電気．

[4] 久保大次郎；高周波回路の設計，CQ出版社

[5] 斎藤正男：回路網理論演習，学献社

[6] 春日二郎：ハイファイFMチューナ，日本放送出版協会

[7] '86東芝半導体データブック，小信号トランジスタ編，東芝

[8] 東芝音響用リニアIC，1985年1月，東芝

[9] Integrated Circuit Databook, PLESSEY Semiconductors

[10] 民生用集積回路ハンドブック1983，日本電気

[11] Linear Databook, National Semiconductor Corp.

[12] *新日本無線'83半導体データブック，新日本無線

[13] *アナログ・データ・マニュアル1983，シグネティックス

[14] コムリニア社総合カタログ，インターニックス

[15] 集積回路技術資料IEP-705，μPC1658A，μPC1658Cの使い方，日本電気

[16] *鈴木雅臣；A-D変換用周辺回路の設計，トランジスタ技術，1984年11月号，p. 377．

[17] 吉田 武；高周波回路設計ノウハウ，CQ出版社

[18] 川上正光；電子回路Ⅰ，共立出版

[19] 川上正光；電子回路Ⅱ，共立出版

[20] 川上正光；電子回路Ⅲ，共立出版

[21] Databook, 1982年, Intersil

[22] 集積回路技術資料TV用IC，1985年3月，東芝

[23] *弾性表面波デバイス，1984年，東芝

[24] 音響機器Data Book，1986年，ソニー

[25] '86バリコン，1986年，アルプス電気

[26] *87MURATA PRODCTS，1987年，村田製作所

[27] TDK MANUALフェライト編，1980年，TDK

[28] 丹野瀬元；電子回路，森北出版

[29] *東芝高周波トランジスタ・ダイオード'87，東芝

[30] 電子デバイスデータブック，回路部品編，日本電気

[31] *'87 Film Capacitors, ニッセイ電機

[32]*日立アルミニューム電解コンデンサ，日立コンデンサ

[33] '87 Catalogue, KOA

[34] Trimming Potentiometers, コパル電子

[35] 集積回路技術資料C^2MOS(個別規格編)，東芝

[36] CMOS ICデータブック '86，新日本無線

[37]*磁器コンデンサQ87，太陽誘電㈱

[38]*Products '85, Harris

[39]*Fink Christiamen；Electronics Engineers' HANDBOOK Second Edition, McGraw Hill

[40]*リケノーム・カタログ，理研電具製造

[41]*電線便覧1980，日立電線

[42] JISハンドブック電子1984，日本規格協会

[43] 鈴木茂昭：アナログ・スイッチの使い方，ＣＱ出版社

[44] 矢澤信春：バイポーラアナログスイッチ，電子材料，1982年12月号，工業調査会

[45] 三菱集積回路リニアIC，三菱電機

[46] リード・水銀リレー '86 SEP. Vol. 4, サンユー工業

[47] Microwave. Components. 1985年10月，ヒロセ電機